Grundlagen Qualitätsmanagement

Aus dem Programm Grundlagen Maschinenbau

Lehrsystem Technische Mechanik mit Lehrbuch, Aufgabensammlung, Lösungsbuch sowie Formeln und Tabellen von A. Böge und W. Schlemmer

Handbuch Maschinenbau
herausgegeben von A. Böge

Elektrotechnik für Maschinenbauer
von R. Busch

Grundlagen der Technischen Thermodynamik von E. Doering, H. Schedwill und M. Dehli

Technische Berichte
von H. Hering und L. Hering

Englisch für Maschinenbauer
von A. Jayendran

Elektrotechnik für Maschinenbauer
von H. Linse und R. Fischer

Lehrwerk Roloff/Matek Maschinenelemente
von H. Wittel, D. Muhs, D. Jannasch und J. Voßiek

Werkstoffkunde
von W. Weißbach

Holger Brüggemann • Peik Bremer

Grundlagen Qualitätsmanagement

Von den Werkzeugen über Methoden zum TQM

Springer Vieweg

Prof. Dr.-Ing. Holger Brüggemann
Ostfalia Hochschule für angewandte Wissenschaften
Wolfenbüttel, Deutschland

Prof. Dr.-Ing. Peik Bremer
Hochschule für angewandte Wissenschaften Würzburg-Schweinfurt
Randersacker, Deutschland

ISBN 978-3-8348-1309-1
DOI 10.1007/978-3-8348-8301-8
ISBN 978-3-8348-8301-8 (eBook)

Die Deutsche Nationalbibliothek verzeichnet diese Publikation in der Deutschen Nationalbibliografie; detaillierte bibliografische Daten sind im Internet über http://dnb.d-nb.de abrufbar.

Springer Vieweg

Einbandentwurf: KünkelLopka GmbH, Heidelberg

Gedruckt auf säurefreiem und chlorfrei gebleichtem Papier

Springer Vieweg ist eine Marke von Springer DE.
Springer DE ist Teil der Fachverlagsgruppe Springer Science+Business Media
www.springer-vieweg.de

Vorwort der Verfasser

Mit der Herausgabe dieses Buches greifen wir die Tradition des Instituts für Qualitätssicherung an der Leibniz Universität Hannover auf. Dieses Institut war unsere gemeinsame fachliche Wurzel. Nachdem wir mehrere Jahre in der Industrie in verantwortungsvollen Positionen tätig waren, haben wir Professuren an verschiedenen Hochschulen übernommen und unterrichten alle auch Vorlesungen im Bereich Qualitätsmanagement. Unser Dank gilt insbesondere Herrn Professor Dr.-Ing. Georg Redeker, der uns ermöglicht hat, auf Unterlagen des Instituts für Qualitätssicherung zu zugreifen und diese weiter zu entwickeln. Er hat uns stets in unserem Anliegen ermutigt, diese Unterlagen auch als Buch herauszugeben. Unser Dank gilt auch unseren ehemaligen Kollegen, die mit ihren Vorarbeiten zu dem Inhalt dieses Buches beigetragen haben.

Unser Ziel war es, mit dem Buch einen guten Überblick über die Grundlagen des Qualitätsmanagements sowohl für Bachelorstudierende wie auch für Masterstudierende zu geben. Wir haben uns bemüht, dass Buch mit vielen Übungen und Verständnisfragen praxisorientiert zu gestalten. Daher ist das Buch sicher auch für Techniker und Mitarbeiter aus Unternehmen geeignet.

Die Autoren danken Prof. Dr. Reinhold Oertel für die Durchsicht des Kapitels „Qualitätsmanagement und Recht". Sehr geholfen hat auch, dass uns die Studierenden Sabrina Senftleben und Sven Pape bei der Erstellung der Druckvorlage durch die Übernahme von Schreib- und Grafikarbeiten unterstützt haben. Dank gebührt auch dem Vieweg+Teubner Verlag, insbesondere Herrn Thomas Zipsner und Frau Imke Zander, für die konstruktive und reibungslose Zusammenarbeit.

Unseren Familien danken wir für ihr Verständnis. Ohne ihre Unterstützung wäre die Erstellung des Buches nicht möglich gewesen.

Für Anregungen aus dem Kreis der Leser zur weiteren Verbesserung dieses Buches sind wir dankbar.

Wolfenbüttel, im Oktober 2011

Peik Bremer
Holger Brüggemann

Vorwort

Die Qualitätswissenschaft in ihrer ganzheitlichen Betrachtung kann heute in Deutschland auf eine 40 jährige Entwicklung zurückblicken. W. Masing seit 1972 in Berlin und W. Geiger seit 1974 in Hannover und später T. Pfeifer in Aachen vertraten das Lehrgebiet des Qualitätsmanagement an den damaligen Technischen Hochschulen in der Lehre und Forschung. Von der messenden Qualitätskontrolle herkommend, entwickelte sich das Qualitätsmanagement, oft aufbauend auf in Amerika und Japan erarbeiteten Methoden, zu einer neuen Philosophie und Strategie. In dieser kunden- und qualitätsorientierten Produkt- und Prozessgestaltung, steht die Fehlervermeidung vor der Fehlerentdeckung und -behebung. Dazu ist das ständige Bemühen aller Mitarbeiter in einer Organisation oder im Unternehmen erforderlich. Nur so können sowohl die Entwickler, Produzenten und Nutzer oder Verbraucher hohe Qualität zu angemessenen Kosten ermöglichen und erhalten. Die Ansätze dazu liegen bereits im Mittelalter, in den Zünften des Handwerks. Das Können und die Leistungsbereitschaft der Mitarbeiter sind ein entscheidender Faktor für Qualität und wirtschaftlichen Erfolg.

Das umfassende Gebiet des Qualitätsmanagements, vom Kundenwunsch über die Entwicklung und Konstruktion qualitätsgerechter und kundenorientierter Produkte, die Entwicklung und Gestaltung qualitätsfähiger Produktions- und Bearbeitungsprozesse und die organisatorische Planung und Kontrolle der Termine, der Kosten und der messbaren Größen des Produktes, sind heute ein notwendiger Teil der beruflichen Aus- und Fortbildung. Dies gilt für alle Bereiche der Wirtschaft und Verwaltung.

Dies Buch entstand aus dem Wissen und den Erfahrungen der Verfasser in der Lehre, Forschung und der praktischen Anwendung in der industriellen Produktion. Es soll die akademische Ausbildung durch Wissenserwerb und Vertiefung unterstützen, zur Weiterbildung im anschließenden Berufsleben und als Nachschlagwerk dienen, um bereits Erlerntes in kurzer Zeit wieder aufzufrischen.

Die Verfasser waren meine Mitarbeiter am Institut für Qualitätssicherung an der Leibniz Universität Hannover. Ihr theoretisches und praktisches Wissen in der Forschung, bei der Entwicklung neuer Methoden des Qualitätsmanagements, und aus der Lehre, haben sie in das Buch eingebracht.

Nach einigen Jahren der industriellen praktischen Erfahrung mit den Methoden und Strategien des Qualitätsmanagements in großen Industrieunternehmen, entstand in Gesprächen auf einem „Ehemaligentreffen des Instituts“ d. h. mit Vertretern aus Industrie, Beratung, Lehre und Forschung, die Idee, den Bedarf an Wissen und Erfahrungen über die im Qualitätsmanagement anzuwendenden Methoden, Techniken und Strategien grundlegend, aber auch wie sie in der eigenen Forschung im Instituts entwickelt oder weiterentwickelt wurden, in Form dieses Buches aufzuarbeiten und in übersichtlicher Form an Studierende und im Fertigungsprozess Beschäftigte weiterzugeben.

Ich wünsche allen, die in diesem Buch lesen und mit ihm arbeiten, dass sie sich dadurch gewünschtes Wissen erwerben, mit dem sie erfolgreich neue Aufgaben angehen und erfüllen können. Wissen und Erfolg schaffen Zufriedenheit und Glück.

Hannover, Herbst 2011 *Prof. Dr.-Ing. Georg Redeker*

Inhaltsverzeichnis

1 Einführung und Überblick

1.1 Gründe für das Qualitätsmanagement

Der Erfolg vieler Unternehmen beruht auf der Qualität ihrer Produkte und Dienstleistungen. Dies gilt insbesondere für viele deutsche Unternehmen, die erfolgreich auf dem Weltmarkt agieren. Die Erfahrung zeigt, dass diese Unternehmen der Qualität innerhalb ihrer Unternehmensziele, Grundsätze und Strategien einen hohen Stellenwert einräumen und dass diese Grundsätze Mitarbeiter und Management leiten. Der Qualitätsgedanke ist heute aus den Unternehmen nicht mehr weg zu denken. Gründe für die hohe Bedeutung der Qualität sind:

- **Globaler Wettbewerb**

Die zunehmende Globalisierung der Märkte führt zu einem Wegfall von schützenden geographischen Vorteilen. Insbesondere in Hochlohnländern bedingt dies einen steigenden Kostendruck. Eine hohe Produktqualität ist eine Möglichkeit, sich von Konkurrenten in Niedriglohnländern zu differenzieren.

- **Steigende Kundenerwartungen**

Die Erwartungen der Kunden an die Qualität der Produkte und Dienstleistungen steigen ständig. Ein funktionstüchtiges Produkt allein genügt nicht. Zuverlässigkeit, leichte Handhabung sowie ein guter Service sind von entscheidender Bedeutung. Umweltfreundlichkeit und Energieeffizienz sind weitere Merkmale, die zunehmend im Fokus von Kunden liegen. Diese Anforderungen bestehen nicht nur in den klassischen westlichen Industriestaaten, sondern auch Ländern, die sich in den letzten Jahren wirtschaftlich rasant entwickelt haben, wie China, Indien, Brasilien oder Russland (**Bild 1-1**).

Bild 1-1 Qualität in einer globalisierten Wirtschaft

Zwei Aspekte sind dabei von besonderer Bedeutung:

1. Die Qualität eines Produktes hat nach dem Kauf eine nachhaltige Bedeutung für den Kunden (**Bild 1-2**). Während zum Zeitpunkt des Kaufentscheides vor allem die Kosten im Vordergrund stehen, steigt die Bedeutung der Termintreue bis zum Zeitpunkt der Anlieferung. Wenn das Produkt angeliefert wurde, geraten die Kosten und die Termintreue schnell in den Hintergrund. Es bleibt die Zufriedenheit oder der Ärger bei der Nutzung des Produktes.

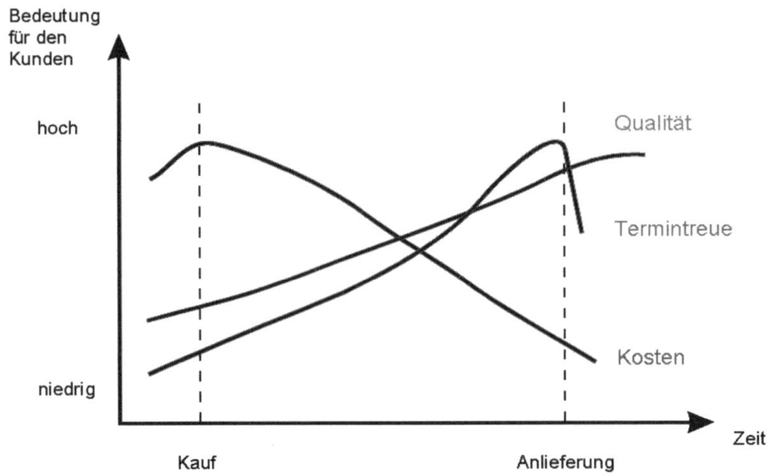

Bild 1-2 Qualität, Kosten und Termintreue im zeitlichen Ablauf

2. Bei auftretenden Qualitätsdefiziten wird ein großer Anteil von Kunden zu einem anderen Hersteller abwandern. Interessanterweise beschwert sich nur ein geringer Anteil der unzufriedenen Kunden (**Bild 1-3**).

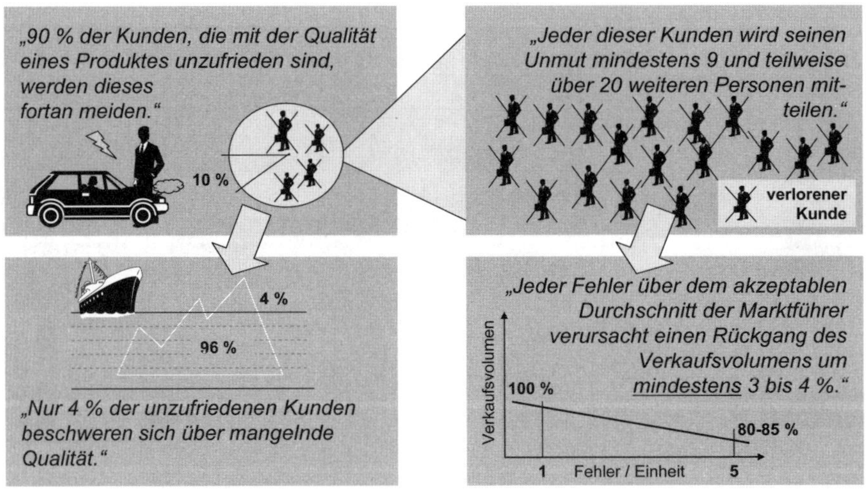

Bild 1-3 Bedeutung von Qualität [Des89]

Dies ist wichtig für das Reklamationsmanagement. Denn wenn es Reklamationen und Rückmeldungen zum Produkt gibt, müssen diese sehr sensibel aufgenommen und behandelt werden, da das Unternehmen davon ausgehen muss, dass es noch eine große Anzahl weiterer Kunden gibt, die ebenfalls unzufrieden sind. Diese Kunden scheuen nur den Aufwand einer Beschwerde über ein Produkt, mit dem sie unzufrieden sind.

- **Höhere Komplexität**

Die Komplexität der Produkte steigt durch eine zunehmende Variantenvielzahl. Gleichzeitig steigt auch die Komplexität von Entwicklungsprojekten. Dies ist darin begründet, dass ein großer Umfang der Entwicklungstätigkeiten und des Lieferumfangs durch Unterlieferanten erfolgt. Das Qualitätsmanagement des Herstellers muss sicher stellen, dass trotzdem die Qualität des Endproduktes gewährleistet wird. Erschwerend kommt hinzu, dass auch die Entwicklung global verteilt stattfindet. Beispielsweise kann die Softwareentwicklung in Indien stattfinden. Bauteile werden aus Osteuropa oder China bezogen. Nur durch den systematischen Einsatz von Qualitätsmethoden im Produktentstehungsprozess kann in diesem komplexen Umfeld die geforderte Qualität erzeugt werden.

1.2 Definition des Qualitätsbegriffs

Qualität ist ein Begriff, der in unserer Gesellschaft vielfach verwendet wird. Da das Wort mit einem positiven Image verknüpft ist, wird es gerne an andere Begriffe angehängt, wie beispielsweise *Lebensqualität*, *Umweltqualität* oder *Lebensmittelqualität*. Der Begriff Qualität leitet sich vom lateinischen Wortstamm *„qualis“*, d. h. „wie beschaffen“, ab und ist somit grundsätzlich wertneutral.

Um sich von einem zu eng an den jeweiligen Zusammenhang gebundenen Qualitätsbegriff zu lösen, kann man zunächst feststellen, dass *Qualität*

- eine Menge von Eigenschaften repräsentiert, die einem Produkt oder Verfahren immanent oder beigegeben ist.
- einer der Maßstäbe ist, mit dem der Kunde seine Kaufentscheidung herbeiführt.
- ein Faktor ist, der in intensiver Wechselwirkung mit der Wettbewerbssituation und Leistungsfähigkeit eines Anbieters steht [Pfei90].

Um den Begriff einheitlich verwenden zu können, wurde der Begriff in der DIN EN ISO 9000 international definiert. **Qualität** ist der

„Grad, in dem ein Satz inhärenter Merkmale Forderungen erfüllt“. [DIN EN ISO 9000]

Inhärent bedeutet „einer Einheit innewohnend“. Da die „Gesamtheit der inhärenten Merkmale einer Einheit sowie der zu diesen Merkmalen gehörenden Merkmalswerte“ nach DIN 55350-11 als Beschaffenheit definiert ist, kann Qualität auch wie folgt definiert werden [DGQ11-04]:

Qualität ist die „realisierte Beschaffenheit einer Einheit bezüglich der Qualitätsforderung“.

Dabei kann eine „Einheit“ eine Tätigkeit, ein Prozess, ein Produkt, eine Organisation, eine Person oder ein System sein. Sie kann materiell oder immateriell (z. B. eine Dienstleistung) sein [DIN55350-11].

Damit ergeben sich aus dem Qualitätsbegriff die folgenden Grundsätze:

- Qualität ist nichts Absolutes, sondern etwas Relatives. Qualität beschreibt die Übereinstimmung (*Konformität*) eines Produktes, eines Prozess oder einer Tätigkeit mit vorgegebenen Forderungen (**Bild 1-4**).

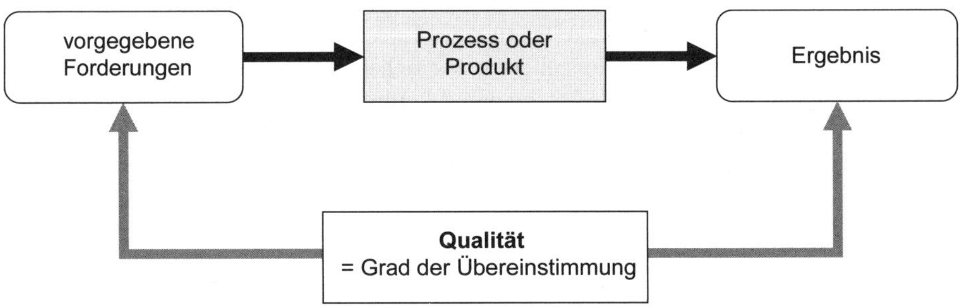

Bild 1-4 Die Qualität als Ausmaß der Anpassung [Geig07]

- Qualität ist keine physikalische Größe, sie ist also nicht messbar. Messbar ist allenfalls der Grad der Erfüllung von Einzelforderungen.
- Qualität ist kein bivalenter Begriff. Man kann also einer Einheit nicht das Vorhandensein bzw. Fehlen von Qualität attestieren. Vielmehr sind alle Ausprägungen zwischen „gut“ und „schlecht“ möglich.

Eng mit dem Begriff der Qualität hängt der Begriff der *Zuverlässigkeit* zusammen. Die Zuverlässigkeitsforderung ist Teil der Qualitätsforderung, der das Verhalten der Einheit während oder auch nach vorgegebenen Zeitspannen bei vorgegebenen Anwendungsbedingungen betrifft [DIN55350-11], [DIN40041]. Zuverlässigkeit bezeichnet also das Langzeitverhalten.

1.3 Entwicklung des Qualitätsmanagements

Der Gedanke der Qualitätssicherung und einer Qualitätsgarantie reicht bis in die Vorgeschichte der Kulturen zurück. In diesem Kapitel soll jedoch die Entwicklung des Qualitätsmanagements in diesem Jahrhundert im Vordergrund stehen. **Bild 1-5** zeigt neben den einzelnen Entwicklungsstufen einige Vordenker des Qualitätsmanagements, die die jeweiligen Stufen maßgeblich geprägt haben (vgl. Kapitel 1.4). Zu beachten ist, dass die Zeit Ihres Wirkens dabei in der Regel weit vor der dargestellten Umsetzung ihrer Ideen und Konzepte lag.

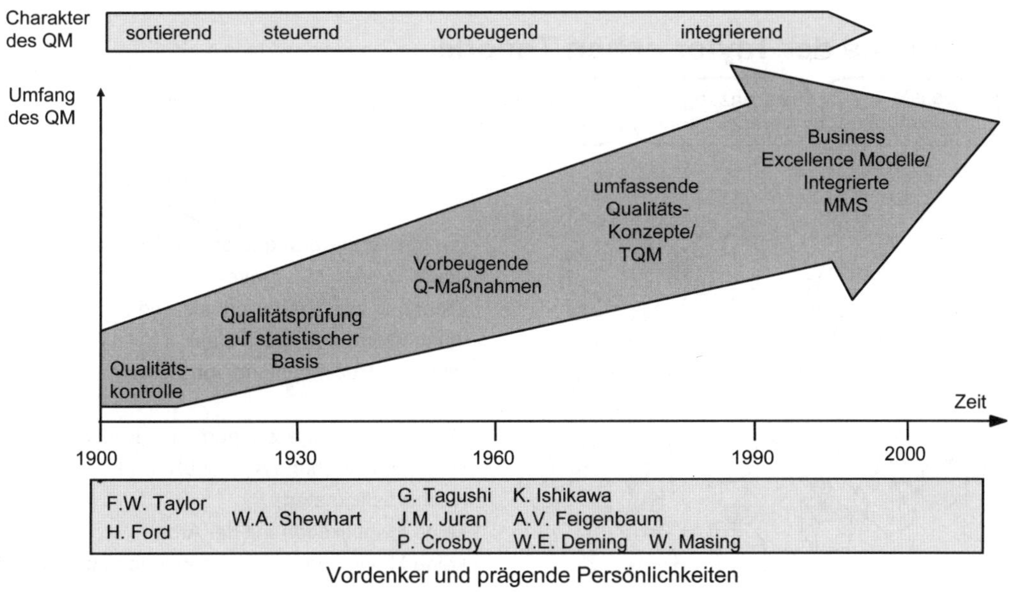

Bild 1-5 Entwicklungsstufen des Qualitätsmanagements

Bis Anfang dieses Jahrhunderts blieben in der industriellen Produktion die einzelnen Fertigungsschritte zur Herstellung eines Produktes - wie in den Manufakturen vor der industriellen Revolution - im wesentlichen im Verantwortungsbereich eines Werkers, der damit auch die Qualität seiner eigenen Arbeit prüfen konnte.

Die gestiegene Nachfrage nach Gütern aller Art zu Beginn des 20. Jahrhunderts machte eine geänderte Produktionsstrategie notwendig. Um den Produktionsausstoß der Fabriken zu erhöhen, spezialisierten sich Gruppen von Werkern unter der Leitung eines Vorarbeiters auf einzelne Fertigungsschritte. Die Qualitätsprüfungen wurden durch den Vorarbeiter durchgeführt, der für die Qualität der unter seiner Aufsicht durchgeführten Arbeiten verantwortlich war.

Etwa zur Zeit des ersten Weltkrieges wurden die ersten Vollzeit-Qualitätsprüfer eingesetzt. Nach Überlegungen des Ingenieurs *Frederick W. Taylor* sowie dem Konzept von *Henry Ford* zur Produktion des Modell „T“ (Tin Lizzie), wurden die Fertigungsvorgänge in einzelne Arbeitsschritte zerlegt, die dann von den geeignetsten Arbeitskräften ausgeführt wurden. Diese als Funktionsmeisterprinzip bezeichnete Arbeitsorganisation führte dazu, dass in der Produktion am Band vor allem ungelernte Werker eingesetzt wurden, die aufgrund ihrer geringen Qualifikation die Prüfung der hochtechnisierten Produkte nicht durchführen konnten. Es entstanden Qualitätsprüfabteilungen, die ausschließlich für die Überwachung der Qualität der Produkte verantwortlich waren.

Noch bis in die 1950er Jahre hinein war Taylors Ansatz der Arbeitsorganisation weitgehend akzeptiert. **Bild 1-6** zeigt wesentliche Auswirkungen dieser Theorie auf das Qualitätsmanagement.

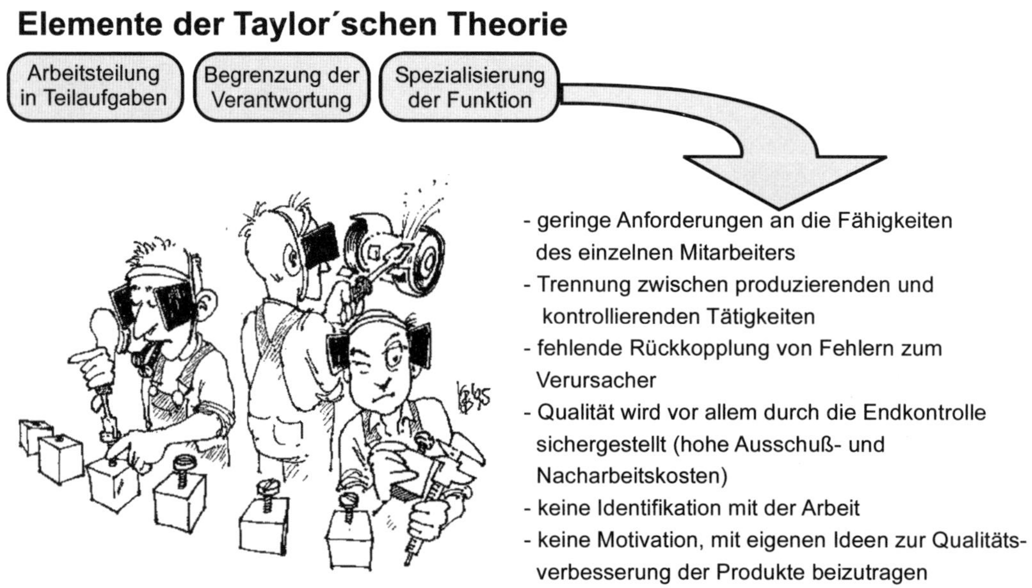

Bild 1-6 Auswirkungen der Taylor'schen Arbeitstheorie

Mit Beginn der Massenproduktion wurde immer deutlicher, dass eine 100%-Kontrolle der gefertigten Produkte zu aufwändig ist. Diese wurde durch eine Teilkontrolle auf der Basis statistischer Verfahren ersetzt, um die Leistungsfähigkeit und den Durchsatz der Prüfabteilungen zu erhöhen. Das notwendige statistische Know-how war bereits seit Anfang des 20. Jahrhunderts vorhanden, wurde aber erst ab etwa 1930 in der Industrie eingesetzt. 1924 wurden Methoden zur kontinuierlichen Prozessbeobachtung und -bewertung auf statistischer Basis ("Kontroll-Karten", Statistische Prozessregelung) entwickelt.

In den 1960er und 1970er Jahren führte eine zunehmende Komplexität der Produkte und Fertigungsprozesse zu einer stärkeren Integration des Qualitätsmanagements in den Produktentwicklungs- und Herstellprozess. Ziel der Bemühungen war und ist es, Fehler nicht erst dort, wo sie *entdeckt* werden, sondern dort, wo sie *entstehen*, zu beseitigen, denn je später ein Fehler entdeckt wird, desto höher sind die Kosten der Fehlerbehebung (**Bild 1-7**). Reine Kontrollmaßnahmen treten demgegenüber in den Hintergrund.

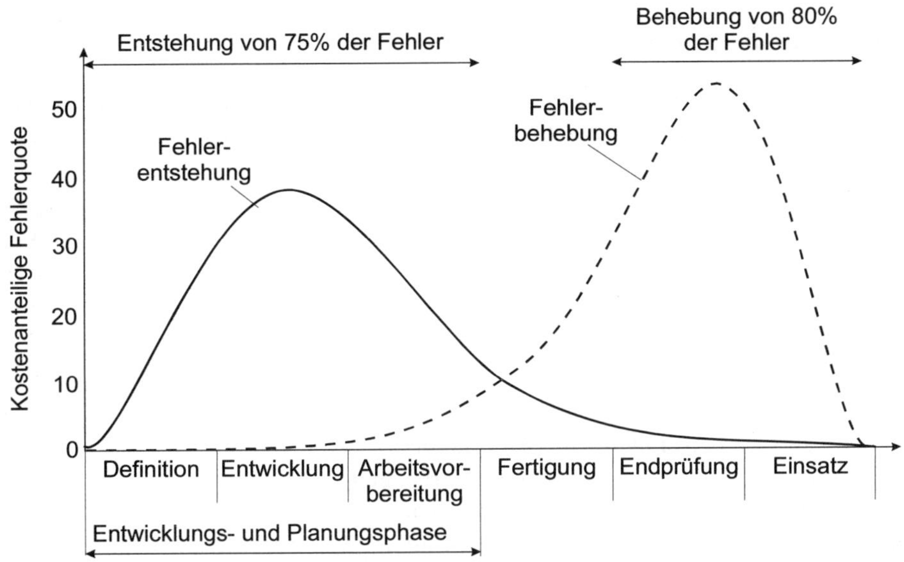

Bild 1-7 Fehlerentstehung und -behebung im Produktentstehungsprozess [Wit95]

Ab den 1990er Jahren beeinflussten japanische Produktions- und Unternehmensphilosophien wie *Kaizen* (kontinuierlicher Verbesserungsprozess) und das *Toyota Produktionssystem* in den westlichen Staaten auch das Qualitätsmanagement. Die grundlegenden Ideen wurden schon vorher entwickelt. Aber es brauchte bis Anfang der 90er, bis diese Ideen über die USA nach Europa kamen und auch hier Beachtung fanden. Die Berücksichtigung dieser Ideen im Qualitätsmanagement wurde mit dem Konzept *Total Quality Management* (TQM) umgesetzt. Unter dem Aspekt des TQM ist die ständige Qualitätsverbesserung eine Aufgabe, die Geschäftsleitung als Unternehmensziel vorgeben und verantworten muss. Qualität wird damit ein *strategisches Unternehmensziel.*

Mitte der 1990er Jahre führten die meisten Industrieunternehmen in Deutschland die DIN EN ISO 9001 ein. Diese Qualitätsmanagementnorm hat sich weltweit durchgesetzt. Aufgrund ihres Erfolgs wurden weitere Normen an die DIN EN ISO 9001 angelehnt, wie die DIN EN ISO 14001 (seit 1996)für Umweltmanagementsysteme oder die DIN EN 16001 (seit 2009) für Energiemanagementsysteme. Ähnliches gilt auch für das Thema Arbeitssicherheitsmanagement für das der bekannteste Standard die OHSAS 18001 ist. Aufgrund einer vergleichbaren Struktur dieser Managementsysteme führen Unternehmen diese Systeme in einem *integrierten Managementsystem (IMS)* zusammen.

Auf Basis des TQM-Gedankens haben Länder wie Japan, die USA, Europa und Deutschland Unternehmenspreise eingeführt. Diese werden nach Kriterien eines Bewertungsmodells für exzellente Unternehmen vergeben. Da diese Preise im eigentlichen Sinne nichts mit der Produktqualität zu tun haben, sondern die Gesamtleistung eines Unternehmens bewerten, werden diese Preise auch als Business Excellence Awards und die zugrunde liegenden Bewertungsmodelle als Business Excellence Modelle bezeichnet (siehe Abschnitt 8.6).

1.4 Qualitätsphilosophen und -philosophien

Im Folgenden werden die Arbeiten und Philosophien einiger Wissenschaftler und Vordenker beschrieben, welche die Entwicklung des modernen Qualitätsmanagements besonders geprägt haben.

Der Amerikaner *Philip B. Crosby* entwickelte das *Null-Fehler-Programm* (Zero Defects Concept), das auf eine fehlerfreie Produktion ohne Ausschuss und Nacharbeit abzielt. Aus seiner Erkenntnis, dass in den Unternehmen vielfach Praktiken vorliegen, die dieser Zielsetzung entgegenstehen, wie z. B. die Festlegung von Fehlerquoten, das Akzeptieren von Nacharbeit als unvermeidbar sowie die Einstellung, dass die Fertigung von Qualität Kosten verursacht, fordert er einen unternehmensweiten Umschwung, der auf vier Eckpfeilern beruht [Cros79]:

- Qualität wird als Übereinstimmung mit Anforderungen definiert
- Das Grundprinzip der Qualitätserzeugung ist Vorbeugung
- Null Fehler muss zum Standard/ Normalfall werden
- Maßstab für Qualität sind die Kosten der Nichterfüllung von Anforderungen.

Für das *Null-Fehler-Programm* wurde Philip B. Crosby 1964 vom US-Verteidigungsministerium ausgezeichnet.

W. Edwards Deming sorgte mit seinen Philosophien für eine Revolution in der japanischen Industrie in den Bereichen Qualität und Produktivität. Der Amerikaner ging 1950 auf Einladung der Japanese Union of Scientists and Engineers nach Japan, um dort den Wiederaufbau der Industrie zu fördern. Er entwickelte eine unternehmensweite Qualitätsphilosophie, deren Kernstück 14 Management-Prinzipien sind [Demi86]:

1. Schaffe einen feststehenden Unternehmenszweck in Richtung auf eine ständige Verbesserung von Produkt und Dienstleistung.
2. Wende die neue Philosophie an, um wirtschaftliche Stabilität sicherzustellen.
3. Beende die Notwendigkeit und Abhängigkeit von Vollkontrollen, um Qualität zu erreichen.
4. Beende die Praxis, Geschäfte auf Basis des niedrigsten Preises zu machen.
5. Suche ständig nach Ursachen von Problemen, um alle Systeme in Produktion und Dienstleistung sowie alle anderen Aktivitäten im Unternehmen beständig und immer wieder zu verbessern (Ständige Verbesserung).
6. Schaffe moderne Methoden des Trainings und des Wiederholtrainings direkt am Arbeitsplatz und für die Arbeitsaufgabe.

7. Setze moderne Führungsmethoden ein, die sich darauf konzentrieren, den Menschen (und Maschinen) zu helfen, ihre Arbeit besser auszuführen.
8. Fördere effektive, gegenseitige Kommunikation sowie andere Mittel, um die Atmosphäre der Furcht innerhalb des gesamten Unternehmens zu beseitigen.
9. Begrenze die Abgrenzung der einzelnen Bereiche voneinander.
10. Beseitige den Gebrauch von Aufrufen, Plakaten und Ermahnungen.
11. Beseitige Leistungsvorgaben, die zahlenmäßige Quoten (Standards) und Ziele für die Werker festlegen.
12. Beseitige alle Hindernisse, die den Werkern und den Vorgesetzten das Recht nehmen, auf ihre Arbeit stolz zu sein.
13. Schaffe ein durchgreifendes Ausbildungsprogramm und ermuntere zur Selbstverbesserung für jeden einzelnen.
14. Definiere deutlich die dauerhafte Verpflichtung des Top-Managements zur ständigen Verbesserung von Qualität und Produktivität.

Demings Grundhaltung der ständigen Verbesserung, welche in Japan unter dem Begriff Kaizen erfolgreich umgesetzt und weiterentwickelt wurde, wird durch den Plan-Do-Check-Act-Zyklus (PDCA-Zyklus) anschaulich beschrieben (**Bild 1-8**).

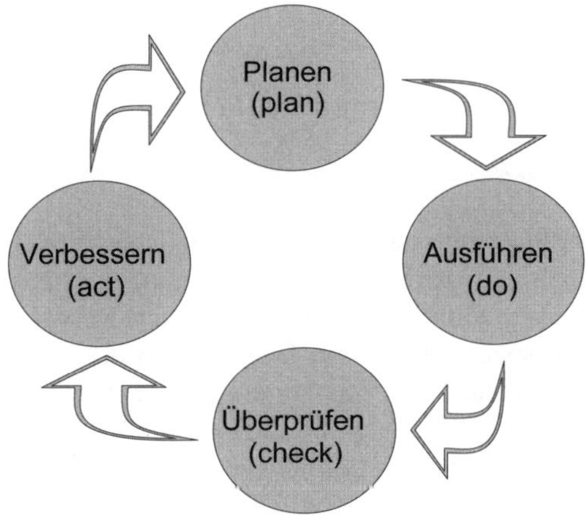

Bild 1-8 Plan-Do-Check-Act-Zyklus

W. Edwards Deming ist der wohl bekannteste Berater, Lehrer und Autor (über 200 Veröffentlichungen) zum Thema Qualität. In Anerkennung seiner Verdienste um die japanische Wirtschaft verleiht die Japanese Union of Scientists and Engineers jährlich einen Deming-Preis für erfolgreiche unternehmensweite Qualitätskonzepte.

Der Amerikaner *Armand V. Feigenbaum* formulierte 1961 das Konzept *Total Quality Control* (TQC). TQC ist eine das gesamte Unternehmen umfassende Qualitätsstrategie, die sich an den *Kundenbedürfnissen* ausrichtet. Sämtliche Unternehmensvorgänge tragen zur Erfüllung von Kundenbedürfnissen bei. Daraus folgt, dass jeder Mitarbeiter für Qualität verantwortlich ist.

Charakteristische Elemente von Total Quality Control sind [Feig91][Zink89]:

- Definition und klarer Aufbau von Qualitätspolitik und -zielen
- Ausrichtung an den Kundenbedürfnissen
- Gezielte Aktivitäten zur Umsetzung der Qualitätspolitik und zur Erreichung der Qualitätsziele
- Unternehmensweite Integration der qualitätsbezogenen Aktivitäten
- Eindeutige Übertragung von Aufgaben und Verantwortung
- Festlegung der erforderlichen Ausstattung
- Spezielle Qualitätsmanagement-Maßnahmen der Lieferanten
- Festlegung von wirkungsvollen Qualitätsinformationen, Prozessen und Überwachungsmethoden
- Hohes Qualitätsbewußtsein, unternehmensweite Motivation und Qualifikation der Mitarbeiter
- Einführung von Messgrößen als Qualitätsstandards
- Einführung positiv wirkender Korrekturmaßnahmen
- Kontinuierliche Selbstüberprüfung, Regelkreise, Ergebnisanalysen und Soll-Ist-Vergleiche
- Durchführung periodischer Systemaudits.

Im Rahmen seines TQC-Konzeptes hat Armand V. Feigenbaum auch das *Simultaneous Engineering* beschrieben.

Kaoru Ishikawa, der zu den Pionieren japanischer Qualitätsbestrebungen zählt, wandte bereits in den frühen 1950er Jahren ein Gruppenarbeitskonzept zum Qualitätsmanagement an, welches auf den Faktoren Freiwilligkeit, Mitarbeiterorientierung und Respekt vor dem Menschen beruht. Dieses Konzept wurde später unter dem Begriff *Qualitätszirkel* bekannt und fand vor allem in Japan eine breite Anwendung. Zur Unterstützung der Arbeit von Qualitätszirkeln stellte er *elementare Werkzeuge* (siehe Abschnitt 2.2) zusammen, von denen eines das von ihm entwickelte *Ursache-Wirkungs-Diagramm* (Ishikawa-Diagramm) ist [Kara89].

Aufbauend auf den Arbeiten von *Deming*, *Juran* und *Feigenbaum* sowie eigenen Erfahrungen stellte *Kaoru Ishikawa* das Konzept des *Company-Wide Quality Control* (CWQC) vor. CWQC umfasst alle qualitätsrelevanten Aktivitäten innerhalb eines Unternehmens und bezieht die Mitarbeiter aller Hierarchiestufen mit ein. Die Philosophie von CWQC lässt sich zu den folgenden Kernaussagen verdichten [Zink89]:

- Qualität ist wichtiger als kurzfristiger Gewinn
- Kundenorientierung der Qualitätspolitik im gesamten Produktentstehungsprozess

- Aufbau von Kunden-Lieferanten-Beziehungen im gesamten Unternehmen
- Verwendung von Daten und Fakten mit Hilfe statistischer Methoden
- Berücksichtigung von humanitären und sozialen Gesichtspunkten
- Einbeziehung und Mitwirkung sämtlicher Mitarbeiter, vom Management bis zur ausführenden Ebene
- Einführung von Qualitätszirkeln auf allen Hierarchieebenen.

Joseph M. Juran steht für eine managementorientierte Unternehmensphilosophie, bei der ein systematischer, kontinuierlicher Verbesserungsprozess in drei Stufen erfolgt, der als *Qualitäts-Trilogie* bzw. als *Juran-Trilogie* bezeichnet wird. Die Trilogie besteht aus den Schritten Qualitätsplanung, Qualitätsregelung und Qualitätsverbesserung. **Bild 1-9** illustriert vereinfacht die Zusammenhänge der Qualitäts-Trilogie [Jura88].

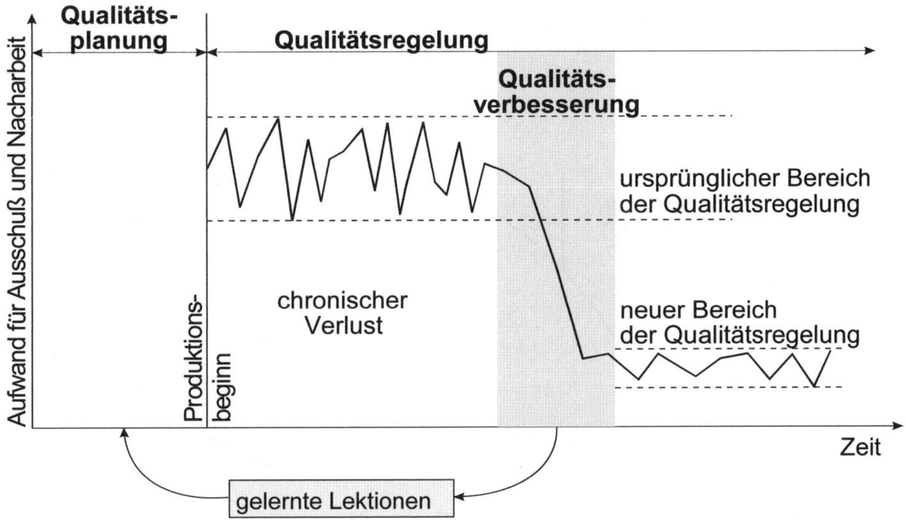

Bild 1-9 Qualitäts-Trilogie nach Juran

Durch unzureichende Qualitätsplanung von Produkten und Prozessen entstehen in der Fertigung hohe Qualitätsschwankungen und Fehlerquoten, die als unvermeidbar hingenommen werden. Es entstehen chronische Verluste. Durch Qualitätsregelung müssen Toleranzüberschreitungen und erhöhte Fehlerquoten verhindert werden („Löschen der schlimmsten Brände“) und anschließend durch Qualitätsverbesserungen die Qualitätsschwankungen und Fehlerquoten unterhalb des ursprünglich geplanten Niveaus gedrückt werden. Die dabei gesammelten Erfahrungen müssen wieder in die Qualitätsplanung mit einfließen.

In seiner Philosophie wandte der Amerikaner *Joseph M. Juran* auch das *Pareto-Prinzip* auf das Qualitätsmanagement an, indem er 20 % möglicher Ursachen für Probleme als „vital few“

(entscheidende Wenige), den Rest möglicher Ursachen als „useful many" (nützliche Viele) bezeichnete.

Walter Masing gilt insbesondere in Deutschland als Wegbereiter der modernen, industriellen Qualitätswissenschaft. Er erkannte frühzeitig die Bedeutung des Qualitätsmanagements für den Wirtschaftsstandort Europa und hat die breitenwirksame Umsetzung des Qualitätsgedankens vorangetrieben.

In seiner Philosophie steht die betriebswirtschaftliche Bedeutung der Qualität im Vordergrund. Qualität ist nie Selbstzweck, sondern entscheidet über den wirtschaftlichen Erfolg eines Produktes. Die in **Bild 1-10** dargestellte Wertefunktion eines Qualitätsmerkmals ist ein Beispiel für seine Philosophie [Masi94].

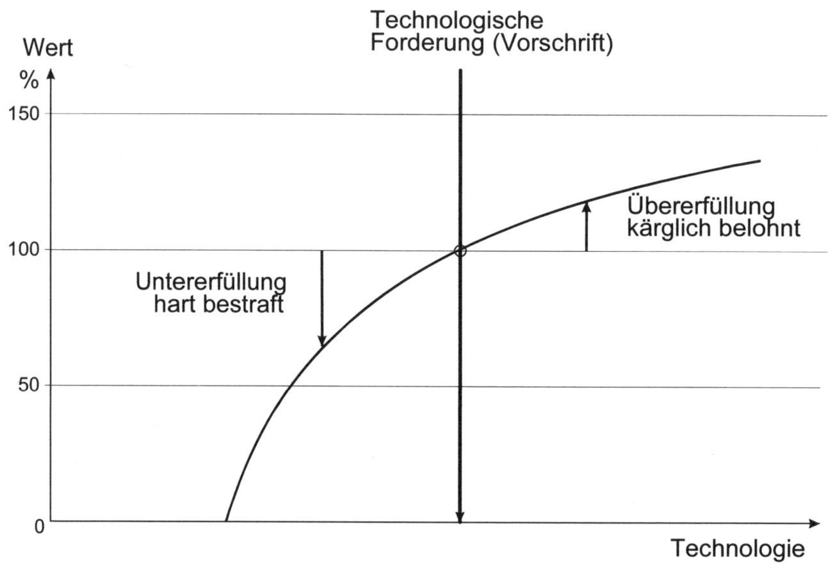

Bild 1-10 Wertefunktion eines Qualitätsmerkmals

Walter Masing war der erste Vorsitzende der *Deutschen Gesellschaft für Qualität e. V.* (DGQ) und von 1970-1997 erster Herausgeber der Zeitschrift *Qualität und Zuverlässigkeit* (QZ) sowie des *Handbuches Qualitätsmanagement*, welches im deutschsprachigen Raum als Standardwerk der Qualitätslehre gilt. In Anerkennung seiner Verdienste verleiht die DGQ jährlich den Walter-Masing-Förderpreis.

Walter A. Shewhart steht für die Idee der Steuerung und Regelung produktionstechnischer Prozesse mit Hilfe statistischer Methoden. Etwa 1924 entwickelte der Amerikaner eine erste Kontrollkarte zur Überwachung des Ausschussanteils in der Fertigung. Durch die Weiterentwicklung und den Einsatz der Kontrollkartentechnik und Stichprobenprüfverfahren wurde eine drastische Verringerung des - vor allem in der Endkontrolle tätigen - Prüfpersonals möglich.

Das 1934 von *Shewhart* herausgegebene Buch „Economic Control of Quality of Manufactured Product" gilt als Standardwerk auf dem Gebiet der statistischen Qualitätssicherung.

In Anerkennung der Verdienste von *Walter A. Shewhart* um die Entwicklung und Verbreitung der statistischen Grundlagen der industriellen Qualitätsprüfung verleiht die American Society for Quality Control (ASQC) jährlich eine Shewhart Medaille an einen verdienten Fachmann aus dem Bereich der Qualitätssicherung.

Genichi Taguchi baut seine Qualitätsphilosophie auf der *Qualitätsverlustfunktion* (Quality Loss Function) auf. Danach führt jede Abweichung eines Qualitätsmerkmals vom Sollwert zu Problemen in der Fertigung, größerem Verschleiß, erhöhten Wartungskosten, zu unzufriedenen Kunden und bedeutet somit Verlust.

Diese Betrachtungsweise des Japaners bedeutet eine völlige Abkehr von dem traditionellen Verständnis, wonach alle Ergebnisse die innerhalb einer vorgegebenen Toleranz liegen als qualitativ gleichwertig und ohne Unterschied anzusehen sind (**Bild 1-11**) [Tagu89].

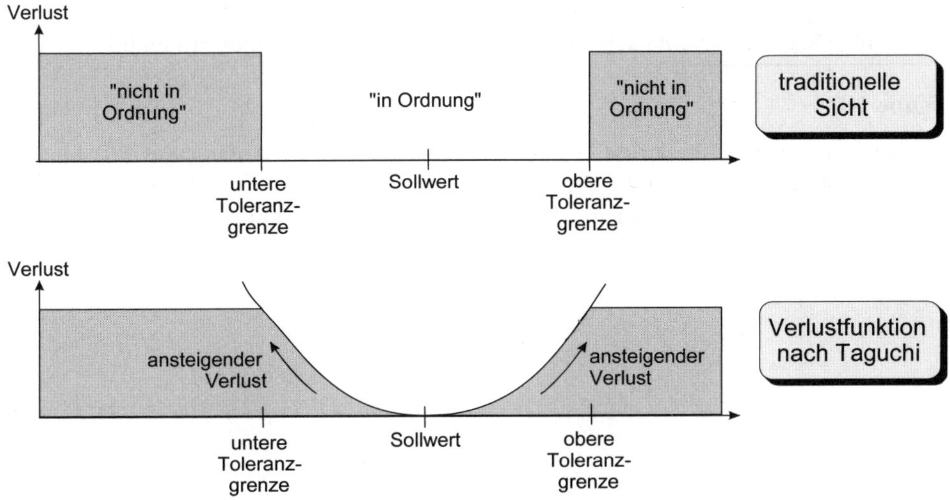

Bild 1-11 Qualitätsverlustfunktion

Um die verlustbringenden Abweichungen in der Fertigung zu verhindern, müssen Fertigungsprozesse unempfindlich gegen Störeinflüsse gemacht werden. Derartig *robuste Prozesse* (Robust Design) werden über die Schritte System Design, Parameter Design und Tolerance Design erreicht. Dazu wendet *Genichi Taguchi* die Methode der statistischen *Versuchsplanung* (Design of Experiments) an.

Für seine Untersuchungen zur Anwendung der Methodik der Versuchsplanung für das Qualitätsmanagement wurde *Genichi Taguchi* unter anderem mit dem Deming-Preis ausgezeichnet.

1.5 Verständnisfragen und Aufgaben zu Kapitel 1

Aufgabe 1-1

Definieren Sie den Begriff Qualität.

Aufgabe 1-2

Der Bereich Dienstleistungen gewinnt in Deutschland wirtschaftlich an Bedeutung. Definieren Sie den Begriff „Dienstleistungsqualität".

Aufgabe 1-3

Wieso ist Qualität „relativ" und kein absoluter Wertmaßstab?

Aufgabe 1-4

Warum gilt „Qualität" als ein nachhaltiges Kriterium beim Kauf eines Produktes?

Aufgabe 1-5

Die Überlegungen von Frederick W. Taylor und *Henry Ford* Anfang des 20. Jahrhunderts führten zu einer Zerlegung von Fertigungsvorgängen in einzelne Arbeitsschritte. Welche qualitätsbezogenen Auswirkungen brachte diese Arbeitsorganisation mit sich?

2 Problemlösungsmethoden und elementare Qualitätstools

Um die Erfüllung von Qualitätsforderungen sicherzustellen und um Qualitätsverbesserungen zu erzielen, werden im Rahmen des Qualitätsmanagements verschiedene Werkzeuge und Methoden angewandt.

2.1 Problemlösungsmethoden

Bestehen Abweichungen vom Ist zum Soll können Problemlösungsmethoden eingesetzt werden, um diese Abweichungen zu beseitigen. Als Problemlösungsmethoden können Abläufe zur wiederholbaren und systematischen Lösungsfindung bezeichnet werden. Der allgemeine Ablauf einer Problemlösungsmethode ist in **Bild 2-1** dargestellt.

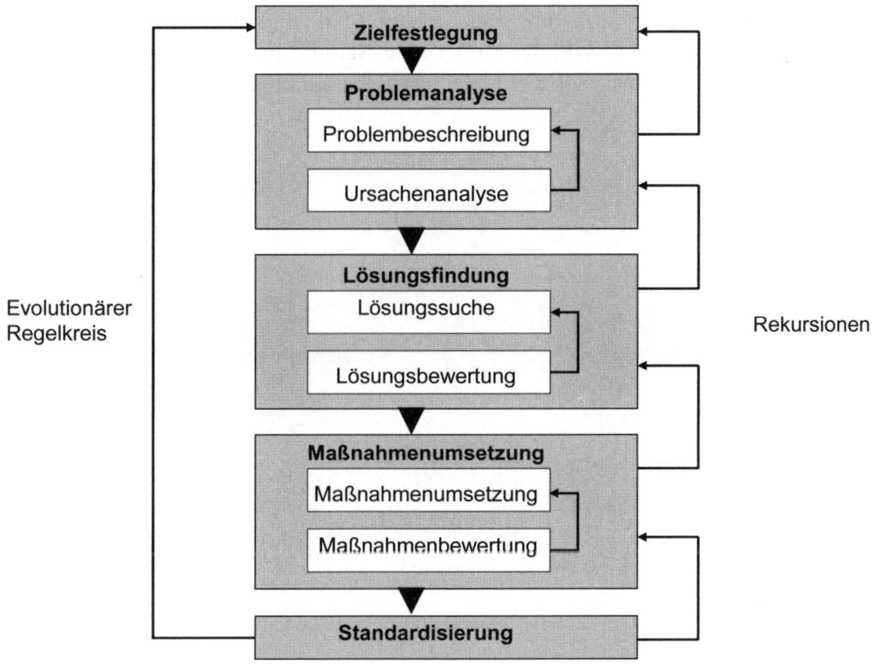

Bild 2-1 Ablauf einer Problemlösungsmethode

In der Phase der Zielfestlegung werden die Ziele wie auch Randbedingungen (Budget, Personaleinsatz, Zeitrahmen,...) für die Problemlösung festgelegt. In der Phase der Problemanalyse wird zunächst eine Problembeschreibung durchgeführt. Dabei wird beschrieben, welcher Fehler an welchem Objekt, wo, wann und wie oft aufgetreten ist. Danach folgt eine Ursachenanalyse. In der Phase der Lösungsfindung findet eine Trennung von Lösungssuche und –bewertung statt. Erst sollen nach Möglichkeit viele Lösungen entwickelt werden, die erst im zweiten Schritt bewertet werden. Die besten Lösungen werden in der Phase Maßnahmenumsetzung umgesetzt und der Erfolg der Maßnahmen bewertet. Erfolgreiche Maßnahmen werden dann standardisiert. Im Zuge der Standardisierung wird geprüft, ob der Fehler auch in anderen Bereichen aufgetreten ist oder ob es andere Bereiche/ Maschinen gibt, bei der die verbesserte Maßnahme auch eingeführt werden könnte. Der Problemlösungsprozess beinhaltet Rekursionen. Diese werden immer dann durchlaufen, wenn die Maßnahmenumsetzung oder die Lösungsfindung oder die Ursachenanalyse nicht erfolgreich war. Der in Bild 2-1 dargestellte evolutionäre Regelkreis stellt sicher, dass die Erfahrungen, die beim Problemlösungsprozess gesammelt wurden, bei der nächsten Problemlösung berücksichtigt werden.

Auch der von *Deming* entwickelte PDCA-Zyklus (**Bild 2-2**) entspricht dieser allgemeinen Logik. In der Plan-Phase werden die Probleme gesichtet und Lösungsmaßnahmen erarbeitet. Die Do-Phase ist die Phase der Umsetzungen bzw. Ausführungen der zuvor gefundenen Lösungen. In der Check-Phase wird bewertet, ob die Maßnahmen zum Erfolg geführt haben. Innerhalb der nachfolgenden Act-Phase findet eine Standardisierung der erfolgreichen Maßnahmen statt, die fortan als Basis für weitere Verbesserungen dient.

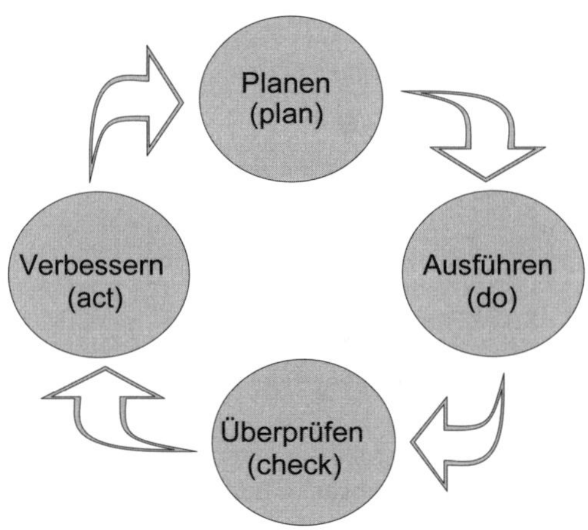

Bild 2-2 Plan-Do-Check-Act-Zyklus

Eine weitere standardisierte Systematik zur Behandlung und Dokumentation von Problemen ist die in der Automobilindustrie verwendete *8D-Methode* (**Bild 2-3**).

Lieferant (Supplier) **Anschrift (Adress/Location)**		
8D – REPORT		
Beanstandung (Concern Title)	Beanstand.-Nr. (Ref. No.)	Eröffnet am: (Start Date)
Berichtsdatum (Status Date)	Teilebezeichnung: (Part Name) Zeichnungsnummer/Index: (Part Number/Index)	
1 Team Name,Abt. (Depmt) Teamleiter (Champ.)	2 Problembeschreibung (Problem Description) Fehlercharakter (Problem Profile Description)	
3 Sofortmaßnahme(n) (Containment Action(s))	% Wirkung (Effect)	Einführungs-datum (Implem. date)
4 Fehlerursache(n) (Root Cause(s))	% Beteiligung (Contribution)	
5 Geplante Abstellmaßnahme(n) (Chosen Permanent Corrective Action(s))	Wirksamkeitsprüfung (Verification)	
6 Eingeführte Abstellmaßnahme(n) (Implemented Permanent Corrective Action(s))	Ergebniskon-trolle (Controls)	Einsatz-termin (Implement. date)
7 Fehlerwiederholung verhindern (Action(s) to Prevent Recurrence) Implementation for example in: - Product FMEA - Process FMEA - Control Plan - Procedure - ...	verantwortlich (responsible)	Einführ. -termin (Implem. date)
8 Teamerfolg würdigen (Congratulate your Team)	Abschluss-datum (Close Date)	Ersteller (Rep.by) Tel.,Fax-Nr.

Bild 2-3 Ablauf nach der 8D-Methode [VDA4]

Diese Methode wird unter dem Begriff 8-D-Report zur Beurteilung und Behebung von Problemen in der Automobilindustrie verwendet. Das Standardarbeitsblatt wird dabei auch an Lieferanten weitergegeben. Treten bei Lieferteilen Qualitätsprobleme auf, so fordern die Automobilhersteller ihre Zulieferer auf, die Lösung des Problems entsprechend der acht Schritte zu dokumentieren und ihnen diese Dokumentation zur Einsicht zu überlassen.

Zur Unterstützung der einzelnen Phasen des Problemlösungsablaufes können elementare Werkzeuge eingesetzt werden, die im Folgenden beschrieben werden.

2.2 Elementare Qualitätstools

Elementare Qualitätstools sind Hilfsmittel, um Probleme zu erkennen, zu verstehen und zu lösen. Sie werden daher besonders zur Qualitätsverbesserung eingesetzt. Kennzeichen für die elementaren Werkzeuge sind:

- einfache Anwendung
- Intensivierung und Systematisierung der Zusammenarbeit von Mitarbeitern
- Visualisierung von Zusammenhängen und Problemen
- Förderung der Kreativität bei der Problemlösung

Bild 2-4 zeigt typische Anwendungsfälle einiger bekannter Qualitätstools entlang eines Problemlösungsprozesses.

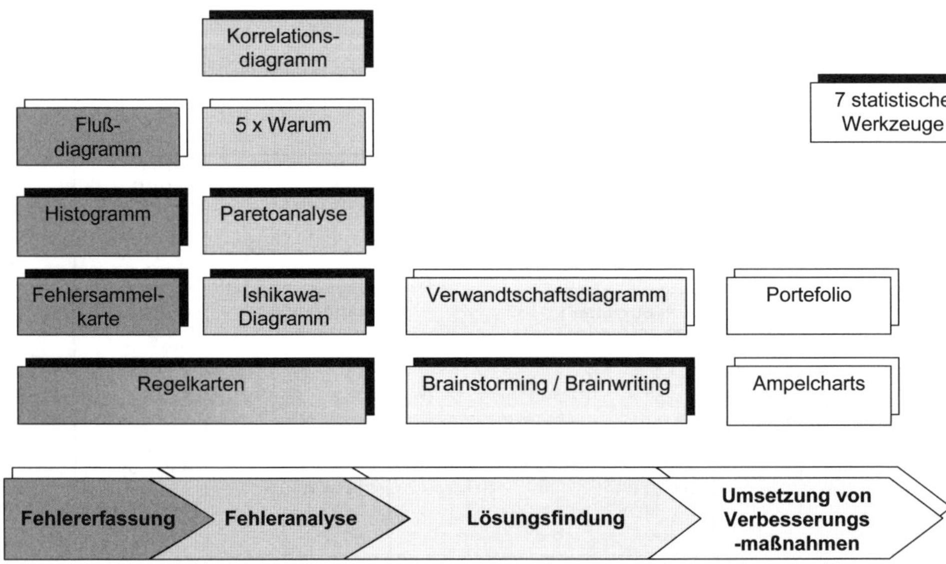

Bild 2-4 Einsatz elementarer Werkzeuge entlang eines Problemlösungsprozesses

Die dunkel hinterlegten Werkzeuge werden in der Literatur auch als „*7 statistische Werkzeuge*" bezeichnet. Die Zusammenstellung dieser Werkzeuge hängt mit dem japanischen Einfluss auf das Qualitäts- und Produktionsmanagement zusammen. Die Festlegung von genau „7" Werkzeugen entspringt der japanischen Tradition. Die Sieben gilt in Japan als Glückszahl.

2.2.1 Flussdiagramm

Das Flussdiagramm stellt bildhaft die Schritte eines Prozesses oder eines Ablaufes dar. Es dient der Gewinnung eines detaillierten Verständnisses, wie ein Prozess tatsächlich arbeitet, d. h. in welcher Weise die unterschiedlichen Schritte in einem Prozess miteinander in Beziehung stehen. Ursachen für Probleme in Prozessen können somit aufgedeckt und Verbesserungsmöglichkeiten aufgezeigt werden.

Unter Einbeziehung der Mitarbeiter, die an einem Prozess beteiligt sind (z. B. durch Interviews), werden alle Tätigkeiten, Entscheidungen, Eingaben und Ergebnisse identifiziert und als Flussdiagramm dargestellt. Auf Basis des Diagramms werden Ursachen für Probleme bzw. Verbesserungs-/Rationalisierungsmöglichkeiten aufgedeckt. Das Flussdiagramm wird entsprechend umgestaltet und bildet somit eine Beschreibung des zukünftigen, verbesserten Prozesses.

Die in Flussdiagrammen verwendeten Symbole, z. B. für ein Ereignis oder eine Entscheidung, sind für Programmablaufpläne in der DIN 66001 genormt [DIN 66001]. **Bild 2-5** zeigt ein vereinfachtes Beispiel eines Flussdiagramms für den Vorgang „Kopieren".

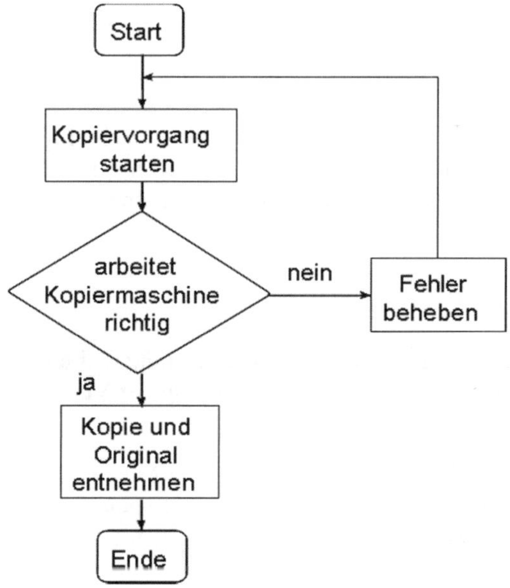

Bild 2-5 Beispiel: Flussdiagramm für den Vorgang „Kopieren"

Flussdiagramme können im Rahmen des Qualitätsmanagements zur Darstellung und Analyse aller Prozesse in einem Unternehmen, vom Materialfluss bis hin zu den Schritten bei der Herstellung oder dem Verkauf eines Produkts, angewandt werden. Dies kann im Rahmen eines Problemlösungsprozesses durchgeführt werden. Sie helfen bei Qualitätsproblemen, strukturierte Interviews zu führen. Flussdiagramme werden auch häufig zur Darstellung der Soll-Prozesse in Verfahrensanweisungen (Kap. 5) eingesetzt.

2.2.2 Fehlersammelkarte (Fehlersammelliste)

Die Fehlersammelkarte wird zur rationellen Erfassung und übersichtlichen Darstellung attributiver Daten (z. B. Fehler, Fehlerarten oder fehlerhafte Produkte) nach Art und Anzahl eingesetzt. Die erfassten Daten können z. B. mit Hilfe der Pareto-Analyse weiterbearbeitet werden (siehe unten). **Bild 2-6** zeigt einen beispielhaften Aufbau einer Fehlersammelkarte.

Fehlerart	Anzahl
Kratzer	~~IIII~~ I
Beule	II
fehlendes Teil	~~IIII~~ ~~IIII~~ I
Montagefehler	IIII

Bild 2-6 Beispielhafter Aufbau einer Fehlersammelkarte

Der einfachen Handhabung der Fehlersammelkarte steht nachteilig gegenüber, dass weder die zeitliche Abfolge der erfassten Daten noch die Ursachen für deren Entstehung erfasst werden. Eine Ursache-Wirkungs-Analyse auf Basis von Fehlersammelkarten ist daher nicht möglich.

2.2.3 Histogramm

Histogramme stellen die Häufigkeiten von in Klassen eingeteilten (Mess-)Werten (z. B. einer Stichprobe) graphisch dar. Sie dienen zur Visualisierung der Verteilungsform.

Zur Erstellung des Histogramms wird eine Gruppe von Messwerten in Klassen eingeteilt. Auf der Abszisse des Diagramms werden die Klassen eingetragen, auf der Ordinate die Anzahl der Messwerte je Klasse. **Bild 2-7** zeigt als Beispiel ein Histogramm von den Ergebnissen einer Rauhigkeitsmessung.

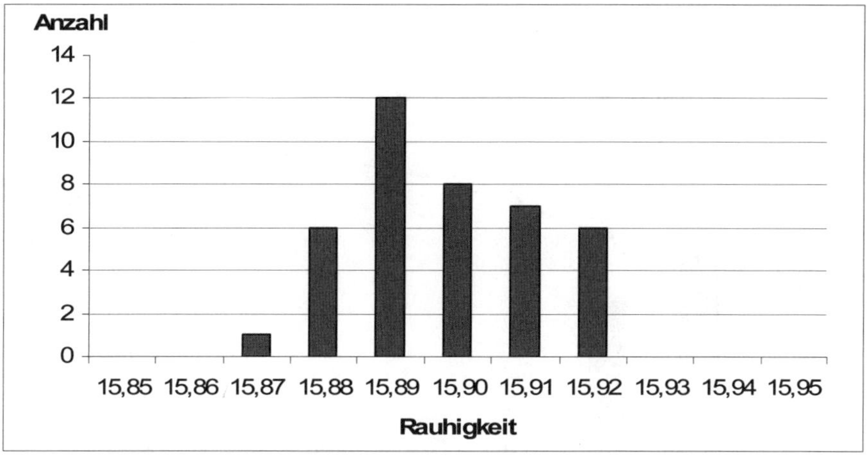

Bild 2-7 Beispiel für ein Histogramm

Die Anzahl der Messwerte je Klasse kann auch relativ dargestellt werden (in %). Damit bietet ein Histogramm den Vorteil, dass auch eine sehr große Menge an Daten in einer Graphik dargestellt werden kann.

2.2.4 Pareto-Analyse (ABC-Analyse)

Die Pareto-Analyse dient im Rahmen des Qualitätsmanagements zur Identifizierung von Ursachen, die am stärksten zu einem Problem beitragen, und zu deren Trennung von den „vielen kleinen Ursachen". Sie verdeutlicht, welche Problemursachen als erstes beseitigt werden müssen, um ein Problem rasch zu mindern.

Die Grundlage der Analyse ist die ursprünglich von dem Italiener *Vilfredo Pareto* empirisch festgestellte Tatsache, dass ca. 80 % von Auswirkungen (z. B. Fehleranzahl, Kosten) auf 20 der Probleme (z. B. Fehlerarten) zurückzuführen sind (auch *80/ 20 Regel* genannt).

Bei der Pareto-Analyse werden Daten (z. B. Fehlerarten) nach einem festgelegten Ordnungskriterium (z. B. Häufigkeit) geordnet und als Säulen in ein Diagramm eingetragen. Von links nach rechts abfallend werden z. B. die Fehlerarten nach ihren Häufigkeiten geordnet in dem Diagramm plaziert. Mittels Aufsummierung der Häufigkeiten lassen sich auf Basis des Pareto-Prinzips Klassen bilden (A, B, C). Als Klassen werden häufig 70 %, 20 % und 10 % des Ordnungskriteriums gewählt. Größte Priorität bei der Problembeseitigung haben die Fehlerarten, die 70 % der Fehler stellen.

Bild 2-8 zeigt beispielhaft das Ergebnis einer Pareto-Analyse von Fehlern mit ihren Häufigkeiten.

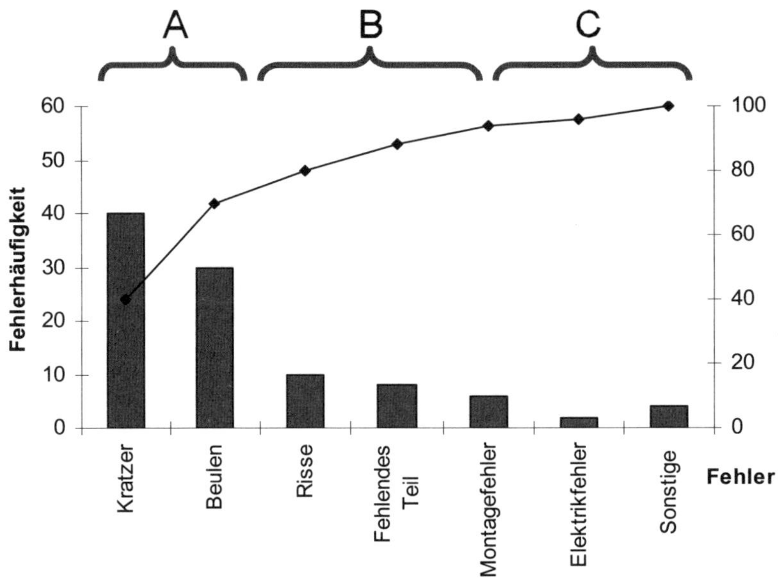

Bild 2-8 Pareto-Diagramm

2.2.5 Korrelationsdiagramm

Mit Korrelationsdiagrammen kann man die Abhängigkeit einer Größe von einem anderen Parameter ermitteln (**Bild 2-9**). Korrelationsdiagramme lassen sich einsetzen, um zu ermitteln, welche möglichen Ursachen tatsächlich einen Einfluss auf einen Fehler haben.

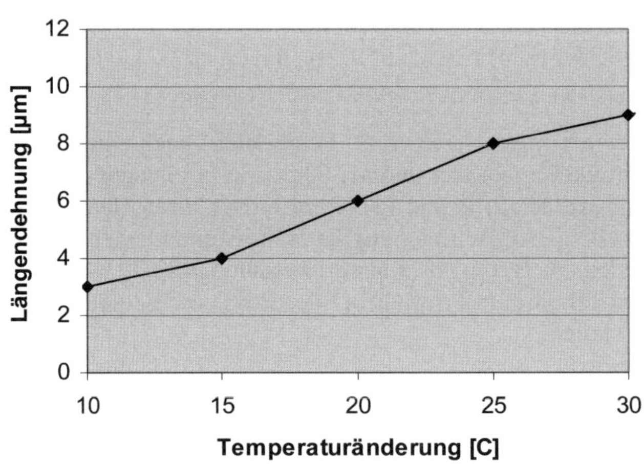

Bild 2-9 Korrelationsdiagramm

2.2.6 „5 x Warum“

Durch fünfmaliges Hinterfragen eines Problems wird das Aufdecken der eigentlichen Problemursache unterstützt. Folgendes Beispiel stellt das Vorgehen dar:

Ein Förderband ist stehengeblieben. Warum?

Ein Teil auf dem Förderband klemmt. Warum?

Ein Schieber der automatischen Förderanlage ist blockiert. Warum?

Der Schaft des Schiebers ist korrodiert. Warum?

Der Schaft wurde nicht geschmiert. Warum?

Die Schmierung des Schaftes taucht nicht im Wartungsplan auf.

Ohne das mehrmalige Hinterfragen wäre der Schieber vielleicht nur ausgetauscht worden, ohne dass der Wartungsplan geändert worden wäre. Dann wäre in absehbarer Zeit dieser Schieber wieder ausgefallen. Nur durch das mehrmalige Hinterfragen wird festgestellt, dass auch der Wartungsplan geändert werden muss.

Dieses Vorgehen als Methode stammt auch aus dem japanischen Qualitäts- und Produktionsmanagement. Die Mitarbeiter sollen durch dieses Vorgehen dazu gebracht werden, die eigentliche Ursache eines Problems aufzudecken. Die Schwierigkeit dieser Methode liegt darin, den Mitarbeitern das Bewusstsein zu vermitteln, dass immer die eigentliche Fehlerursache gefunden werden soll.

2.2.7 Ishikawa-Diagramm

(Ursache-Wirkungs-Diagramm, Fischgräten-Diagramm)

Das von dem Japaner *Kaoru Ishikawa* entwickelte und nach seinem Namen benannte Ishikawa-Diagramm ist ein einfaches Hilfsmittel zur systematischen Ermittlung und strukturierten, übersichtlichen Darstellung von Ursache-Wirkungs-Zusammenhängen. Für ein festgelegtes Problem (z. B. ein bestimmter Fehler) werden nach Haupteinflussgrößen geordnet alle möglichen Ursachen aufgelistet.

Das Diagramm ist in einen Ursachen- und einen Wirkungsbereich aufgeteilt und ähnelt in seinem Aufbau den Gräten eines Fisches (daher auch die häufige Bezeichnung Fischgräten-Diagramm). Den Kopf des Diagramms bildet das zu untersuchende Problem. Nach Haupteinflussgrößen geordnet werden alle möglichen Ursachen ermittelt und in Haupt- und Nebenursachen gegliedert in das Diagramm eingetragen. Als Haupteinflussgrößen werden häufig die **„fünf M´s“** (**Mensch, Maschine, Material, Milieu** und **Methode**) gewählt.

Die Erstellung des Diagramms erfolgt oft als Gruppenarbeit (z. B. in Qualitätszirkeln). Hier stellt das Ishikawa-Diagramm ein geeignetes Arbeitsschema zur systematischen Analyse von Ursache-Wirkungs-Zusammenhängen dar und führt bei den Beteiligten zu einem besseren Verständnis des Problems und seiner vielfältigen Ursachen.

In **Bild 2-10** ist ein Beispiel für ein Ishikawa-Diagramm dargestellt, das einige Ursachen des Fehlers „schlechte Photokopierqualität“ zeigt.

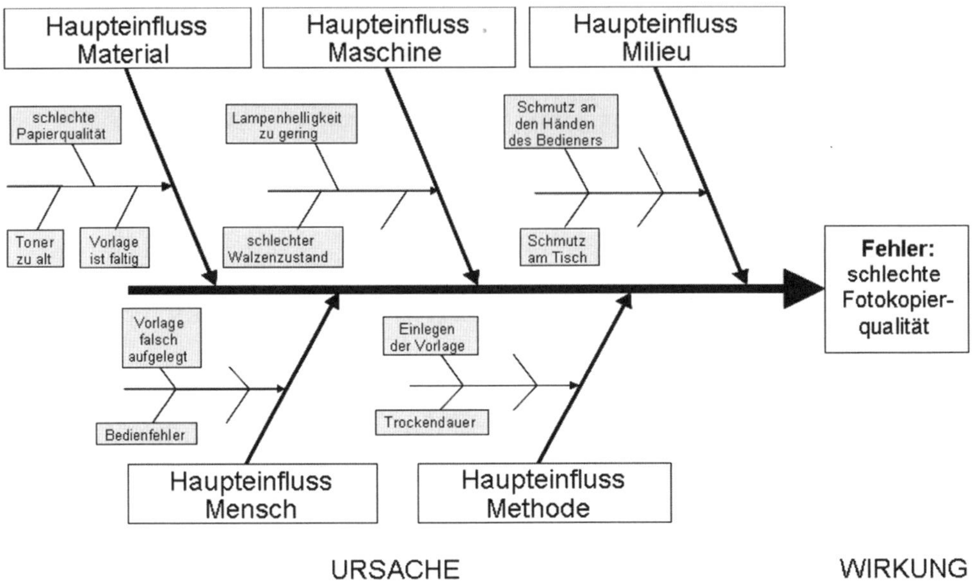

Bild 2-10 Beispiel für ein Ishikawa-Diagramm

2.2.8 Brainstorming / Brainwriting

(Gemeinsame Problembewältigung)

Brainstorming und *Brainwriting* sind die klassischen Methoden zur Unterstützung der Ideenfindung in einer Gruppe. Das Ziel der Methoden ist, die kreativen Potentiale der Gruppenmitglieder zur Entfaltung zu bringen und auf eine bestimmte Problemstellung zu konzentrieren, um so in kurzer Zeit eine große Anzahl von Lösungsvorschlägen zu finden [Hais89].

Brainstorming:

Beim Brainstorming werden zu einer vorgegebenen Fragestellung oder einem konkreten Problem durch die Gruppenmitglieder Lösungsvorschläge geäußert. Vorgebrachte Vorschläge, Gedanken und Ideen sollen die Gruppenmitglieder zu weiteren Lösungsvorschlägen inspirieren. Sämtliche Vorschläge werden unbewertet gesammelt und für alle sichtbar dokumentiert. Abschließend werden diese strukturiert und bewertet. Die Gruppenarbeit wird durch einen Moderator geleitet.

Brainwriting:

Das Brainwriting ist die schriftliche Form des Brainstormings. Lösungsvorschläge werden dabei nicht frei vor der Gruppe geäußert, sondern von den Gruppenmitgliedern auf Karten dokumentiert. Die Karten werden für alle sichtbar, z. B. auf einer Pinnwand, zusammengetragen und abschließend strukturiert und bewertet.

Oft werden auch die Karten mit den Lösungsvorschlägen in der Gruppe verteilt und anschließend weiter ausgearbeitet oder als Grundlage für neue Vorschläge verwandt. Die Verteilung kann nach einem festen Schema oder frei erfolgen.

Für jede Ideenfindungsmethode sind folgende Grundregeln zu beachten:

- Jede Idee ist erlaubt!
- Kritik ist grundsätzlich verboten!
- Quantität vor Qualität!
- „Klauen" ist erwünscht!
- Jede Idee muss protokolliert werden!

2.2.9 Verwandtschaftsdiagramm (Metaplantechnik)

Das Verwandschaftsdiagramm gruppiert eine große Anzahl von Ideen, Ansichten und Meinungen über ein bestimmtes Thema. Die Gruppierung erfolgt anhand von Wechselbeziehungen/ Verwandschaften. Verwandschaftsdiagramme werden häufig eingesetzt, um Ideen, Ansichten und Meinungen einzuteilen, die im Rahmen einer gemeinsamen Problembewältigung (z. B. Brainwriting) gewonnen wurden.

Die Erstellung des Verwandschaftsdiagramms erfolgt in einer Gruppe. Ideen, Ansichten und Meinungen zu einer bestimmten Problemstellung werden auf Karten notiert. Die Karten werden für alle Gruppenmitglieder sichtbar ausgebreitet. Die Ausbreitung sollte zufällig sein. Durch die Gruppenmitglieder werden Wechselbeziehungen/ Verwandschaften festgestellt und die entsprechenden Karten einander zugeordnet. Den zusammengehörigen Karten wird eine Leitkarte vorangestellt, welche die Bedeutung der Kartengruppe beschreibt. Die Gruppierung wird in einer Tabelle dargestellt.

Am besten funktioniert die Erstellung von Verwandschaftsdiagrammen in Gruppen begrenzter Größe (zu empfehlen ist ein Maximum von acht Gruppenmitgliedern).

Bild 2-11 zeigt ein Beispiel für ein Verwandtschaftsdiagramm mit dem Thema: Forderungen an einen Anrufbeantworter.

Thema: Forderungen an einen Anrufbeantworter

Zufallsmäßige Kartenausbreitung:

Gruppierung:

Nachrichten unterschiedlicher Länge Zeit- und Datumsstempel Nichtregistrieren von sofort auflegenden Anrufern Anzeige der Anzahl Nachrichten	Ankommende Nachrichten
Geheimer Zugangs-Code Kopfhöreranschluß	Geheimhaltung
Verständliche Bedienungsanleitung Kurze Referenzkarte	Bedienungsanleitung
Klar markierte Prüfleuchten einfacher Gebrauch Fernabfragemöglichkeit	Bedienung
einfaches Löschen Löschen "ausgewählter" Nachrichten	Löschfunktion

Bild 2-11 Beispiel für ein Verwandtschaftsdiagramm

2.2.10 Portfoliodiagramm

Mit Hilfe eines Portfoliodiagramms, dass die möglichen Ideen oder Maßnahmen nach den Kriterien Wirksamkeit und Umsetzungsgeschwindigkeit bewertet, lassen sich Prioritäten für die Umsetzung der Maßnahmen festlegen (**Bild 2-12**). Das Portfoliodiagramm entspricht der Darstellung einer Nutzwertanalyse mit 2 Kriterien.

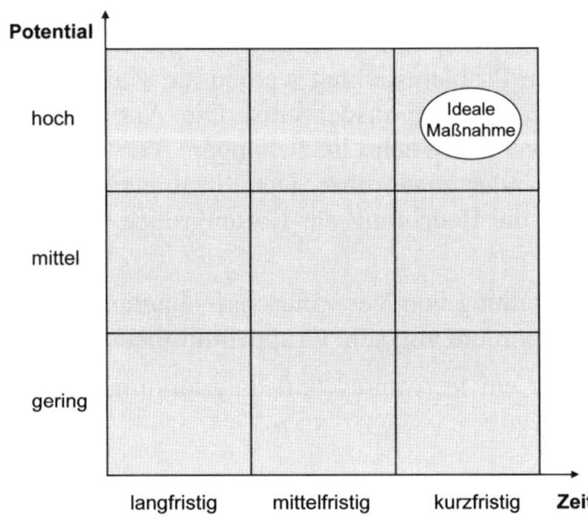

Bild 2-12 Portfolio-Diagramm zur Maßnahmenbewertung

Umgesetzt werden sollen die Maßnahmen, die sich kurzfristig umsetzen lassen und deren Potenzial hoch ist.

2.2.11 Ampelcharts

Ampelcharts stellen eine gute Möglichkeit zur Visualisierung der Zielerreichung dar. Insbesondere die Farbe Rot mit ihrer Signalwirkung führt dazu, dass Ziele, die nicht erreicht wurden, sofort „ins Auge fallen“ (**Bild 2-13**).

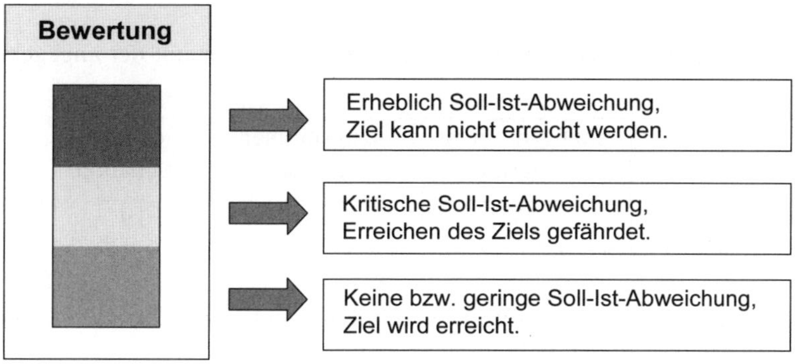

Bild 2-13 Ampeldarstellung

2.2.12 Zusammenfassung elementare Qualitätstools

Die elementaren Qualitätstools sind aufgrund ihrer einfachen Anwendung effektive Mittel, um auftretende Probleme zu lösen und Qualitätsverbesserungen zu erzielen. Je nach Problemstellung lassen sie sich beliebig kombinieren und abwandeln. Aufgrund dieser Flexibilität sind sie für Problemstellungen in allen Phasen des Produktentstehungsprozesses einsetzbar.

2.3 Verständnisfragen und Aufgaben zu Kapitel 2

Aufgabe 2-1
Stellen Sie die wesentlichen Schritte eines Problemlösungsprozesses dar.

Aufgabe 2-2
Bei der Radmontage an Fahrzeugen treten die folgenden Fehler mit der angegebenen Häufigkeit auf:

Fehlerart	Anzugsmoment zu gering	Anzugsmoment zu hoch	Gewinde beschädigt	Sonstige
Häufigkeit in %	23	48	19	10

Stellen Sie für diese Fehler ein Pareto-Diagramm auf und geben Sie an, welche Fehlerarten nach einer ABC-Analyse zu den A-Fehlern zählen.

Aufgabe 2-3
Im Finish-Bereich einer PKW-Montagelinie treten immer wieder Lackbeschädigungen auf. Stellen Sie mit Hilfe eines Ishikawa-Diagramms beispielhaft dar, welche Ursachen dazu führen können.

Aufgabe 2-4
Wie lässt sich ein Pareto-Diagramm nutzen, um den Informationsgehalt des Ishikawa-Diagramms zu erhöhen?

Aufgabe 2-5
Sie erstellen einen Ablaufplan zur Auswahl einer Instandhaltungsstrategie: Wenn der Verschleiß einer Maschine messbar ist, kann eine zustandsorientierte Instandhaltungsstrategie eingesetzt werden. Kann der Verschleiß nicht gemessen werden, das Risiko bei einem Maschinenausfall aber sehr hoch ist, dann sollte eine vorbeugende Instandhaltungsstrategie zur Anwendung kommen. Beide Strategien sind aber nur zu wählen, wenn auch die Wirtschaftlichkeit gegeben ist. Ansonsten kann eine Ausfallstrategie (Feuerwehrstrategie) eingesetzt werden. Stellen Sie den Ablauf mit einem Flussdiagramm dar.

Aufgabe 2-6
Wo finden Flussdiagramme im Qualitätsmanagement Verwendung?

Aufgabe 2-7
In der Automobilindustrie wird in vielen Unternehmen die 8D-Methode (auch 8D-Report) eingesetzt. Beschreiben Sie, was dies ist und wie in der 8D-Methode vorgegangen wird.

3 Methoden des Qualitätsmanagements

Neben den elementaren Qualitätstools werden im Rahmen des Qualitätsmanagements auch umfangreichere Methoden angewandt. Charakteristisch für Methoden des Qualitätsmanagements ist:

- Planmäßiges, nachvollziehbares Vorgehen
- Präventive Wirkung
- Einsatz in bestimmten Phasen der Produktentstehung

Der frühzeitige präventive Einsatz der Qualitätsmethoden ist besonders bedeutungsvoll, denn je später ein Fehler am Produkt entdeckt wird, desto höher sind die Kosten zur Fehlerbeseitigung (**Bild 3-1**).

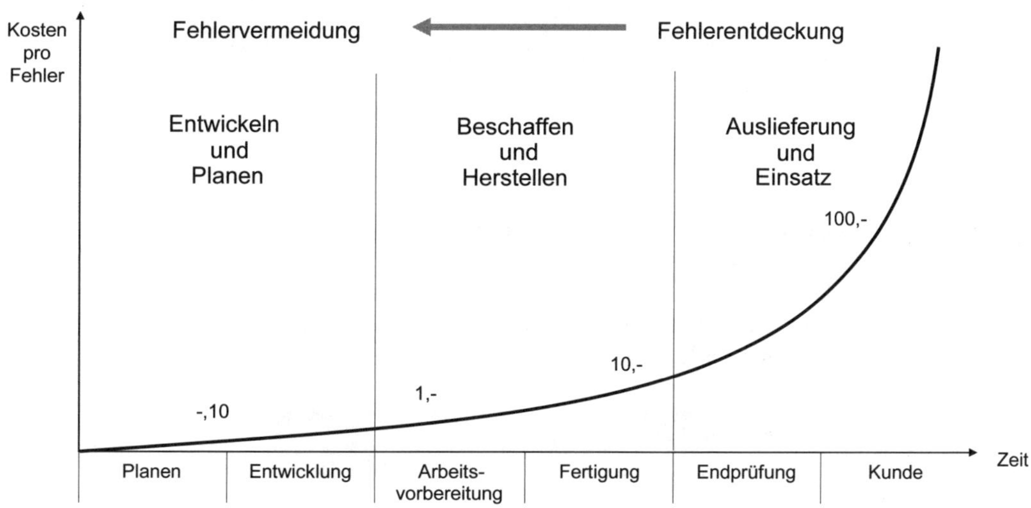

Bild 3-1 Zehnerregel der Fehlerkosten nach Daimler Benz

Ganz grob gilt die Annahme, dass mit jeder Phase, die ein Fehler später entdeckt und abgestellt wird, die Kosten um eine 10er-Potenz steigen. Dies ist einer der Hauptgründe, wieso es sich betriebswirtschaftlich lohnt, frühzeitig einen größeren Aufwand zur Fehlervermeidung zu betreiben.

Bild 3-2 ordnet bekannte Methoden des Qualitätsmanagements den Phasen der Produktentstehung zu. Im Folgenden werden diese Methoden erläutert. Die Beschreibung von Statistical Process Control (SPC) und Design of Experiments (DoE) erfolgt in Kapitel 4.

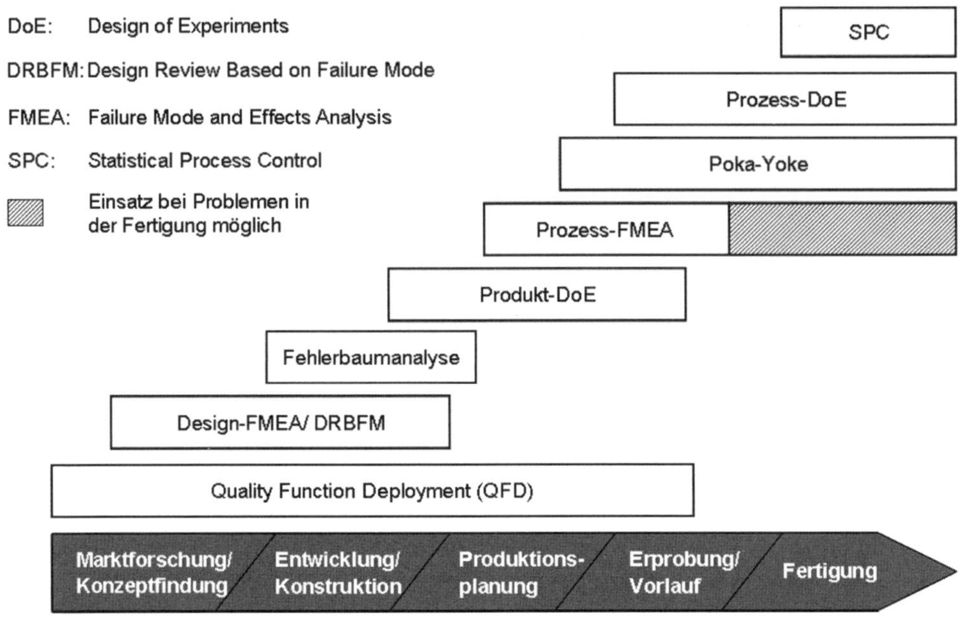

Bild 3-2 Einsatz von Methoden des Qualitätsmanagements in den Phasen der Produktentstehung

3.1 Quality Function Deployment (QFD)

Um bei zunehmender Globalisierung wettbewerbsfähig zu bleiben und Marktanteile zu behaupten, sind Unternehmen heute darauf angewiesen, ihre Produkte konsequent an Kundenanforderungen und -wünschen auszurichten (**Bild 3-3**).

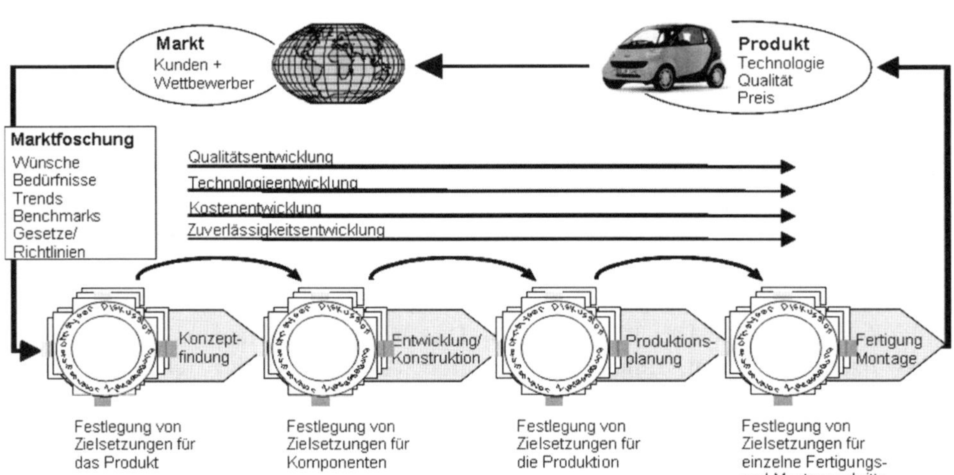

Bild 3-3 Globalisierung und QFD

Dies hat zur Folge, dass die Ansprüche der Kunden durchgängig durch alle Entwicklungs-, Planungs-, Prozess- und Prüfschritte bekannt und Ziel des Handelns sein müssen. Diese Kundenforderungen können in einzelnen Ländern sehr unterschiedlich sein. Ein weltweit agierendes Unternehmen muss sich daher auch damit auseinander setzen, wie lokale Kundenbedürfnisse erfüllt werden können.

Das nach einer Idee des Japaners *Yoji Akao* entwickelte Quality Function Deployment (QFD) ist eine teamorientierte Methode zur systematischen und ganzheitlichen Produkt- und Qualitätsplanung. QFD gewährleistet in allen Planungsphasen von der Entwicklung bis zur Fertigungsplanung eine **konsequente Orientierung an den Kundenwünschen**. Die Maxime der Methode ist, dass bei allen Planungsvorgängen die Kundenwünsche der Maßstab sind und nicht die Vorstellungen der Entwickler, mit der Tendenz alles technisch Machbare zu realisieren [Heri93]. Die Zielsetzung von QFD ist die wirtschaftliche Entwicklung und Herstellung eines Produktes, das genau die Forderungen und Wünsche der Kunden erfüllt und sich durch höchste Gebrauchstauglichkeit auszeichnet, d. h. die Entwicklung und Herstellung eines wettbewerbsfähigen Produktes [Pfei93].

Die zentrale Aufgabenstellung von QFD ist die genaue Analyse des „WAS will der Kunde/ wird verlangt?“ und die gewissenhafte Übersetzung in das „WIE erfüllen wir die Forderungen/ ist es lösbar?“. Die Zusammenhänge und Erfüllungsgrade zwischen dem „WAS“ und dem „WIE“ werden übersichtlich in einer Beziehungsmatrix dargestellt. Die Beziehungsmatrix ist das Kernelement der QFD-Methode. Durch ergänzende Zusatzfragen, deren Ergebnisse in angefügten Tabellen und Matrizen dokumentiert und dargestellt werden, ergibt sich das aufgrund seiner Form benannte Qualitätshaus (*House of Quality* - HoQ). Tabellen und Matrizen, die zur Konkretisierung und Analyse der Forderungen und Wünsche dienen, werden auf der horizontalen Achse des HoQ angeordnet, die der Konkretisierung und Analyse der Umsetzung dienenden Tabellen und Matrizen auf der vertikalen Achse (**Bild 3-4**). Der Aufbau des House of Quality ist nicht „genormt“. Das heißt, welche ergänzenden Zusatzfragen bearbeitet werden, ist dem Anwender überlassen.

Anzumerken ist, dass sich die QFD-Methode nicht auf das Ausfüllen des HoQ beschränkt. Der Vorgang der kundenorientierten Produkt- und Qualitätsplanung mit Hilfe des QFD schließt verschiedenste Analysen (z. B. Markt-, Funktionen-, Wertanalyse) und methodisch unterstützte Ideenfindungs- und Problemlösungsprozesse (z. B. Brainstroming, Verwandschaftsdiagramm) ein. Das HoQ stellt lediglich den methodischen Leitfaden dar und dient der übersichtlichen Dokumentation der Entscheidungswege und Ergebnisse des QFD.

Die komplexe Aufgabenstellung von QFD erfordert das Know-How verschiedener Unternehmensbereiche. QFD wird daher von einem abteilungsübergreifenden Team (z. B. Mitarbeiter aus Entwicklung und Konstruktion, Marketing und Vertrieb, Fertigung, Qualitätswesen sowie dem kaufmännischen Bereich) unter Leitung eines erfahrenen Moderators durchgeführt.

Bild 3-4 „House of Quality“ - Arbeitsschema der QFD-Methode

3.1.1 QFD im Produktentstehungsprozess

Wird die QFD-Methode mit ihren grundsätzlichen Fragestellungen „WAS ist gefordert?“ und die Übersetzung in „WIE erfüllen wir die Forderungen?“ in allen Phasen der Produktentwicklung eingesetzt, so ergibt sich, wie in **Bild 3-5** dargestellt, eine Kaskade von Qualitätshäusern. Dabei resultiert aus der jeweiligen Vorstufe ein Pflichtenheft für die nächste Planungsstufe. Um einen sinnvollen, zielgerichteten Einsatz von QFD zu ermöglichen, werden dabei nur besonders beachtenswerte Merkmale weitergegeben, die z. B.:

- mit einem hohen Risiko verbunden sind,
- voraussichtlich schwierig zu realisieren sind,
- mit vielen Kundenforderungen korrelieren,
- deren Lösung besondere Marktchancen eröffnen.

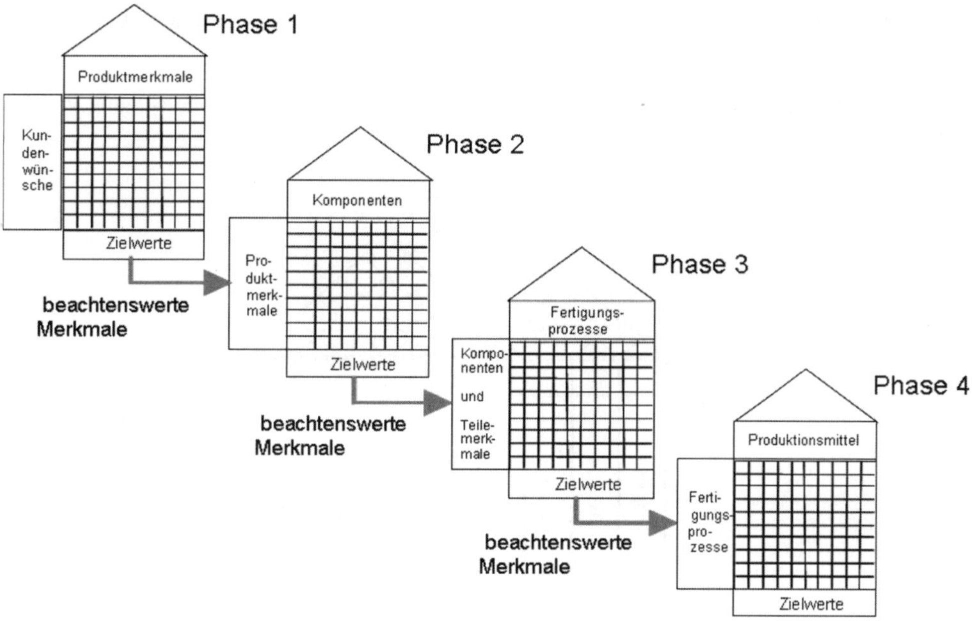

Bild 3-5 Produktplanung mit QFD in vier Phasen (nach American Supplier Institute, ASI)

Phase 1: Die Forderungen und Wünsche der Kunden (WAS) werden in Merkmale und Eigenschaften des Produktes übersetzt (WIE).

Phase 2: Besonders beachtenswerte Merkmale und Eigenschaften des Produktes (WAS) werden in Merkmale und Eigenschaften der Komponenten, Baugruppen, Teile etc. übersetzt (WIE).

Phase 3: Besonders beachtenswerte Merkmale und Eigenschaften der Komponenten, Baugruppen, Teile etc. (WAS) werden in Anforderungen an die Bearbeitungsprozesse übersetzt (WIE).

Phase 4: Nach den wichtigen bzw. kritischen Anforderungen an die Bearbeitungsprozesse (WAS) werden die Fertigungs- und Prüfmittel ausgelegt (WIE).

3.1.2 Ablauf von QFD

Der Ablauf von QFD gliedert sich in die Arbeitsschritte:

- Ermittlung, Bearbeitung und Gewichtung der Kundenforderungen
- Ableitung korrelierender Merkmale
- Bewertung der Korrelationen
- Prüfen auf Wechselwirkungen
- Festlegung von Optimierungsrichtungen für die Merkmale
- Leistungsvergleiche/ Benchmarking
- Festlegung von Zielgrößen für die Merkmale

Der Inhalt der Arbeitsschritte wird im Folgenden für die erste Planungsphase erläutert.

Bild 3-6 zeigt am Beispiel eines Wagenhebers das Resultat eines QFD zur Übersetzung von Kundenforderungen in Produktmerkmale.

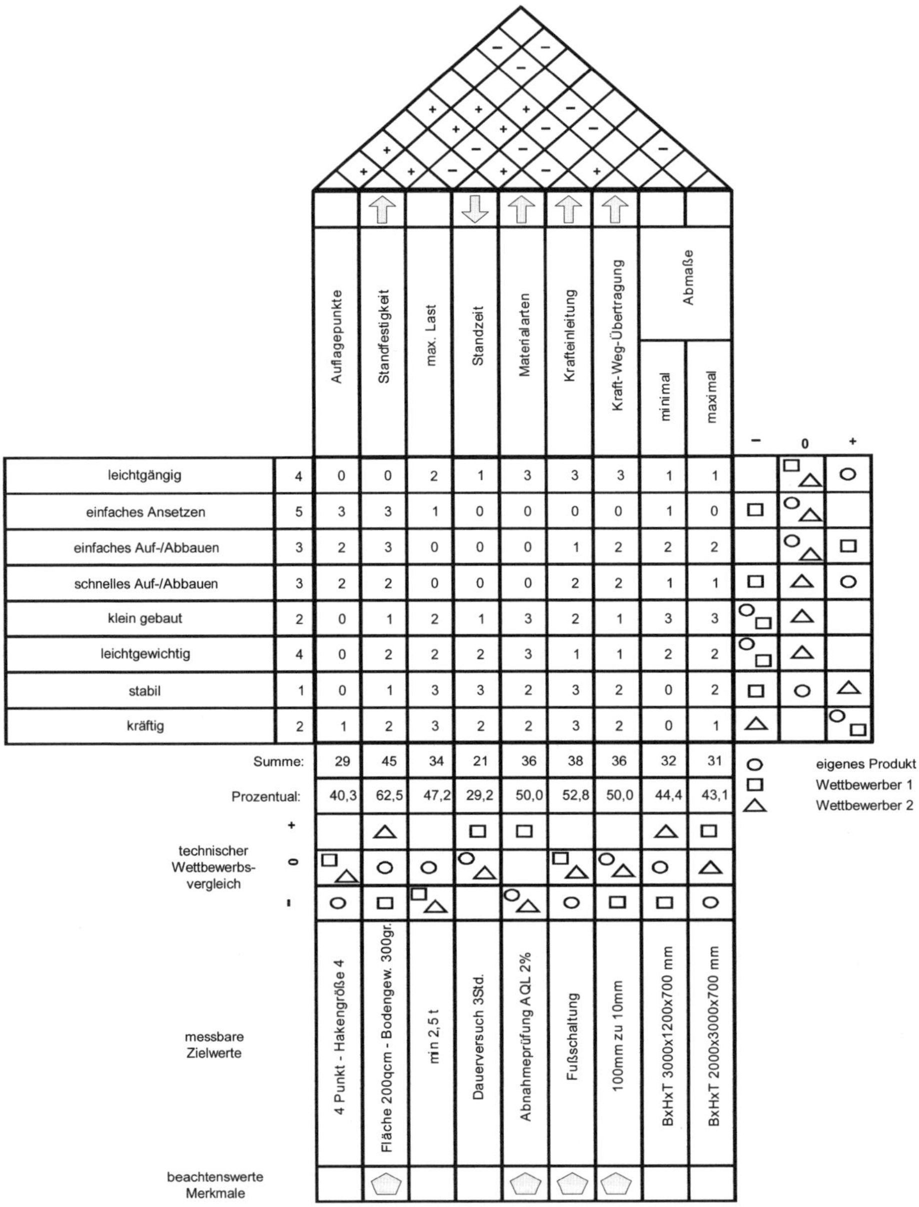

Bild 3-6 House of Quality für einen Wagenheber

Ermittlung und Bearbeitung der (Kunden-)Forderungen

Am Beginn des QFD werden die Kundenforderungen ermittelt. Grundlage dafür können z. B. Ergebnisse von Umfragen sein. Da Forderungen in der „Sprache des Kunden“ meistens vage formuliert sind und einen unterschiedlichen Detaillierungsgrad haben, müssen diese, bevor sie in das House of Quality eingetragen werden, zunächst interpretiert, d. h. in die „Sprache des Unternehmens“ übersetzt und strukturiert werden [Akao92] (**Bild 3-7**).

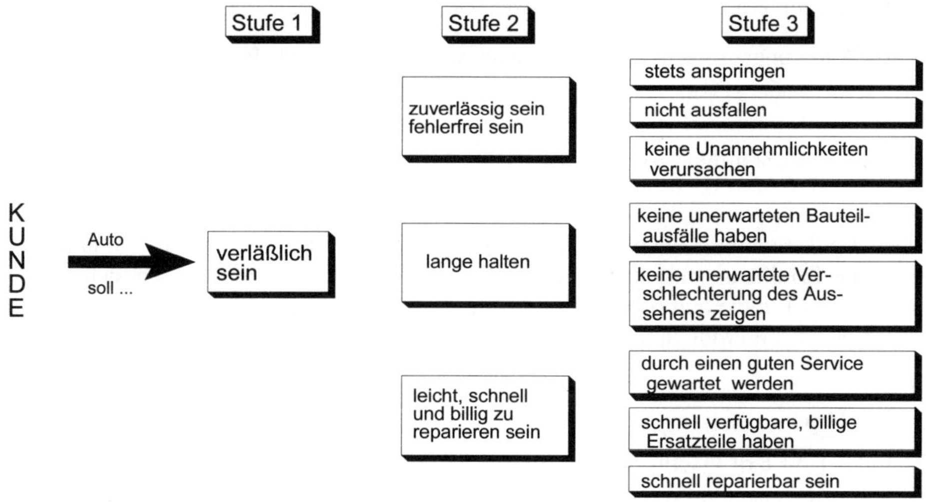

Bild 3-7 Schrittweises Umsetzen von Kundenforderungen im QFD [Freh94]

Die Bedeutungen der Forderungen für den Kunden werden durch Kennzahlen gewichtet (z. B. 1 = niedrig, 10 = hoch).

Bei der Interpretation, Strukturierung und Gewichtung der Kundenforderungen müssen sich die Teammitglieder in die Rolle des Kunden versetzen und versuchen eine Kundensichtweise einzunehmen. Um „Übersetzungsfehler“ zu vermeiden, die dazu führen, dass von vornherein von unzutreffenden Kundenforderungen ausgegangen wird, ist Folgendes zu beachten:

- Die betrachteten Kundenforderungen müssen der anvisierten Kundengruppe entstammen.
- Soweit möglich sollten Originalaussagen verwendet werden.
- Das Wissen der Abteilungen mit den meisten Kundenkontakten (z. B. Vertrieb, Marketing) sollte intensiv genutzt werden.
- Grundlegende Forderungen an das Produkt (Basisanforderungen) werden von Kunden als selbstverständlich erachtet und daher normalerweise nicht explizit geäußert.

Ableitung korrelierender Merkmale

Die Produktmerkmale, die eine oder mehrere Kundenforderungen repräsentieren (erfüllen), werden unter Zuhilfenahme von Methoden wie z. B. Funktionenanalyse, Brainstorming, Verwandschaftsdiagramm zusammengetragen, geordnet und in das HoQ eingetragen. In diesem Schritt geht es um eine sachliche Feststellung der Zusammenhänge, wobei zunächst keine Zielrichtung für die Produktmerkmale festgelegt wird. Die Produktmerkmale sollten möglichst allgemein definiert werden, so dass keine konstruktiv einschränkenden Vorgaben gemacht werden. In der Beziehungsmatrix wird durch Ziffern (z. B. 0 = nicht bis 3 = stark) oder Symbole gekennzeichnet, in welchem Maße die gefundenen Produktmerkmale die Kundenforderungen abdecken (Erfüllungsgrade). Anhand der Erfüllungsgrade wird kritisch geprüft, ob:

- alle Kundenforderungen durch entsprechende Produktmerkmale abgedeckt werden,
- Kundenforderungen mit hoher Gewichtung ausgewogen durch Produktmerkmale erfüllt werden.

Eventuell müssen daraufhin Produktmerkmale ergänzt oder gestrichen werden.

Durch Multiplikation der Kennwerte für die Bedeutungen der Kundenforderungen und der Kennwerte für die Erfüllungsgrade und deren spaltenweise Aufsummierung, lassen sich zu den Produktmerkmalen absolute und relative Kennwerte ermitteln, die entsprechend ihrer Höhe die Wichtigkeit des jeweiligen Produktmerkmals aus Kundensicht angeben.

Prüfen auf Wechselwirkungen

Im Dach des House of Quality wird vermerkt, in welcher Weise die Produktmerkmale mit ihren Optimierungsrichtungen in Wechselwirkung stehen. Gegenläufige Tendenzen werden als negative Wechselwirkung, gleichläufige Tendenzen als positive Wechselwirkung bezeichnet. Durch Symbole werden die Wechselwirkungen kenntlich gemacht (z. B. - = negative Wechselwirkung, + = positive Wechselwirkung).

Besonders beachtenswert sind die negativen Wechselwirkungen, da hier Konflikte vorliegen, die z. B. durch Änderung des Produktkonzeptes gelöst werden müssen.

Festlegung von Optimierungsrichtungen für die Merkmale

Unter Betrachtung der Wechselwirkungen zu den einzelnen (Kunden-) Forderungen werden für die Produktmerkmale Optimierungsrichtungen festgelegt. Die Optimierungsrichtung der Merkmale wird z. B. mit Hilfe graphischer Symbole dargestellt (Pfeil nach oben = Maximierung, Punkt = Einstellung auf bestimmten Zielwert, Pfeil nach unten = Minimierung).

Leistungsvergleiche/ Benchmarking

In Leistungsvergleichen wird das geplante Produkt einerseits aus Sicht des Kunden, andererseits unter technischen Gesichtspunkten mit Konkurrenzprodukten verglichen.

Beim Vergleich aus Kundensicht soll aufgezeigt werden, wo bezüglich der Kundenforderungen Nachholbedarf besteht. Dabei wird dargestellt, wie das eigene Produkt hinsichtlich der Forderungen und Wünsche der Kunden gegen Konkurrenten abschneidet.

Der technische Vergleich gibt Hinweise, wie und wo Änderungen am Produktkonzept vorgenommen werden sollen, indem z. B. folgende Fragen beantwortet werden [Heri93]:

- Wie löst der Wettbewerber bezüglich der Produktmerkmale die Kundenforderungen?
- Ist die Lösung des Wettbewerbers kostengünstiger?
- Ist die Lösung des Wettbewerbers robuster?

Festlegung von Zielgrößen für die Merkmale

Für die Produktmerkmale werden messbare bzw. qualitativ beurteilbare Zielwerte angegeben. Die Zielwerte sind nicht als endgültige Spezifikationen zu verstehen. Sie sollen vielmehr darstellen, was das Team zur vollständigen Befriedigung der Kundenforderungen unter Beachtung der Marktverhältnisse und technischen Möglichkeiten für notwendig erachtet.

Am Ende der ersten Planungsphase steht ein Produktkonzept fest, das in optimaler Weise die Kundenforderungen erfüllt. Das ausgefüllte House of Quality dokumentiert alle relevanten, miteinander verknüpften Daten der Produktplanung.

Beachtenswerte Produktmerkmale werden in die nächste Planungsphase weitergegeben.

QFD ist eine umfassende und systematische Planungsmethode, die in allen Phasen der Produktentwicklung angewandt werden kann. Das Wissen und die Fähigkeiten aller Unternehmensbereiche werden zusammengebracht und koordiniert, um ein Produkt zu entwickeln und herzustellen, welches den Forderungen und Wünschen der Kunden gerecht wird. Ein konsequenter Einsatz der QFD-Methode ermöglicht:

- Kürzere Entwicklungszeiten
- Reduzierung der Anlaufkosten
- Reduzierung von Änderungen und Nacharbeit
- Frühzeitiges Aufzeigen von Problemen
- Wegfall zahlreicher Problembesprechungen

Der Nachteil der Methode liegt in der hohen Komplexität von Korrelationen und damit verbunden auch mit einem sehr hohen Zeitaufwand, insbesondere wenn komplexere Produkte mit QFD behandelt werden. Aus diesem Grund wird QFD in der Praxis selten vollständig für komplexe Produkte durchgeführt. Häufig wird die Anwendung nur für einzelne Bauteile oder Baugruppen durchgeführt. Der Grundgedanke von QFD – die kundenorientierte Produktentwicklung – hat sich nichts desto weniger in vielen Entwicklungsabteilungen verbreitet.

3.2 Fehlerbaumanalyse

Die Fehlerbaumanalyse (Fault Tree Analysis, FTA), die ursprünglich aus dem Bereich Luft- und Raumfahrt sowie Reaktortechnik stammt, wird zur Beurteilung und Optimierung von Systemen/Produkten hinsichtlich Sicherheit und Zuverlässigkeit eingesetzt. Ihre Anwendung findet sie vor allem bei komplexen sicherheitskritischen Systemen/Produkten.

Der Inhalt der Fehlerbaumanalyse ist die systematische Ermittlung der logischen Verknüpfungen von Komponenten- und Teilsystemausfällen, die zu einem unerwünschten Ereignis führen [DIN25424-1]. Das Vorgehen bei der Fehlerbaumanalyse ist deduktiv, d. h. ausgehend von einem unerwünschten „Top“-Ereignis (top event), z. B. dem Ausfall eines Automobils, werden alle möglichen Ausfallkombinationen ermittelt. Die Darstellung der Ausfallkombinationen erfolgt als Fehlerbaum durch einen endlichen gerichteten Graphen mit endlich vielen Eingängen und einem Ausgang, der dem unerwünschten „Top“-Ereignis entspricht.

Die Ziele der FTA sind

- die systematische Identifikation aller möglichen Ausfallkombinationen (Ursachen), die zu einem vorgegebenen unerwünschten „Top“-Ereignis führen,
- die Ermittlung von Zuverlässigkeitskenngrößen, wie z. B. Eintrittshäufigkeiten der Ausfallkombinationen, Eintrittshäufigkeit des unerwünschten „Top“-Ereignisses oder Nichtverfügbarkeiten des Systems/Produktes bei Anforderung,
- die Aufstellung eines graphischen Systemmodells.

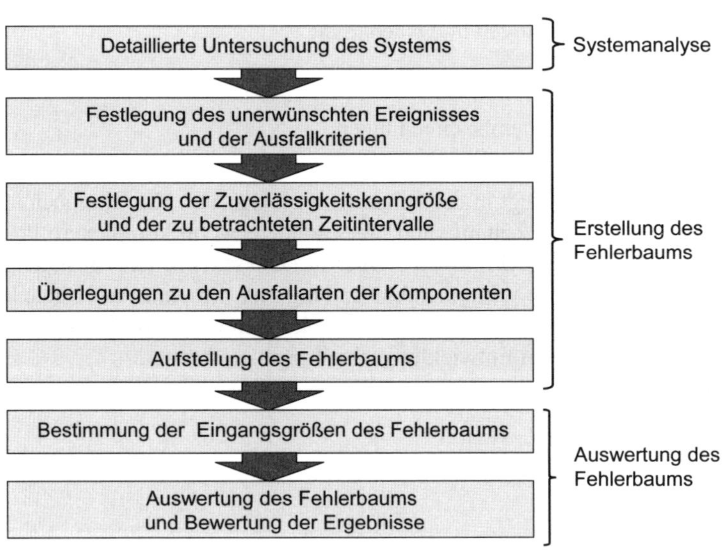

Bild 3-8 Ablaufplan einer Fehlerbaumanalyse

Zur Durchführung einer Fehlerbaumanalyse wird in DIN 25424 Teil 1 der in **Bild 3-8** dargestellte Ablauf empfohlen [DIN25424-1]. Der Ablauf lässt sich in die drei Phasen Systemanalyse, Erstellung des Fehlerbaums und Auswertung des Fehlerbaums gliedern:

Systemanalyse

Die FTA beginnt im ersten Schritt mit einer Systemanalyse, in der das betrachtete System/Produkt detailliert untersucht wird:

- Identifikation der Funktionen, die das System zu erfüllen hat, der Leistungsziele und der zulässigen Abweichungen
- Identifikation der verschiedenen Betriebszustände des Systems
- Bestimmung der Umgebungsbedingungen, die in verschiedenen Betriebszuständen auf das System einwirken
- Identifikation der Hilfsquellen (z. B. Energiequellen, Informationsquellen)
- Identifikation der Komponenten des Systems und Ermittlung des Zusammenwirkens der Komponenten zur Erzeugung der Systemfunktionen (Darstellung in der Regel als Blockdiagramm)
- Analyse der Organisation und des Verhaltens des Systems. Dabei wird betrachtet, wie das System auf Umgebungsbedingungen oder Ausfälle von Komponenten oder Hilfsquellen reagiert.

Erstellung des Fehlerbaums

Die Erstellung des Fehlerbaums beginnt mit der Festlegung des unerwünschten „Top“-Ereignisses (top event), das je nach Aufgabenstellung der Ausfall des Systems oder bestimmter Funktionen des Systems sein kann. Der Ausfall ist durch die Festlegung klarer Kriterien genau zu definieren und möglichst zu quantifizieren. Dazu sind die relevanten Zuverlässigkeitskenngrößen wie Ausfallhäufigkeit oder Nichtverfügbarkeit sowie das zugrunde liegende Zeitintervall anzugeben.

Aus der Festlegung des unerwünschten Ereignisses sind die Ausfallarten der Komponenten festzulegen, die bei der Aufstellung des Fehlerbaums berücksichtigt werden sollen. Dazu sollten die Ergebnisse der Reaktionsanalyse des Systems auf Ausfälle von Komponenten im Rahmen der Systemanalyse herangezogen werden.

Auf Basis der Erkenntnisse aus der Systemanalyse wird im vierten Schritt ausgehend vom unerwünschten Ereignis der Fehlerbaum aufgestellt. Dabei werden die in **Tabelle 3-1** dargestellten Symbole verwendet [DIN25424-1].

Tabelle 3-1: Symbole nach DIN 25424, Teil 1 [DIN25424]

Standardbildzeichen		
	**Standard-eingang**	Dieses Bildzeichen steht für einen Funktionselementausfall, wenn primäres Versagen möglich ist.
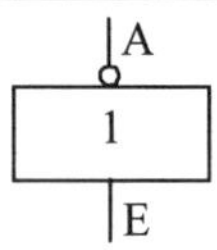	**NICHT-Verknüpfung**	Die NICHT-Verknüpfung steht für die Negation. Ist der Eingang "0", so ist der Ausgang "1", und umgekehrt. E | A 1 | 0 0 | 1
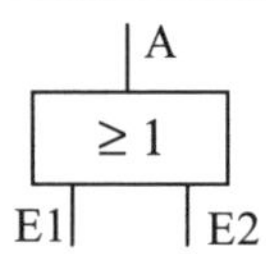	**ODER-Verknüpfung**	Die ODER-Verknüpfung steht für die logische Vereinigung. Es gilt folgende Funktionstabelle: E1 | E2 | A 1 | 1 | 1 1 | 0 | 1 0 | 1 | 1 0 | 0 | 0
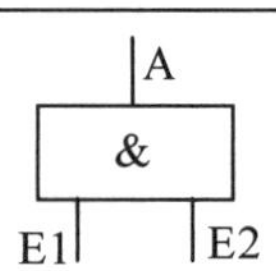	**UND-Verknüpfung**	Die UND-Verknüpfung steht für den logischen Durchschnitt. Für zwei Eingänge gilt folgende Funktionstabelle: E1 | E2 | A 1 | 1 | 1 1 | 0 | 0 0 | 1 | 0 0 | 0 | 0
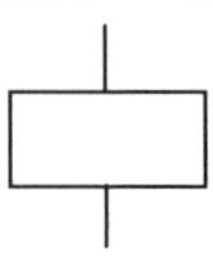	**Kommentar**	Beschreibungen von Eingängen bzw. Ausgängen, von Verknüpfungen werden in Rechtecke eingetragen.
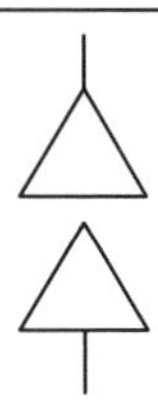	**Übertragung-Eingang** **Übertragung-Ausgang**	Mit einem Übertragungesbildzeichen wird der Fehlerbaum abgebrochen bzw. an anderer Stelle fortgesetzt.

Die Vorgehensweise beim Aufstellen des Fehlerbaums wird anhand von **Bild 3-9** erläutert.

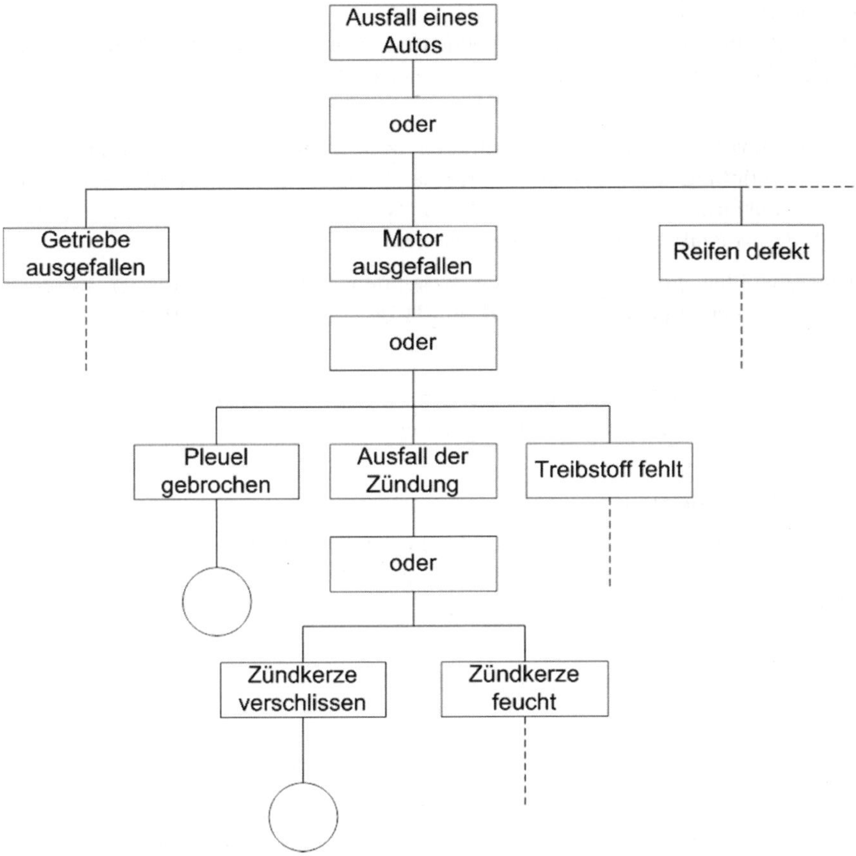

Bild 3-9 Beispiel für einen Fehlerbaum

Das Aufstellen des Fehlerbaums beginnt mit dem Eintragen des unerwünschten „Top“-Ereignisses in ein Kommentarrechteck. Danach werden alle möglichen Ausfälle, die unmittelbar zum Eintritt des unerwünschten „Top“-Ereignisses führen festgestellt, mit einer logischen Verknüpfung (UND, ODER) zugeordnet und in Kommentarrechtecke eingetragen. Es entsteht die erste Ereignisebene des Fehlerbaums.

Ausfälle können in folgende Kategorien eingeteilt werden:

- primärer Ausfall
  Ausfall eines Teilsystems bzw. einer Komponente durch innewohnende Schwäche verursacht
- sekundärer Ausfall
  Folgeausfall, Ausfall eines Teilsystems bzw. einer Komponente durch unzulässige Einsatzbedingungen oder Umgebungseinflüsse

- kommandierter Ausfall
  Ausfall trotz funktionierender Teilsysteme bzw. Komponenten infolge einer falschen oder fehlenden Ansteuerung oder des Ausfalls einer Hilfsquelle

Das Feststellen von Ausfällen, das Eintragen in Kommentarrechtecke und die Herstellung logischer Verknüpfungen wird solange fortgesetzt, bis an den Enden aller Zweige des Fehlerbaums Primärausfälle von Komponenten bzw. (bei offenen Systemen) Sekundärereignisse als Ursache für den Ausfall einer Komponente stehen.

Den Primärausfällen von Komponenten bzw. den Sekundärereignissen werden Eintrittswahrscheinlichkeiten zugeordnet, die z. B. mit Hilfe von Versuchen ermittelt werden.

Die Aufstellung des Fehlerbaums erfordert ein systematisches Vorgehen und ein analytisches Denkvermögen und ist daher nicht immer ganz einfach.

Auswertung des Fehlerbaums

Auf Basis des erstellten Fehlerbaums erfolgt in der letzten Phase der Fehlerbaumanalyse die Auswertung. Je nach Zielsetzung kann eine qualitative oder quantitative Analyse erfolgen (**Bild 3-10**).

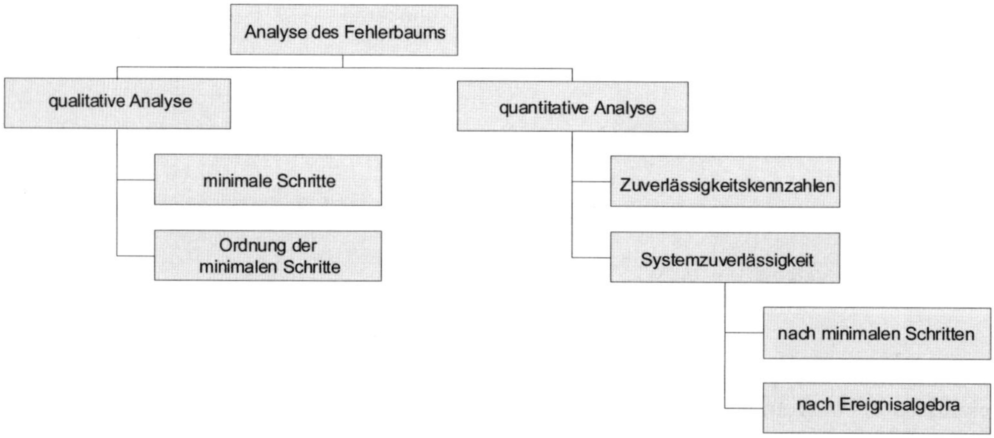

Bild 3-10 Analyse des Fehlerbaums [Heri93]

Bei der qualitativen Analyse wird anhand der Struktur des Fehlerbaums die Bedeutung einzelner Ausfälle und Ausfallkombinationen bewertet. Dazu werden sogenannte Minimalschnitte ermittelt, d. h. Ausfälle und Ausfallkombinationen, die direkt zum unerwünschten Ereignis führen und keine anderen Ausfallkombinationen mehr enthalten. Anhand der Minimalschnitte lässt sich der Fehlerbaum, wie in **Bild 3-11** dargestellt, auf drei Ereignisebenen reduzieren, so dass Ebene 0 eine ODER-Verknüpfung, Ebene 1 nur UND-Verknüpfungen und Ebene 2 nur Primärereignisse enthält.

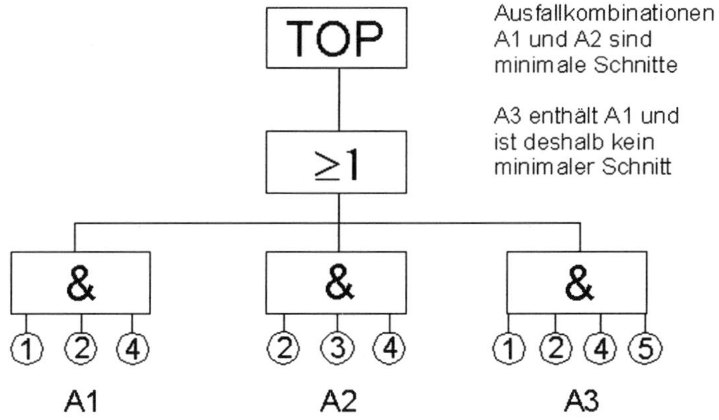

Bild 3-11 Beispielhafte Minimalschnittdarstellung eines Fehlerbaums (nach [DIN25424-2]

Die Minimalschnitte werden nach der Anzahl der enthaltenen Ausfälle sortiert. Davon ausgehend, dass die Wahrscheinlichkeit des Eintretens des unerwünschten „Top"-Ereignisses höher wird, je weniger Ausfälle in einem Minimalen Schnitt enthalten sind, wird die Bedeutung der Minimalen Schnitte, die die wenigsten Ausfälle beinhalten am höchsten eingestuft. Aus den Bedeutungen lässt sich ableiten, wo Absicherungen im System z. B. durch Redundanzen sinnvoll sind.

Bei der quantitativen Auswertung werden aus den Eintrittswahrscheinlichkeiten der Primärausfälle von Komponenten bzw. der Sekundärereignisse, Zuverlässigkeitskenngrößen des Systems /Produktes berechnet, z. B.:

- Eintrittshäufigkeit des unerwünschten „Top"-Ereignisses (Systemzuverlässigkeit)
- Eintrittshäufigkeiten von Ausfallkombinationen

Bei der Berechnung sind die logischen Verknüpfungen der Ausfälle zu beachten. **Tabelle 3-2** gibt die Verknüpfungsregeln für UND bzw. ODER an.

Tabelle 3-2: Verknüpfungsregeln für UND bzw. ODER [Heri93]

Verknüpfungsart	Mathematische Betrachtung
UND-Verknüpfung 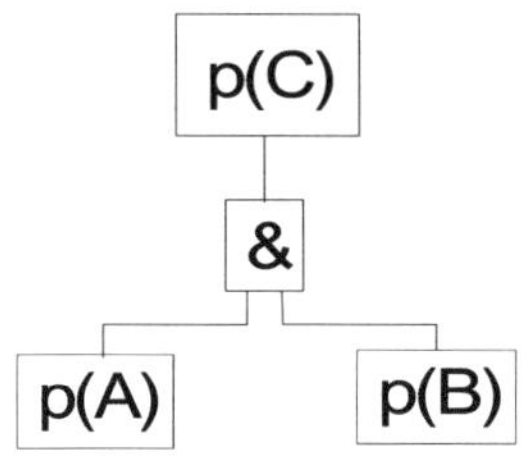	$P(C) = p(AB) = p(A) \times p(B)$
ODER-Verknüpfung 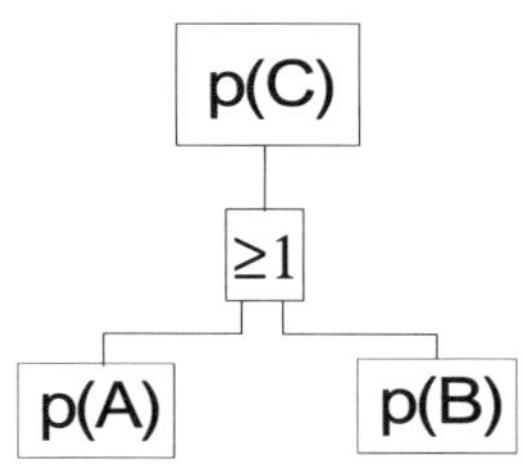	voneinander abhängige Ausfälle $p(C) = p(A + B) = p(A) + p(B) - p(AB)$ voneinander unabhängige Ausfälle (sowie für kleine Werte) $p(C) = p(A + B) = p(A) + p(B)$

Zur Berechnung von Zuverlässigkeitskenngrößen sind zumeist Vereinfachungen des Fehlerbaums erforderlich. Dabei werden Verknüpfungen zusammengefasst und Vermaschungen beseitigt bzw. separiert, um den gesamten Fehlerbaum möglichst in unvermaschte Teilfehlerbäume zu überführen (Modulbildung) [DIN25424-2]. Aufgrund der Komplexität vieler Systeme und der Fehleranfälligkeit bei manueller Berechnung werden Auswertungen von Fehlerbäumen häufig rechnergestützt durchgeführt.

3.3 Fehler-Möglichkeits- und Einflussanalyse (FMEA)

Steigende Anforderungen der Kunden, verkürzte Entwicklungszeiten, der wachsende Kosten- und Rationalisierungsdruck sowie das veränderte rechtliche Umfeld (Produkthaftungsgesetz, Umweltgesetze) erfordern den Einsatz qualitätssichernder Verfahren schon in der Planungs- und Entwicklungsphase mit dem Ziel, potentielle Fehler bei Produkten und Prozessen zu erkennen und zu vermeiden.

Die FMEA (Fehlermöglichkeits- und -einflussanalyse (Failure Mode and Effects Analysis) – in der DIN EN 60812 auch als Fehlzustandsart- und -auswirkungsanalyse benannt [DIN EN 60812]) ist eine formalisierte, analytische Methode zur systematischen und vollständigen Erfassung potentieller Fehler in Konstruktion, Planung und Produktion.

Das Ziel der FMEA ist die Vermeidung von Fehlern im frühest möglichen Stadium einer Produkt- bzw. Prozessentwicklung. Dazu werden durch ein Expertenteam systematisch mögliche Fehler identifiziert, deren möglichen Ursachen und Auswirkungen aufgezeigt und Abstellmaßnahmen eingeleitet. Im Gegensatz zur Fehlerbaumanalyse ist das Vorgehen bei der FMEA induktiv, d. h. es wird nicht vom Ausfall eines kompletten Systems, sondern von Fehlern in einzelnen Elemente eines Produktes oder Prozesses ausgegangen.

3.3.1 Arten der FMEA

Je nach Einsatzzeitpunkt und Betrachtungstiefe wird unterschieden zwischen (**Tabelle 3-3**):

- Design-FMEA (Konstruktions-FMEA) und
- Prozess-FMEA

Tabelle 3-3: Die Arten der FMEA und ihre Charakteristika

	betrachtetes Objekt	Zielsetzung	Grundlagen der FMEA	Zeitpunkt der Durchführung
Design-FMEA	Übergeordnetes Produkt/ System (z. B. Motor)	Sicherstellung einer pflichtenheftgerechten Funktionstüchtigkeit, Zuverlässigkeit und Sicherheit	Produktkonzepte	Nach Fertigstellung des Produktkonzeptes
	einzelne Bauteile eines Produktes (z. B. Ventil)	Sicherstellung einer pflichtenheft- und fertigungsgerechten Gestaltung und Auslegung	Konstruktionsunterlagen	Nach Fertigstellung der Konstruktionsunterlagen
Prozess-FMEA	einzelne Schritte eines Fertigungsprozesses (z. B. Schleifen)	Sicherstellung der fehlerfreien Fertigung eines Produktes	Fertigungspläne	Nach Fertigstellung des Fertigungsplanes (auch bei bereits laufenden Fertigungsprozessen)

Mit Hilfe der Design-FMEA wird das funktionsgerechte Zusammenwirken der Komponenten eines technischen Systems untersucht, indem die Ursachen und Auswirkungen von Fehlern in Systemkomponenten ermittelt werden. Einzelne Komponenten eines Produktes werden dabei hinsichtlich möglicher Fehler in der konstruktiven Auslegung untersucht. In einigen Unternehmen ist auch die Bezeichnung „System-FMEA“ verbreitet. Das Vorgehen entspricht dem Vorgehen einer Design-FMEA, nur für Systeme. Die Basis für die Design-FMEA bilden die Entwicklungsvorgaben, die z. B. in Pflichtenheften, gesetzlichen Vorgaben oder Normen vorgegeben sind.

Die Prozess-FMEA analysiert Fertigungs- und Montageprozesse auf mögliche Fehlerquellen, um eine fehlerfreie Realisierung eines Produktes zu gewährleisten. In der Praxis wird die Prozess-FMEA nicht nur präventiv durchgeführt. Kommt es zu nicht näher bekannten Abweichungen von den Qualitätsvorgaben, so wird die Prozess-FMEA auch für laufende Prozesse angewandt. Bei der Anwendung der Prozess-FMEA für logistische Prozesse taucht auch die Bezeichnung „Logistik-FMEA“ auf, bei Instandhaltungsprozessen auch „Instandhaltungs-FMEA“ und bei dem Fokus auf Abläufe, bei den Menschen eingebunden sind, auch „Human-FMEA“. Dies sind aber alles nur Varianten der Prozess-FMEA.

Bild 3-12 stellt den Zusammenhang zwischen den FMEA-Arten dar.

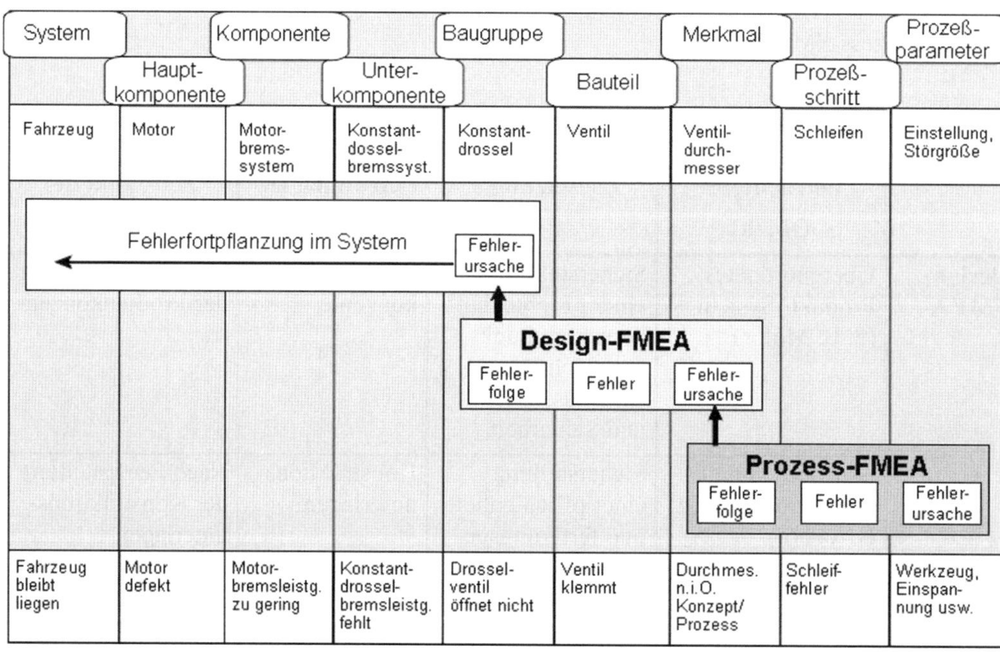

Bild 3-12 Zusammenhang zwischen den FMEA-Arten [nach Pfei93]

3.3.2 Ablauf der FMEA

In **Bild 3-13** ist das grundsätzliche Vorgehen bei der Durchführung einer FMEA dargestellt. Im Folgenden wird dieser Ablaufplan näher erläutert.

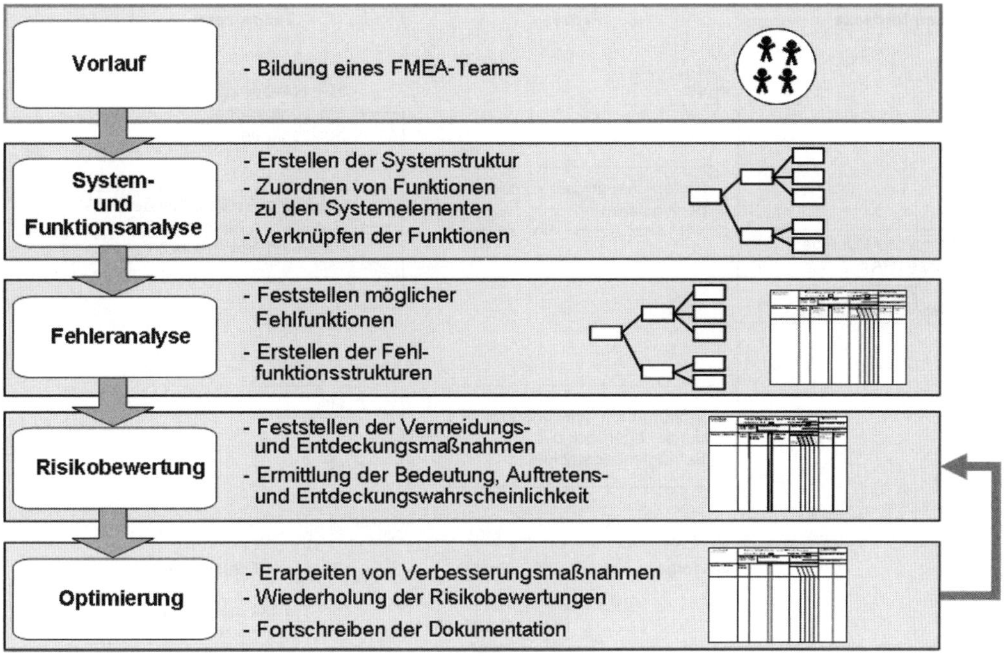

Bild 3-13 Ablauf einer FMEA

Vorlauf

Zunächst ist ein abteilungsübergreifendes Projekt-Team zu bilden, in dem je nach Art der FMEA oder je nach betrachtetem Objekt Fachleute der Abteilungen

- Forschung & Entwicklung,
- Konstruktion,
- Fertigung,
- Fertigungsplanung oder
- Qualitätssicherung

vertreten sind. Gegebenenfalls können auch Vertreter des Lieferanten bzw. des Kunden hinzugezogen werden. Das Projekt-Team wird durch einen Moderator geleitet, der mit der FMEA-Methode vertraut ist.

System- und Funktionsanalyse

Als Vorbereitung der Fehleranalyse wird, vergleichbar mit der Systemanalyse bei der Fehlerbaumerstellung (siehe Abschnitt 3.2), der Untersuchungsgegenstand zunächst analysiert und strukturiert.

Den Systemelementen werden Funktionen zugeordnet und eine Funktionsstruktur erstellt. Die Fehleranalyse arbeitet mit möglichen Fehlern auf der Ebene der Funktionen. **Bild 3-14** zeigt ein Beispiel für einen Funktionsbaum sowie einen Fehlfunktionsbaum bei der Durchführung einer Prozess-FMEA.

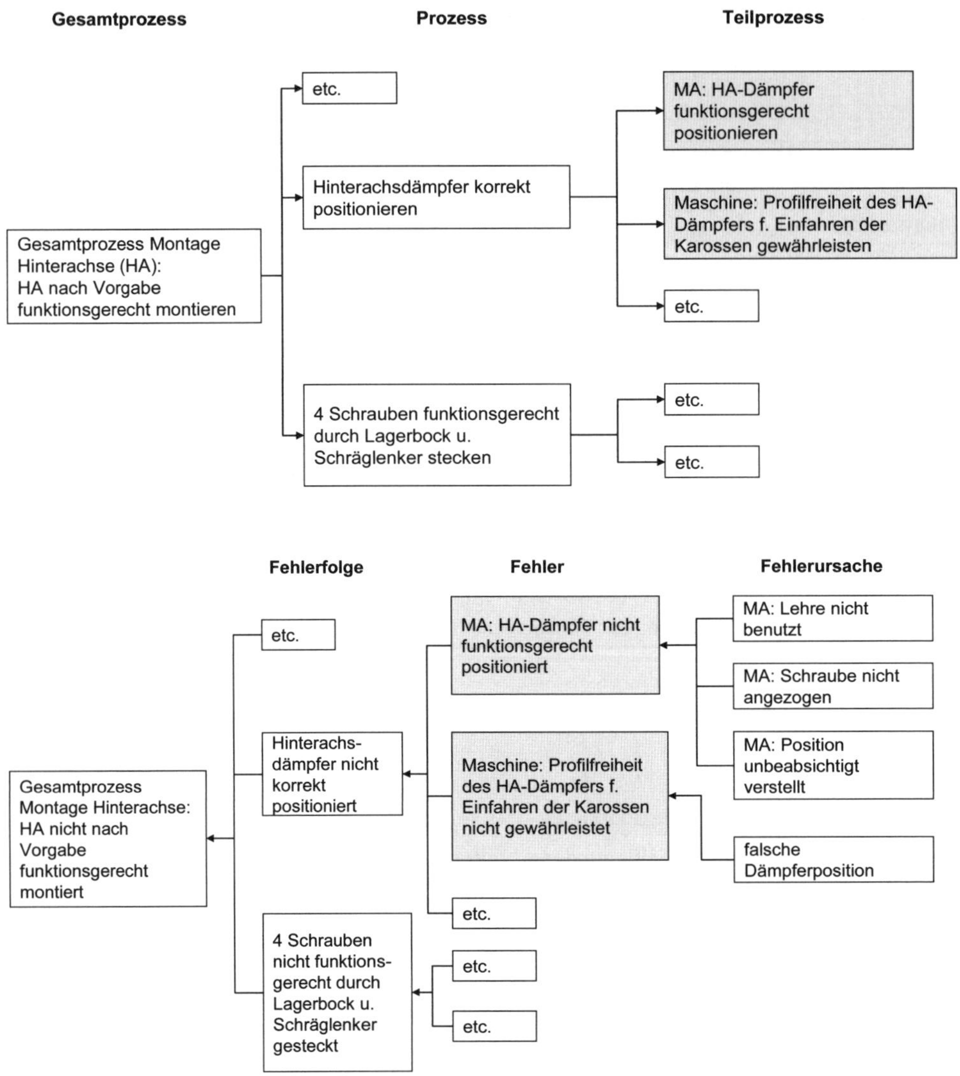

Bild 3-14 Beispiele für einen Funktionsbaum (oben) und einem Fehlfunktionsbaum (unten) bei einer Prozess-FMEA

Fehleranalyse

Nach der System- und Funktionsanalyse werden im Team die potentiellen Fehler ermittelt, ihre Folgen untersucht sowie die Ursachen festgestellt. Grundsätzlich sind dabei nicht nur die bekannten Fehler aufzulisten; entscheidend für den Erfolg einer FMEA ist vielmehr ein analytisches Vorgehen, bei dem alle nur denkbaren Fehler aufgefunden werden. Besondere Sorgfalt muss auf die Zuordnung der potentiellen Fehlerursachen verwendet werden. Zum einen bleibt mit einer nicht aufgeführten Ursache möglicherweise ein Risiko unentdeckt und zum anderen können zielgerichtete Maßnahmen zur Abstellung des Fehlers nur bei bekannten Fehlerursachen angesetzt werden. Ursacheketten sind bis zu ihrer Wurzel zurückzuverfolgen. Die Ermittlung der potentiellen Fehler und ihrer Ursachen und Wirkungen kann durch die Verwendung von festgelegten Fragestellungen (z. B: bei einer Prozess-FMEA: Was könnte bei der Prozessfunktion fehlschlagen?) und Checklisten (z. B. mit typischen Fehlermöglichkeiten: gebrochen, Lunker, Ermüdung usw.) unterstützt werden.

Risikobewertung

Die Risikobewertung beginnt mit der Beschreibung der Prüf- und Verhütungsmaßnahmen, die zur Fehlerentdeckung bzw. -vermeidung vorgesehen sind.

Um für die Abstellung der Fehler eine geeignete Reihenfolge festlegen zu können, werden die Fehler, Fehlerfolgen und -ursachen bewertet. Die Bewertungszahl, die sogenannte *Risikoprioritätszahl (RPZ)*, setzt sich multiplikativ aus Einzelbewertungen für

- die Wahrscheinlichkeit des Auftretens (A) der Fehlerursachen, unter Berücksichtigung der zur Vermeidung des Fehlers vorgesehenen Verhütungsmaßnahmen,
- die Wahrscheinlichkeit der Entdeckung vor Auslieferung an den Kunden (E), unter Berücksichtigung der zur Entdeckung des Fehlers vorgesehenen Prüfungen und
- die Bedeutung der Fehlerfolge für den Kunden (B).

Im Allgemeinen werden die Kennzahlen A, B und E nach einem 10-Punkte-Schema vergeben, wobei eine 1 ein niedriges Risiko und eine 10 ein hohes Risiko bedeuten. Je nach verfügbarem Datenmaterial und Erfahrungswissen wird die Anzahl der Bewertungsstufen gewählt. Je gröber die Wahrscheinlichkeiten differenziert werden können, desto gröber wird auch das Bewertungsschema gewählt. In vielen Unternehmen existieren standardisierte Vorgaben und Beschreibungen für die Bewertungsstufen.

Die **Risikoprioritätszahl** ergibt sich aus dem Produkt der einzelnen Kennzahlen:

$$RPZ = A \cdot B \cdot E$$

Sie ist ein Maß für das Gesamtrisiko jeder einzelnen möglichen Ursache eines potentiellen Fehlers.

Je größer die RPZ, desto dringlicher sind qualitätssichernde Maßnahmen, um das entsprechende Risiko zu senken. Da die Risikoprioritätszahl zumeist aufgrund recht subjektiver Einschätzungen entsteht und schon aus geringen Abweichungen bei einer der Kennzahlen A, B oder E aufgrund der Multiplikation große Schwankungen in der RPZ resultieren, ist sie nur als grober Richtwert für die Dringlichkeit von Abstellmaßnahmen zu verstehen.

Maßnahmen

Die potentiellen Ursachen werden in der Reihenfolge ihrer Risikopriorität geordnet und hinsichtlich möglicher Abstellmaßnahmen genauer untersucht. Da in der Praxis in der Regel nicht die Kapazitäten vorhanden sind, um alle möglichen Fehlerrisiken zu reduzieren, werden Abstellmaßnahmen nur für Risiken festgelegt, die größer als eine kritische Risikoprioritätszahl sind. Diese liegt in vielen Unternehmen in der Größenordnung von 120. Die Abstellmaßnahmen lassen sich in Maßnahmen, die

- die Wahrscheinlichkeit des Auftretens durch Konstruktions- und/oder Produktionsprozessänderungen beeinflussen,
- die Bedeutung des Fehlers durch Konstruktionsänderungen reduzieren und
- die Wahrscheinlichkeit der Entdeckung, bevor das Produkt das Werk verlässt, durch verbesserte Prüfmaßnahmen erhöhen

unterteilen. Grundsätzlich sind dabei die fehlervermeidenden Maßnahmen (Abschwächen des Faktors A) den fehlerentdeckenden (Verkleinerung von E) sowie den fehlerkompensierenden Maßnahmen (Reduzierung des Faktors B) vorzuziehen. Durch ein Abwägen zwischen dem Risiko, den entstehenden Fehlerkosten und dem für die Abstellung nötigen Aufwand kann eine Reihenfolge festgelegt werden, in der die einzelnen Maßnahmen abzuarbeiten sind.

Für zur Durchführung anstehende Maßnahmen wird eine verantwortliche Stelle benannt. Nach der Durchführung wird als Erfolgskontrolle in einem weiteren Iterationsschritt die FMEA wiederholt. Als Erfolgsmaßstab gilt die Differenz zwischen alter und neuer RPZ. Im Allgemeinen wird die FMEA solange weitergeführt, wie noch potentielle Fehlerursachen mit einer kritischen RPZ vorhanden sind.

3.3.3 FMEA-Formblatt

Die Dokumentation der Ergebnisse einer FMEA erfolgt mit einem Formblatt. In **Bild 3-15** ist eine Vorlage des Verbandes der Deutschen Automobilindustrie (VDA) dargestellt.

	Fehler-Möglichkeits- und Einfluß-Analyse ☐ System-FMEA Produkt ☐ System-FMEA Prozeß								FMEA-Nr.: Seite von
Typ/Modell/Fertigung/Charge:				Sach-Nr.: Änderungsstand:		Verantw.: Firma:			Abt.: Datum:
System-Nr./Systemelement: Funktion/Aufgabe:				Sach-Nr.: Änderungsstand:		Verantw.: Firma:			Abt.: Datum:
Mögliche Fehlerfolgen	B	Möglicher Fehler	Mögliche Fehlerursachen	Vermeidungsmaßnahmen	A	Entdeckungsmaßnahmen	E	RPZ	V/T

B= Bewertungszahl für die Bedeutung
V= Verantwortlichkeit
A= Bewertungszahl für die Autretenswahrscheinlichkeit
T= Termin für die Erledigung
E= Bewertungszahl für die Entdeckungswahrscheinlichkeit
Risikoprioritätszahl RPZ= B * A * E

Bild 3-15 FMEA-Formblatt nach VDA

Die Anwendbarkeit des FMEA-Formblattes als Arbeitspapier für die FMEA ist nur begrenzt sinnvoll. So wird z. B. die Ermittlung der Ursache-Wirkungs-Ketten im Rahmen der Fehleranalyse durch die Struktur eingeschränkt, die immer nur drei Stufen aufzeigt, nämlich den potentiellen Fehler, dessen Ursache und Folge. Das Formblatt sollte deshalb nur zur Dokumentation der Ursache-Wirkungs-Ketten Verwendung finden; deren Zustandekommen ist anderweitig zu dokumentieren.

3.3.4 EDV-Einsatz

Als Hauptproblem der FMEA wird oft der hohe Zeitaufwand genannt. Schätzungen gehen dabei von einem um etwa 20% erhöhten Zeitbedarf für die Produkt- bzw. Prozessplanung aus [Dale90]. Diese Zahl hat aber nur bei der Neuerstellung einer FMEA Gültigkeit; bei weiteren Arbeiten an einer bestehenden FMEA oder der Analyse ähnlicher Produkte bzw. Prozesse sinkt der zusätzliche Zeitaufwand beträchtlich.

Insbesondere durch den Einsatz von EDV lassen sich bei der Erstellung einer FMEA erhebliche Rationalisierungspotentiale ausschöpfen. An ein Software-System zur Unterstützung von Fehler-Möglichkeits- und -Einflussanalysen können etwa die folgenden Anforderungen gestellt werden:

- graphische Darstellung der FMEA-Baumstruktur
- effektives Arbeiten auch im Team durch parallelen Zugriff auf eine zentrale FMEA-Datenbank
- Verfügbarkeit leistungsfähiger Kopierfunktionen
- Hinterlegen von Fehler-, Fehlerursachen- und Fehlerfolgen-Katalogen
- Terminüberwachung

In den FMEAs ist viel Know-how über den Systemaufbau, Funktionen des Systems, mögliche Fehler und deren Folgen sowie möglichen Abstellmaßnahmen hinterlegt. Bei der unternehmensweiten Verwendung einer FMEA-Software stellt diese eine Wissensdatenbank dar, die bei akuten Problemen oder zur Einarbeitung neuer Mitarbeiter eingesetzt werden kann.

3.4 Poka-Yoke

Der japanische Fertigungsingenieur *Shigeo Shingo* hat maßgeblich das Toyota Produktionssystem und damit indirekt auch die Produktionssysteme vieler anderer Unternehmen geprägt. Einer seiner Grundgedanken war, dass Null-Fehler erreichbar sind. Wahrscheinlich war ihm bewusst, dass dies ein idealisiertes in der Praxis nicht zu erreichendes Ziel ist. Aber wenn dieses Ziel nicht verfolgt wird, bedeutet dies umgekehrt, dass ein Unternehmen Fehler akzeptiert und als gegeben hinnimmt. Daher muss es in Hinblick auf eine Null-Fehler-Produktion das Ziel sein, möglichst alle Fehler zu vermeiden. Schwierig ist dies bei nicht systematischen, sondern zufällig auftretenden Fehlern. Diese treten häufig im Zusammenhang mit menschlichen Handlungen auf. Der Ansatz von *Shigeo Shingo* war, die Produkte und Prozesse so zu gestalten, dass zufällige Fehler gar nicht erst entstehen können.

Die Vermeidung dieser zufälligen Fehler in Fertigungsprozessen ist das Ziel von Poka-Yoke. Der Grundgedanke von Poka-Yoke ist, dass menschliche Fehlhandlungen (Irrtümer) naturbedingt und daher unvermeidbar sind. Durch geeignete Maßnahmen muss daher verhindert werden, dass daraus Fehler am Produkt resultieren („prevent errors becoming defects“) [Shin86].

Der Begriff „Poka-Yoke“ entstammt der japanischen Sprache. „Poka" bedeutet zufälliger, unbeabsichtigter Fehler. „Yoke" lässt sich mit Vermeidung oder Verminderung übersetzen.

Poka-Yoke bedeutet **Vermeidung zufälliger Fehler**.

Poka-Yoke lässt sich auch mit "fehlersicher" bzw. "fehlhandlungssicher" bezeichnen.

Unter Poka-Yoke werden Gestaltungsmaßnahmen an Produkten und/ oder Prozessen verstanden, die entweder verhindern, dass aus menschlichen Fehlhandlungen Fehler am Produkt werden oder aber dafür sorgen, dass Fehler sofort entdeckt werden und das Auftreten weiterer Fehler verhindert wird (**Bild 3-16**).

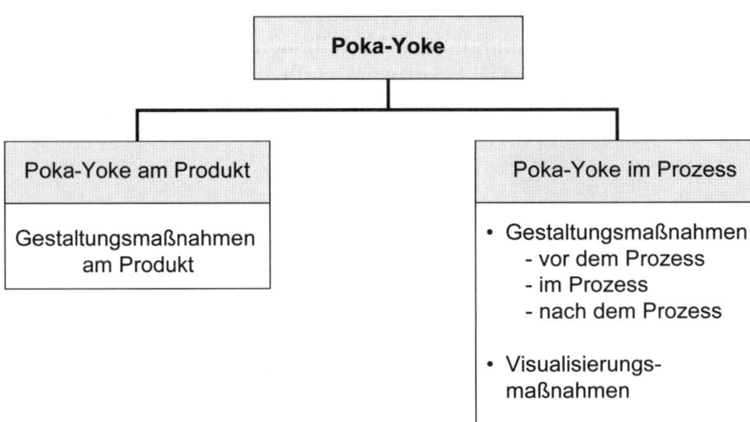

Bild 3-16 Unterteilung von Poka-Yoke

3.4.1 Poka-Yoke am Produkt

Durch konstruktive Maßnahmen an Bauteilen soll verhindert werden, dass fehlerhafte Produkte überhaupt entstehen können. Um Verwechselungen und Vertauschungen zu vermeiden, müssen bei der Bauteilauslegung und -konstruktion folgende Regeln einer montagegerechten Produktgestaltung berücksichtigt werden:

- Gleichteile verwenden
- Bauteile symmetrisch gestalten oder
- deutlich asymmetrische Teile verwenden
- Teile deutlich unterscheidbar gestalten
- Teile eindeutig kennzeichnen

Wenn Gleichteile verwendet werden können, dann kann es nicht zum Vertauschen verschiedener Varianten kommen. Wenn Symmetrieachsen im Bauteil vorhanden sind, dann muss ein Bauteil um eine Achse weniger orientiert werden. Damit lässt sich der Einbau in verdrehter Lage vermeiden. Wenn dies nicht möglich ist, dann sollten die Bauteile deutlich asymmetrisch sein. Eine deutliche Asymmetrie kann auch helfen, eine eindeutige Orientierung sicherzustellen. Grundsätzlich gilt, dass Teile und Varianten, die konstruktiv anders gestaltet werden müssen, deutlich unterscheidbar sein müssen. Ähnliche Teile sind auf jeden Fall zu vermeiden, da sowohl bei manueller wie auch bei automatisierter Montage der Fehleranteil steigt, je ähnlicher die Teile sind.

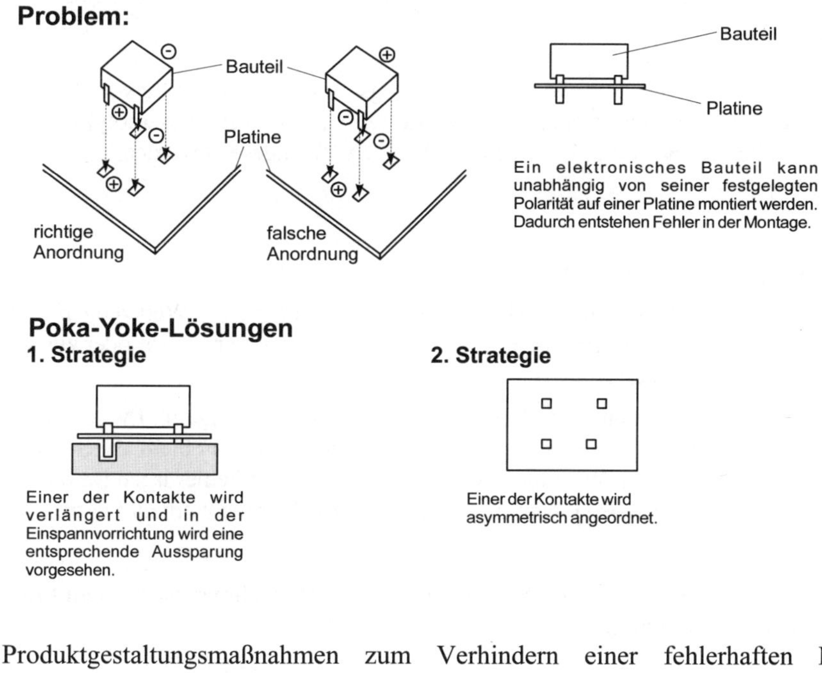

Bild 3-17 Produktgestaltungsmaßnahmen zum Verhindern einer fehlerhaften Montage [Shim88]

Bild 3-17 zeigt zwei Produktgestaltungsmaßnahmen zum Verhindern einer fehlerhaften Montage von elektronischen Bauteilen auf einer Platine. Ideal wäre, wenn das Bauteil ohne Berücksichtigung der Bauteilorientierung montiert werden könnte. Wenn die Bauteilorientierung aber aufgrund der Kontaktgestaltung notwendig ist, dann hilft die asymmetrische Gestaltung der Kontakte, um einen fehlerhaften Verbau zu vermeiden.

Die Verwendung von Farben und Kennzeichnungen für unterschiedliche Bauteile oder Varianten kann die Verwechselungsgefahr nicht grundsätzlich vermeiden, aber sie hilft, die Wahrscheinlichkeit zu reduzieren (**Bild 3-18**).

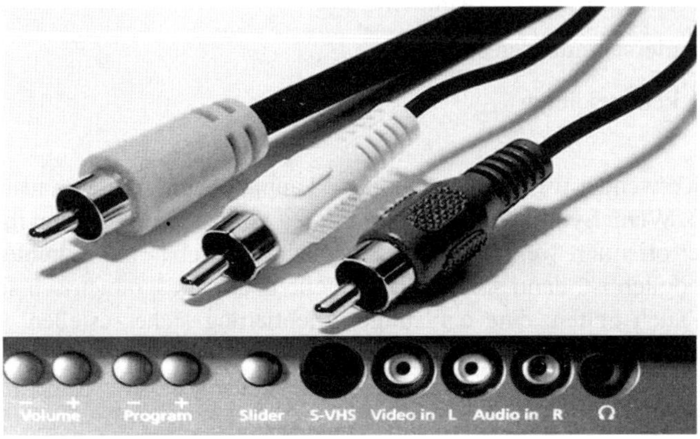

Bild 3-18 Verwendung von Farben an Bauteilen zur Reduzierung der Verwechslungsgefahr

Um Bauteile systematisch auf die Verwechselungs- oder Vertauschungsgefahr zu überprüfen, können Checklisten verwendet oder die Methode DFA (Design for Assembly) bzw. DFMA (Design for Manufacture and Assembly - siehe z. B. [VDA4]) eingesetzt werden.

3.4.2 Poka-Yoke im Prozess

Unter Poka-Yoke im Prozess fallen Maßnahmen an Vorrichtungen, Werkzeugen und Maschinen sowie im Prozessablauf, die verhindern, dass Fehler am Produkt entstehen oder zur schnellen Entdeckung von diesen beitragen.

Ob eine Poka-Yoke-Maßnahme am Produkt oder im Prozess durchgeführt wird, ist eine Frage der Wirtschaftlichkeit. Im Allgemeinen sollte eine Vermeidung von Fehlern durch Maßnahmen am Produkt vorgezogen werden. Wird dies nicht gemacht, wird der Fehler irgendwann im Fertigungsprozess auftreten und es ist die Gefahr gegeben, dass der Fehler nicht erkannt wird.

Wie in **Bild 3-19** dargestellt, lassen sich die Poka-Yoke-Maßnahmen nach ihrem Einsatzzeitpunkt im Produktionsprozess unterteilen.

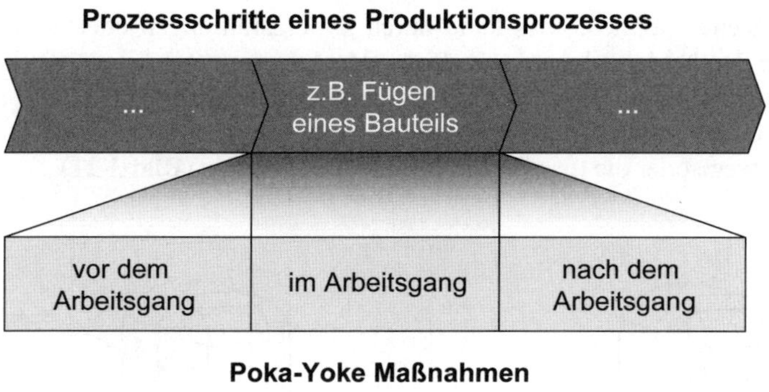

Bild 3-19 Poka-Yoke im Prozess

Poka-Yoke-Maßnahmen vor dem Arbeitsgang sollen vermeiden, dass falsche Teile oder eine fehlerhafte Anzahl von Teilen gegriffen werden. Grundsätzlich hilft eine übersichtliche Bereitstellung von Teilen, um die Verwechselung von Teilen zu reduzieren. Weiterhin können technische Systeme, wie die auch in Kommissionierbereichen eingesetzten „pick-by-light"- oder „pick-by-voice"-Systeme verwendet werden, um das Entnehmen der richtigen Teile zu unterstützen. Auch die Verwendung von Barcode- oder Matrix Data Code-Kennungen sowie RFID[1] mit entsprechenden Lesegeräten kann die Gefahr von Teileverwechselungen reduzieren. Eine weitere Möglichkeit ist die Verwendung von Paternostersystemen, die nur das zu verbauende Bauteil freigeben (**Bild 3-20**).

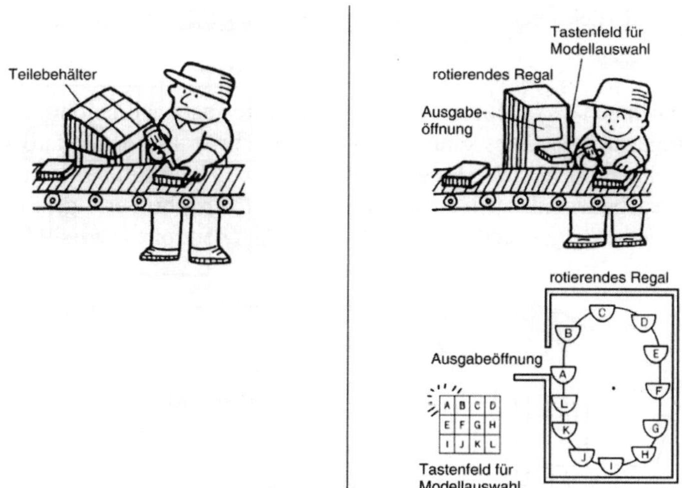

Bild 3-20 Einsatz von Paternostern [Shin89]

[1] RFID - Radio Frequency Identification Device: System, welches durch die Übertragung von Funksignalen Daten zwischen einem Datenspeicher (Tag) und einem Schreiblesegerät austauschen kann.

Durch Poka-Yoke-Maßnahmen im Arbeitsgang sollen Fehler vermieden werden, die während des Arbeitsgangs entstehen können. Dies kann durch Zwangsführungen oder automatisierte Abläufe geschehen. Oder durch Maßnahmen, mit denen der Arbeitsgang oder ein direktes Auftreten von Fehlern überwacht werden. Dazu werden häufig Sensoren eingesetzt (siehe auch Poka-Yoke-Systeme im Abschnitt 3.4.3), die die Anzahl der Arbeitsschritte oder weitere Prozesskenngrößen, wie z. B. Verfahrwege oder die Leistungsaufnahme, überwachen (**Bild 3-21**).

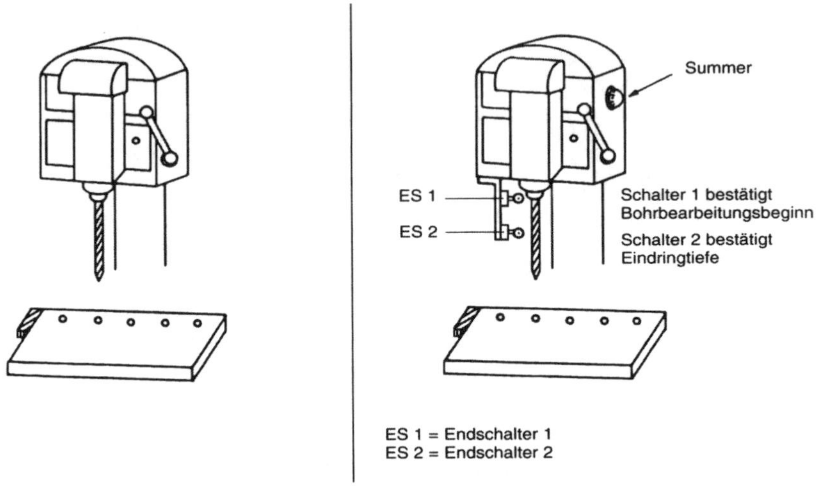

Bild 3-21 Beispiel für Poka-Yoke-Maßnahme im Arbeitsgang [Shin89]

Poka-Yoke-Maßnahmen nach dem Arbeitsgang überprüfen nach Durchführung des Arbeitsganges, ob ein Fehler aufgetaucht ist. Dies kann noch in der Verantwortung des Mitarbeiters liegen, der den Arbeitsgang durchgeführt hat (Werkerselbstprüfung). Die Überprüfung kann aber auch in einem nachgelagerten gegebenenfalls auch örtlich entfernten Arbeitsschritt erfolgen, wie dies in **Bild 3-22** dargestellt ist. *Shigeo Shingo* nannte dies auch Fehlerfolgekontrolle [Shin89].

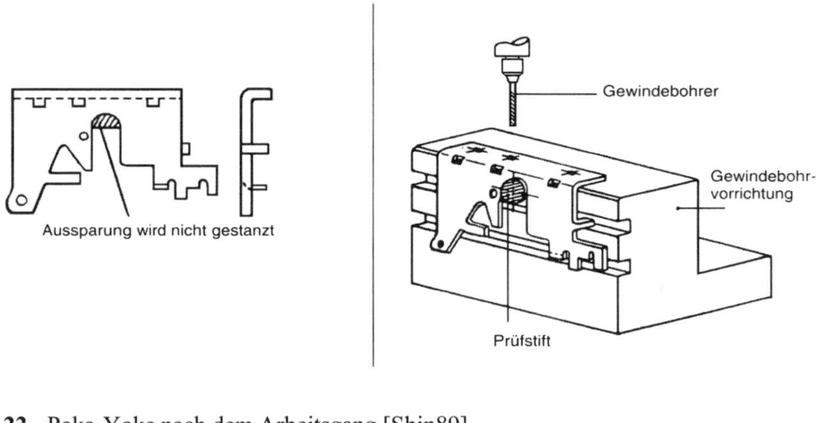

Bild 3-22 Poka-Yoke nach dem Arbeitsgang [Shin89]

Hierbei wird in einem nachgelagerten Arbeitsschritt mit Hilfe eines Prüfstiftes überprüft, ob der Radius richtig ausgestanzt wurde.

Je übersichtlicher und transparenter ein Produktionsbereich gestaltet ist, desto weniger Fehler werden gemacht und desto eher werden auch Fehler entdeckt. Maßnahmen zur Visualisierung von Produkten, Transportbehältern, Werkzeugen, Arbeitsabschnitten, Anzeigen und Messinstrumenten können helfen, Verwechselungen und Fehler im Produktionsprozess zu vermeiden. Das Idealziel stellt die „Visuelle Fabrik" [Greif91] dar, in der beim Durchgehen durch die Produktionsbereiche jederzeit der Stand von Aufträgen, der Status von Maschinen, das Auftreten von Fehlern und Abweichungen in den Prozessen sowie der Stand von Maßnahmen zur Problemlösung erkennbar sind.

3.4.3 Poka-Yoke-Systeme

Poka-Yoke-Systeme sind einfache technische Systeme für Plausibilitätsprüfungen in der Fertigung. Sie werden häufig in Verbindung mit Poka-Yoke-Maßnahmen im Prozess eingesetzt und bestehen, wie in **Bild 3-23** dargestellt, aus drei Elementen: einem Detektions-, einem Auslöse- und einem Reguliermechanismus [Sond91].

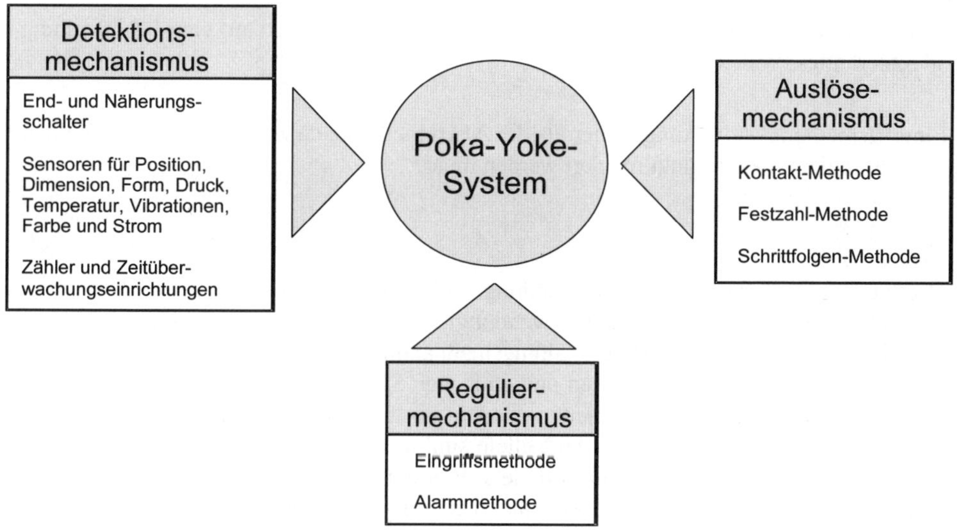

Bild 3-23 Elemente eines Poka-Yoke-Systems

Der Detektionsmechanismus hat die Aufgabe, Fehlhandlungen oder fehlerhafte Produkte zu entdecken. Eingesetzt werden alle Arten von Sensoren und Sensorsystemen.

Der Auslösemechanismus bestimmt die Art der Prüfung. Es werden drei Typen unterschieden [Shin86]:

- Kontaktmethode
  Fehlhandlungen oder fehlerhafte Produkte werden über geometrische Kenngrößen detektiert. Es werden z. B. über Sensoren die Lage, das Vorhandensein, die Kontur oder die Dimension geprüft. Der „Kontakt" kann auch berührungslos sein [Sond90].
- Festzahlmethode
  Es wird festgestellt, ob eine definierte Anzahl von Teilen vorhanden ist oder bearbeitet wurde oder ob eine festgelegte Anzahl von Fertigungsoperationen durchgeführt wurde.
- Schrittfolgemethode
  Es wird festgestellt, ob bestimmte zum Arbeitsgang gehörende Operationen ausgeführt wurden. Dabei ist oftmals auch die Reihenfolge der Operationen wichtig, z. B. bei Montagevorgängen.

Der Reguliermechanismus hat die Aufgabe auf eine festgestellte Fehlhandlung oder ein fehlerhaftes Produkt hinzuweisen. Es werden zwei Mechanismen angewandt:

- Eingriffsmethode (Abschaltmethode)
  Der Prozess wird automatisch angehalten oder es werden Spann- und Transporteinrichtungen blockiert. Erst nach der Fehlerbeseitigung kann der Prozess fortgesetzt werden.
- Alarmmethode
  Durch deutlich vernehmbare optische und akustische Signale wird auf eine Fehlhandlung oder ein fehlerhaftes Produkt hingewiesen.

Die Eingriffsmethode ist wirkungsvoller als die Alarmmethode, da zwangsläufig auf Fehlhandlungen oder ein fehlerhaftes Produkt reagiert werden muss.

Das Ziel von Poka-Yoke ist es, die Herstellung fehlerhafter Produkte zu vermeiden bzw., wenn dieses nicht möglich ist, deren Weiterverwendung in der Produktion zu verhindern. Durch eine konsequente Umsetzung geeigneter Gestaltungsmaßnahmen an Produkten und Prozessen und den Einsatz von verhältnismäßig preiswerten und einfachen Systemen werden im Produktentstehungsablauf vorgelagerte Qualitätsmanagementmethoden wie FMEA oder DoE und parallele Maßnahmen wie SPC ergänzt. Poka-Yoke-Systeme allein sind nicht geeignet, eine Null-Fehler-Produktion zu erreichen. Insbesondere sind sie für komplexe Produktionsprozesse, bei denen aufgrund langer Regelstrecken und erheblicher Totzeiten eine Steuerung nicht über die Qualitätsmerkmale am Produkt, sondern nur über mit diesen korrelierte Parameter des Prozesses möglich ist, nicht geeignet.

3.5 Verständnisfragen und Aufgaben zu Kapitel 3

Aufgabe 3-1
Welche Qualitätsmethoden lassen sich im Produktentstehungsprozess präventiv vor Serienanlauf einsetzen, um Fehler zu vermeiden?

Aufgabe 3-2
Die präventive Durchführung von Qualitätsmethoden kostet Zeit und Geld. Warum lohnt es sich betriebswirtschaftlich trotzdem, diesen Aufwand zu betreiben?

Aufgabe 3-3
Beschreiben Sie den Ablauf einer FMEA.

Aufgabe 3-4
Wie wird die Risikoprioritätszahl (RPZ) gebildet?

Aufgabe 3-5
Welche systematischen Ansatzpunkte (Hebel) ergeben sich aus der RPZ, um Fehler zu vermeiden?

Aufgabe 3-6
Beschreiben Sie den Ablauf einer Fehlerbaumanalyse (FTA) mit kurzer Beschreibung der einzelnen Schritte.

Aufgabe 3-7
Nennen Sie zwei Branchen, in denen die Fehlerbaumanalyse zur Vermeidung von Fehlern verbreitet eingesetzt wird.

Aufgabe 3-8
Welche systematischen Ansatzpunkte ergeben sich aus der FTA, um die Gesamtausfallwahrscheinlichkeit zu reduzieren?

Aufgabe 3-9
Benennen Sie den Inhalt der Felder bei den angegebenen Zahlen im House of Quality, wenn die QFD im Bereich der **Produktionsplanung** eingesetzt wird

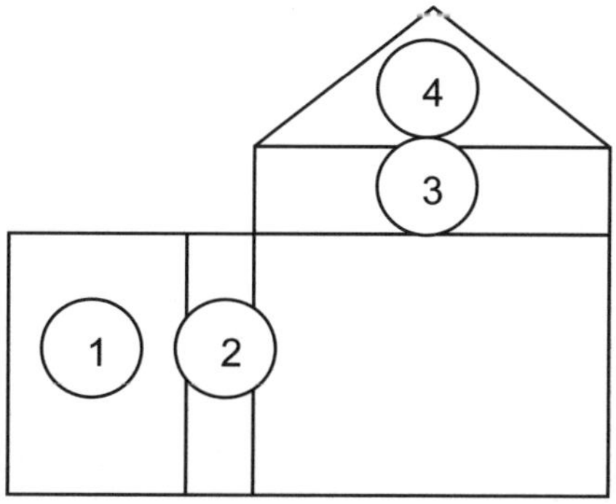

Aufgabe 3-10
Vergleichen Sie systematisch die Methoden QFD (Quality Function Deployment) und FMEA (Fehlermöglichkeits- und Einflussanalyse) hinsichtlich

- der Ziele
- des Vorgehens und
- des Zeitpunktes eines Einsatzes im Produktenstehungsprozess.

Aufgabe 3-11
Was ist Poka-Yoke?

Aufgabe 3-12
Entwickeln Sie zwei Poka-Yoke-Lösungen, um zu verhindern, dass Diesel-Kraftstoff bei einem Benzin-Motor getankt wird.

4 Statistische Verfahren des Qualitätsmanagements

4.1 Grundlagen der Statistik

Ein Erfahrungssatz in der Produktion besagt, dass keine zwei Produktexemplare exakt übereinstimmen. Ihre Merkmalswerte streuen in einem gewissen Bereich, auch wenn versucht wird, den Sollwert einzuhalten. Sind alle Merkmalswerte gleich, so ist dies auf die Grenzen der Messgenauigkeit des eingesetzten Messinstruments zurückzuführen [Rinn91].

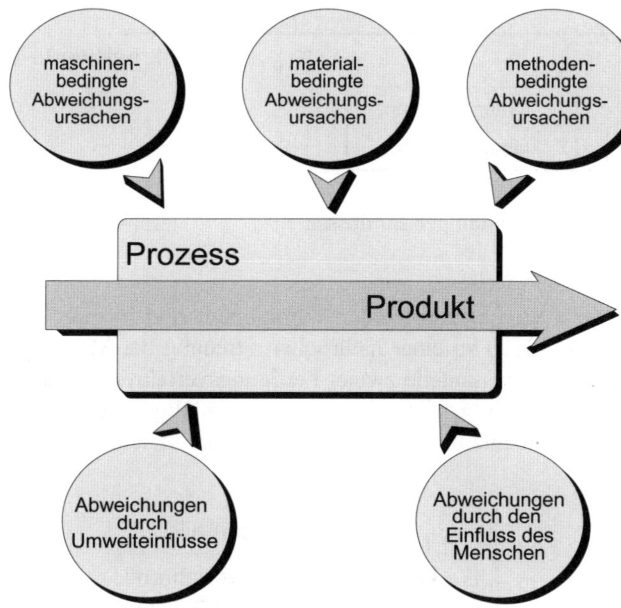

Bild 4-1 Abweichungsursachen im Produktionsprozess

Verantwortlich für die Streuung von Merkmalswerten sind die im **Bild 4-1** dargestellten Ursachen (einzeln oder in Kombination) (5M siehe auch Kap. 2).

Jede Produktion ist den genannten Ursachenkomplexen ausgesetzt. Man muss davon ausgehen, dass kein Produkt genau auf den Sollwerten liegt (sowie auch kein gezeichneter Kreis exakt rund ist!). Für die Merkmalswerte sind deshalb Schwankungen um den Sollwert in einem gewissen Toleranzbereich zuzulassen. Die Festlegung des Toleranzbereichs ist im Wesentlichen ein Optimierungsproblem: Zu enge Toleranzen treiben die Fertigungskosten in die Höhe, zu weite Toleranzen beeinträchtigen die Funktionalität des Produktes.

Bei der Qualitätsüberwachung in der Fertigung ist zwischen zufälligen und systematischen Ursachen für Abweichungen zu unterscheiden.

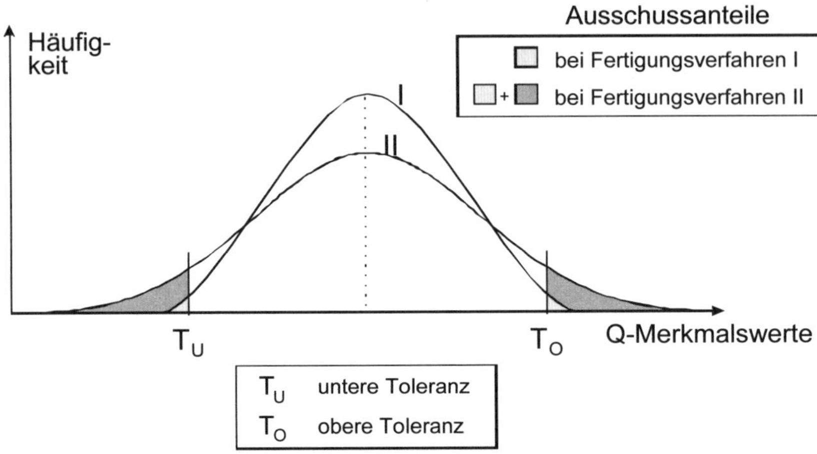

Bild 4-2 Ausschussanteile bei zufälligen Einflüssen

Zufällige Einflüsse, wie z. B. Lagerspiel oder Vibrationen, sind in ihrer Wirkung grundsätzlich nicht zu beeinflussen. Sie führen zu einer natürlichen Streuung der Merkmalswerte um den Sollwert. **Bild 4-2** zeigt die Ausschussanteile zweier Fertigungsverfahren, auf die ausschließlich zufällige Einflüsse wirken. Fertigungsverfahren I ist weniger anfällig für diese Einflüsse als das Fertigungsverfahren II, was sich in einem geringeren Ausschussanteil niederschlägt.

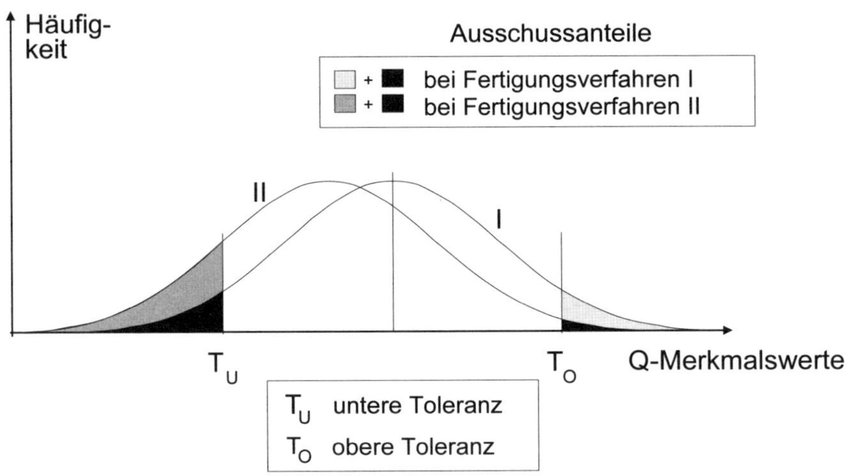

Bild 4-3 Ausschussanteile bei systematischen Einflüssen nach [Rinn91]

Systematische Ursachen, wie die Ermüdung des Maschinenbedieners oder Werkzeugverschleiß, sind lokalisierbar und auf sie kann zumindest korrigierend eingewirkt werden. Unter ihrer Einwirkung kann es sowohl zu allmählichen (z. B. Werkzeugverschleiß) als auch zu plötzlichen Veränderungen (z. B. bei Schichtwechsel) in der Verteilung der Merkmalswerte eines Qualitätsmerkmals kommen.

Bild 4-3 zeigt die Auswirkungen eines systematischen Einflusses auf ein Qualitätsmerkmal, der sich in einer Verschiebung des Prozessmittelwertes äußert, mit den zugehörigen Ausschussanteilen.

4.1.1 Beschreibende Statistik

Häufigkeitsverteilung

In der Statistik wird von folgenden Voraussetzungen ausgegangen: Es gibt eine beliebig große (in der Praxis: sehr große) Anzahl von Elementen (Grundgesamtheit), die alle von denselben Ursachen abhängen sollen. Beispiele für solche Grundgesamtheiten sind die Einwohner einer Großstadt oder die Monatsproduktion eines bestimmten Artikels.

Stellvertretend für die *Grundgesamtheit* von N Elementen wird eine kleinere Anzahl von n Elementen, die sogenannte *Stichprobe*[2], entnommen und untersucht. n wird auch Stichprobenumfang genannt.

Bei jedem Element der Stichprobe werden nun Merkmale festgestellt. Jedes Merkmal soll eindeutig durch eine Zahl oder eine sonstige Größe, den Beobachtungswert (Merkmalsausprägung) x_i, erfasst werden können. Dabei wird unterschieden zwischen *quantitativen*, also durch eine Zahl messbaren Merkmalen wie Zeitdauer oder Länge einer Welle und *qualitativen*, also nur durch eine Eigenschaft beschreibbaren Merkmalen wie die Farbe eines Bauteils.

Es wird weiter unterschieden zwischen diskreten und stetigen Merkmalen. Merkmale, deren mögliche Beobachtungswerte abzählbar sind, heißen *diskret* wie beispielsweise die Anzahl der Kratzer auf einer Lackfläche. Die Beobachtungswerte sind meist ganze Zahlen. *Stetige* (kontinuierliche) Merkmale können jeden beliebigen Zahlenwert innerhalb eines Intervalls annehmen.. Beispiele hierfür sind die Länge oder das Gewicht eines Werkstücks.

Im Folgenden soll nun die Vorgehensweise beim Auswerten einer Stichprobe erläutert werden.

---

[2] Der Begriff „Stichprobe“ stammt aus dem Mittelalter von Kaufleuten. Diese haben in die Säcke gestochen, um die Qualität der Ware zu überprüfen.

Erfassen und Klassieren der Daten

Die Beobachtungswerte x_i zu einem Merkmal werden erfasst und zunächst in einer Urliste zusammengestellt (**Tabelle 4-1**). Die erfassten Werte werden auch *Urwerte* genannt.

Aus Gründen der Übersichtlichkeit wird der Wertebereich der Beobachtungswerte in einander ausschließenden Klassen eingeteilt. Die Beobachtungswerte x_i werden dann klassiert, d. h. in die einzelnen Klassen eingeordnet (**Tabelle 4-2**). Dabei hängt die Anzahl der Klassen vom Umfang n der Stichprobe ab. Richtlinien zur Klassenbildung finden sich u. a. in [Heri93].

Tabelle 4-1 Urliste einer Stichprobe (n = 25). Merkmal ist die Länge des Werkstücks (in mm)

205,0	203,5	211,1	206,2	205,5
206,1	200,0	200,2	204,0	207,2
205,2	207,0	209,1	206,7	204,9
207,1	208,1	205,4	206,2	207,1
206,4	209,4	208,3	203,0	202,6

Ausgehend von der Urliste der Beobachtungswerte x_i wird bei nichtklassierten, diskreten Daten oft die Häufigkeit der einzelnen Werte in einer sogenannten Strichliste festgestellt. Dabei wird gezählt, wie oft jeder Beobachtungswert in der Stichprobe vorkommt. Bei klassierten Daten (diskret oder stetig) werden die einzelnen Klassen durch ihre Klassenmitten x_i gekennzeichnet. Sind die Klassenbreiten konstant, gleich Δx, so gilt:

$$\Delta x = \frac{\textit{größter Beobachtungswert} - \textit{kleinster Beobachtungswert}}{\textit{Anzahl der Klassen}}$$

Die Häufigkeitsverteilung wird beschrieben u. a. durch folgende Kenngrößen:

- Absolute Häufigkeit n_i:

  Anzahl der Beobachtungswerte, die zur i-ten Klasse gehören
- Relative Häufigkeit h_i:

$$h_i = \frac{n_i}{n} \qquad (4.1)$$

- Absolute Häufigkeitssumme G_i

$$G_i = n_1 + \ldots + n_i \qquad (4.2)$$

- Relative Häufigkeitssumme Φ_i

$$\Phi_i = h_1 + \ldots + h_i \qquad (4.3)$$

Tabelle 4-2: Klassieren von Beobachtungswerten

Nr.	Klasse	Strichliste	n_j	h_j	G_j	Φ_j
1	$200{,}0 \leq x < 202{,}0$	II	2	0,08	2	0,08
2	$202{,}0 \leq x < 204{,}0$	III	3	0,12	5	0,20
3	$204{,}0 \leq x < 206{,}0$	IIIII I	6	0,24	11	0,44
4	$206{,}0 \leq x < 208{,}0$	IIIII IIII	9	0,36	20	0,80
5	$208{,}0 \leq x < 210{,}0$	IIII	4	0,16	24	0,96
6	$210{,}0 \leq x < 212{,}0$	IIII	1	0,04	25	1,00

Grafische Darstellung von Daten

Für nichtklassierte Daten werden zur graphischen Darstellung Punkt- sowie Linien- und Stabdiagramme verwendet. Die Linien- oder Stablänge entspricht dabei der absoluten oder relativen Häufigkeit des entsprechenden Beobachtungswertes. Zur graphischen Darstellung der Häufigkeitsverteilung klassierter Daten bietet sich eine säulenförmige Darstellung in Form eines Balkendiagramms (Histogramm) an (**Bild 4-4**).

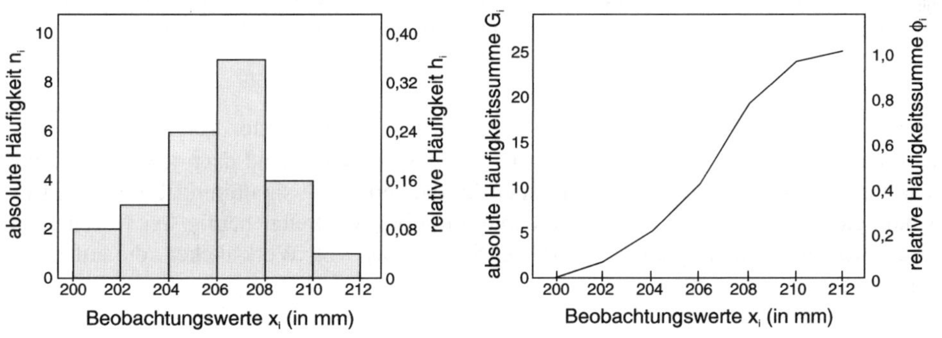

Bild 4-4 Histogramm einer Häufigkeitsverteilung und Diagramm zur Summenhäufigkeitsverteilung

Obwohl durch die Klassenbildung die Information über die Stichprobe ungenauer geworden ist (die einzelnen Werte waren genauer), bietet insbesondere die graphische Darstellung im Histogramm eine viel bessere und anschaulichere Aussage über die Verteilung der Werte als die ursprüngliche Werteliste aus Tabelle 4-1.

Kenngrößen von Stichproben

Eine vollständige Beschreibung einer Stichprobe ist durch die Häufigkeitsverteilung oder Summenhäufigkeitsverteilung gegeben. Eine knappere, aber nicht so aussagekräftige Beschreibung erreicht man durch Kenngrößen, die in Lage-, Streuungs- und Formparameter unterteilt werden.

Lageparameter

Der am häufigsten verwendete Lageparameter ist der *Mittelwert*. Der Mittelwert einer Stichprobe vom Umfang n (auch Stichprobenmittel genannt) ist das arithmetische Mittel:

$$\bar{x} = \frac{1}{n}\sum_{i=1}^{n} x_i \tag{4.4}$$

Der *Median* oder Zentralwert $\tilde{x}$, $x_{0,5}$ oder x_M, einer Stichprobe ist derjenige Wert, für den die relative Häufigkeitssumme genau 50 % beträgt. (Die Stichprobenkennwerte, für die die relative Häufigkeitssumme 25 % bzw. 75 % beträgt, werden als *unteres* bzw. *oberes Quartil* bezeichnet). Durch den Median wird die Stichprobe also in zwei Hälften geteilt.

$$\tilde{x} = \begin{cases} x_{((n+1)/2} & \text{falls n ungerade} \\ (x_{(n/2)} + x_{(n/2+1)})/2 & \text{falls n gerade} \end{cases} \tag{4.5}$$

Der Vorteil des Medians gegenüber dem Mittelwert ist seine Unempfindlichkeit gegenüber einzelnen extremen Werten. Ein weiterer pragmatischer Vorteil ist, dass zur Ermittlung des Medians keine Rechnung notwendig ist, sondern ein Abzählen der Werte reicht. Dies ist insbesondere vom Vorteil, wenn eine Stichprobe von Mitarbeitern in der Fertigung ausgewertet werden muss.

Der Modalwert $\overset{\circ}{x}$ oder x_H ist derjenige Beobachtungswert, der am häufigsten vorkommt. Bei klassierten Daten wird von modalen Klassen gesprochen. Die Modalwerte sind dann jeweils die Klassenmitten. Hat eine empirsche Verteilung nur einen Modalwert, heißt sie unimodal, bei zwei Modalwerten bimodal, bei drei trimodal. Multimodale Verteilungen treten häufig bei Mischungen verschiedener Grundgesamtheiten auf, so z. B. bei Stichproben von Werkstücken, die auf unterschiedlichen Maschinen gefertigt wurden.

Streuungsparameter

Streuungsparameter geben an, wie stark die Werte einer Grundgesamtheit um ihren Mittelwert schwanken. Der einfachste Streuungsparameter ist die *Spannweite* einer Stichprobe:

$$R = x_{\max} - x_{\min} \tag{4.6}$$

Die Spannweite hat jedoch den Nachteil, dass sie sehr empfindlich gegenüber einzelnen extremen Werten ist und dass mit steigendem Stichprobenumfang mit hoher Wahrscheinlichkeit auch R ansteigt.

Der wichtigste Streuungsparameter ist die empirische Standardabweichung oder *Streuung einer Stichprobe*

$$s = \sqrt{\frac{1}{n-1}\sum_{i=1}^{n}(x_i - \bar{x})^2} \qquad (4.7)$$

Das Quadrat der Streuung wird als *empirische Varianz* bezeichnet.

$$\text{var} = s^2 \qquad (4.8)$$

Tabelle 4.3 fasst Kennwerte der Stichprobe aus Tabelle 4-1 zusammen.

Tabelle 4-3: Kenngrößen einer Stichprobe

Kenngröße	nach Gleichung ...	Ergebnis
Mittelwert $\bar{x}$	(4.4)	205,8 mm
Median $\tilde{x}$	(4.5)	206,2 mm
Modalwert x_H		207,0 mm
unteres Quartil $x_{0,25}$		204,9 mm
oberes Quartil $x_{0,75}$		207,1 mm
Spannweite R	(4.6)	11,1 mm
Streuung der Stichprobe	(4.7)	2,6 mm
Empirische Varianz s^2	(4.8)	6,76 mm²

Verteilungsmodelle

Wird die Anzahl der Stichproben oder auch die Anzahl erhöht, lässt sich die Häufigkeit der Messwerte immer besser durch eine stetige Verteilungskurve beschreiben. In vielen praktischen Anwendungen kann man zumindest näherungsweise davon ausgehen, dass die Verteilungsform einer *Normalverteilung (Gauß-Verteilung)* vorliegt, die nach ihrer Form „Gauß´sche Glockenkurve" genannt wird. Ihre große Bedeutung und Anwendungsbreite in der statistischen Qualitätssicherung ist darauf zurückzuführen, dass eine Zufallsvariable schon unter recht schwachen Voraussetzungen näherungsweise dieser Verteilung gehorcht, z. B. dann, wenn Messungen an einer festen Größe mehrfach hintereinander unter dem Einfluss zufälliger Messfehler durchgeführt werden.

Weitere Verteilungsmodelle für stetige Verteilungen, wie die Logarithmische Normalverteilung und die Weibullverteilung, werden in diesem Buch nicht weiter behandelt.

Die Normalverteilungsform ist symmetrisch und wird durch die Angabe des Lageparameter μ und des Streuungsparameters σ vollständig beschrieben. Der arithmetische Mittelwert $\bar{x}$ ist ein Näherungswert (Erwartungswert) für den Lageparameter μ und beschreibt die Mittenlage der Verteilungskurve. Die Standardabweichung wird entsprechend für die Grundgesamtheit mit σ und als Näherungswert für die Stichprobe mit s bezeichnet. Ihre Größe stellt den Abstand zwischen dem Mittelwert und dem Wendepunkt der Normalverteilungskurve dar und ist das Maß für die Breite der Verteilungskurve, d. h. die Streuung der Messwerte (Streuungsparameter).

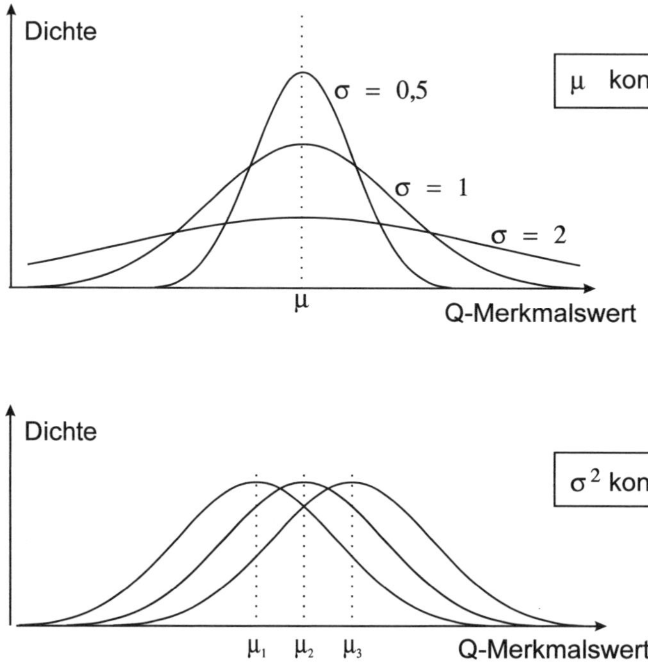

Bild 4-5 Einfluss der Parameter einer Normalverteilung

Zwei diskrete Verteilungen, die im Qualitätsmanagement zum Einsatz kommen, sind die Hypergeometrische Verteilung und die Binomialverteilung (**Bild 4-6**). Diese Verteilungen werden zur Berechnung der Größen bei der Annahmestichprobenprüfung eingesetzt (s. Abschnitt 4.4).

	Hypergeometrische Verteilung	Binomialverteilung
Modell	Kugelmodell mit schwarzen und weißen Kugeln. Berechnung der Wahrscheinlichkeit bei einer Stichprobe n eine Anzahl k schwarzer Kugeln zu ziehen. Kugeln werden <u>nicht</u> zurückgelegt.	Kugelmodell mit schwarzen und weißen Kugeln. Berechnung der Wahrscheinlichkeit bei einer Stichprobe n eine Anzahl k schwarzer Kugeln zu ziehen. Kugeln werden <u>zurück</u>gelegt.
Wahrscheinlichkeits-funktion	$hy(x=k)=\frac{\binom{M}{k}\binom{N-M}{n-k}}{\binom{N}{n}}$	$bi(x=k)=\binom{n}{k}p^k(1-p)^{n-k}$ $\binom{n}{k}=\frac{n!}{(n-k)!k!}$
Verteilungsfunktion	$Hy(x=k)=\sum_{k=0}^{c} hy(x=k)$	$Bi(x=k)=\sum_{k=0}^{c} bi(x=k)$

Bild 4-6 Hypergeometrische Verteilung und Binomialverteilung

4.2 Statistische Verfahren des Qualitätsmanagements

Die Statistischen Verfahren des Qualitätsmanagements wenden verschiedene statistische Methoden, wie z. B. die Varianzanalyse, Stichproben- und Schätzverfahren, zum Zwecke des Qualitätsmanagements an.

Bei Eingangs-, Zwischen und Endprüfungen geht es darum, eine endliche Anzahl von Produkteinheiten (Los) nach Abschluss des Fertigungsprozesses zu überprüfen (*Off-Line-Prüfung*). Die fertigungsüberwachende Prüfung hat das Ziel, Qualitätsdefizite bereits während der laufenden Fertigung zu entdecken (*On-Line-Prüfung*). Für die Fertigungsüberwachung ergeben sich daraus die beiden Zielsetzungen [Rinn91]:

- <u>Kontrolle des Durchschlupfs</u>
  Der Anteil defekter Einheiten, der die Kontrolle unentdeckt passiert, soll unter einem vorgegebenen Höchstwert gehalten werden.
- <u>Steuerung der Fertigung</u>
  Bei auftretenden unbefriedigenden Stichprobenbefunden soll durch regelnde Eingriffe in den Produktionsprozess die Qualitätslage verbessert werden.

In der Fertigungsüberwachung werden zum einen kontinuierliche Prüfpläne und zum anderen Qualitätsregelkarten zur statistischen Prozesslenkung (SPC, Statistical Process Control) eingesetzt. Off-Line- und On-Line-Prüfung unterscheiden sich im zugrundeliegenden statistischen Basismodell: In der Off-Line-Prüfung hat man es stets mit endlichen Grundgesamtheiten zu tun, während in der On-Line-Prüfung die statistische Theorie unendlicher Grundgesamtheiten Anwendung findet.

Neben den klassischen Bereichen der Qualitätsprüfung, z. B. beim Wareneingang und -ausgang, und der Qualitätsregelung von Fertigungsprozessen, werden statistische Methoden zunehmend auch im Bereich der Qualitätsplanung eingesetzt. So lassen sich durch Versuchsplanung (Design of Experiments) Produkte oder Prozesse schon vor Beginn der Fertigung hinsichtlich verschiedener Aspekte rationell optimieren. **Bild 4-7** gibt eine Übersicht über die statistischen Verfahren des Qualitätsmanagements.

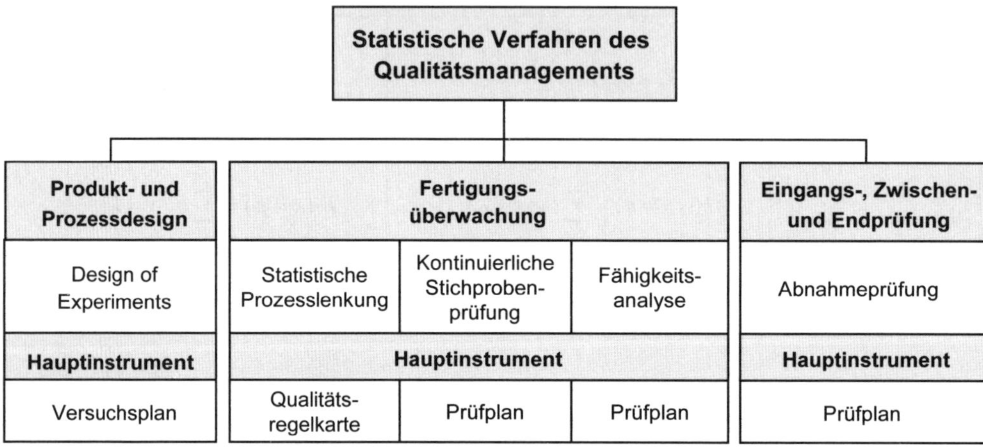

Bild 4-7 Einteilung der statistischen Verfahren des QM

4.3 Design of Experiments (DoE)

Im Zusammenhang mit dem Wandel vom Anbieter- zum Käufermarkt verringert sich die für die Produktentwicklung zur Verfügung stehende Zeit. Bei den immer komplexer aufgebauten Produkten hat dies zur Folge, dass nur durch eine systematische Produkt- und Prozessentwicklung, die alle beeinflussenden Parameter frühzeitig ermittelt und beachtet, sowohl der Termin- und Kostenrahmen eingehalten als auch das angestrebte Qualitätsniveau erreicht werden kann. Die Methode des Design of Experiments basiert auf den Arbeiten des Engländers *Ronald Aylmer Fisher*, der die Methode bei landwirtschaftlichen Experimenten anwendete. *E. P. Box* und *K. B. Wilson* entwickelten die Methode zur Lösung von Optimierungsproblemen weiter, was zur industriellen Anwendung von DoE führte.

Das Ziel der Methode *Design of Experiments* (DoE, Statistische Versuchsplanung) ist es, die benötigten Informationen über diese Parameter mit minimalem Aufwand zu beschaffen [Fran94], statistisch abzusichern und die Parameter auf optimale Werte einzustellen.

Als Parameter werden beim DoE diejenigen Variablen bezeichnet, die Einfluss auf interessierende Qualitätsmerkmale haben. Sie können quantitativer (z. B. Temperatur eines Lötbades) oder qualitativer (z. B. unterschiedliche Materialchargen) Art sein [Fran94]. Weiterhin kann man unterscheiden zwischen (**Bild 4-8**)

- Produkt- und prozessspezifischen Parametern, wie z. B. Abmessungen oder Schnittgeschwindigkeit, und
- Störfaktoren (z. B. Umwelteinflüsse) [Krot91].

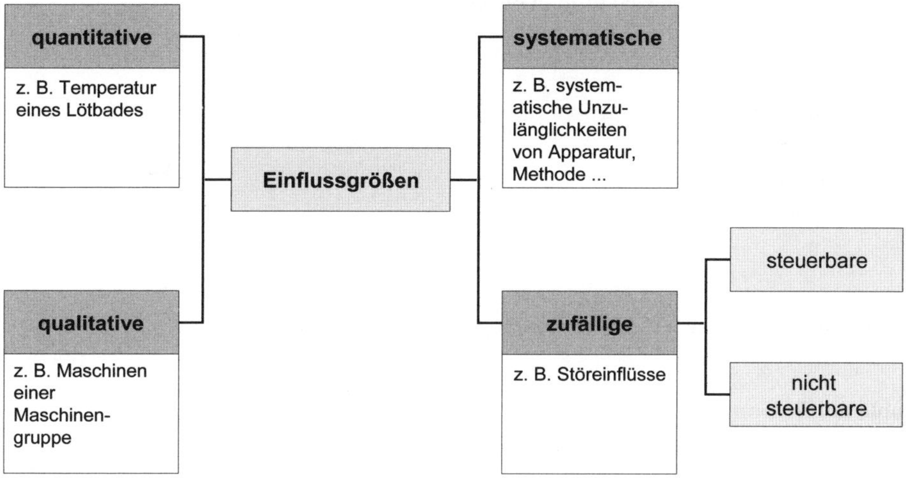

Bild 4-8 Charakterisierung der Einflussgrößen im DoE

Für das Design von Produkten und Prozessen sind die drei Schritte

- Systementwicklung (Primärdesign),
- Parameteroptimierung (Sekundärdesign) und
- Festlegung von Toleranzen (Tertiärdesign)

zu durchlaufen [Krot91].

Im *Primärdesign* wird ein Prototyp entwickelt, der die Ausgangsstufen für die produktspezifischen Faktoren festlegt. Als *Stufe* wird dabei der Wert eines Faktors (Parameters) bezeichnet.

Im *Sekundärdesign* werden die Optimalwerte für die einzelnen Parameter bestimmt und Wechselwirkungen zwischen ihnen untersucht. Durch geeignete Parameterkombinationen sollten weiterhin Störgrößen in ihrer Wirkung soweit abgeschwächt werden, dass das System auch unter unterschiedlichen Einsatzbedingungen funktionell bleibt und trotzdem der Kostenrahmen nicht gesprengt wird.

Im *Tertiärdesign* werden Toleranzen um die aus dem Sekundärdesign erhaltenen Optimalwerte gelegt. Die Toleranzgrenzen werden auch durch Kostenbetrachtungen beeinflusst: Zu enge

Toleranzen führen zu hohen Fertigungskosten, zu weite Toleranzen vermindern die Funktionstüchtigkeit des Systems [Krot91]. Das Tertiärdesign ist also im Wesentlichen ein Optimierungsproblem. Die Verfahren des DoE sind im Sekundär- und Tertiärdesign einsetzbar.

Die Verfahren des DoE lassen sich grob in die Gruppen

- klassische Methoden
- moderne Methoden
  - DoE nach Shainin
  - DoE nach Taguchi
  - Genetische Algorithmen

einteilen.

Ein DoE-Projekt gliedert sich in sechs Phasen [Krot91a] (vgl. **Bild 4-9**):

- **Problemdefinition**

Hier wird das Optimierungskriterium festgelegt und - soweit möglich - durch eine messbare Größe definiert. Ferner sind die Randbedingungen des Projekts anzugeben (z. B. Parameter, die nur in gewissen Grenzen variiert werden können).

- **Problemanalyse**

Das Ziel der Problemanalyse ist es, alle für das Problem maßgeblichen Einflussgrößen zu bestimmen. Diese Phase ist besonders wichtig, da die Nichtbeachtung eines wichtigen Parameters dazu führen kann, dass kein Optimum gefunden wird. Die Problemanalyse kann z. B. mit den in Kapitel vier genannten Methoden (Ishikawa-Diagramme, FMEA etc.) durchgeführt werden.

- **Parameterreduzierung (Homing-In)**

Unter den in der vorhergehenden Phase ermittelten Einflussgrößen müssen die mit dem wesentlichen Einfluss auf das Problem ermittelt werden, da eine Berücksichtigung aller Faktoren aus Kosten- und Zeitgründen (hoher Versuchsaufwand) oft nicht möglich ist.

- **Versuchsplanung und -durchführung**

In dieser Phase werden Versuchsreihen nach aufgestellten Versuchsplänen ausgeführt. Die Versuchspläne sollen die Quantifizierung des Einflusses der einzelnen Faktoren und deren Wechselwirkungen ermöglichen.

- **Versuchsauswertung**

In dieser Phase werden die Effekte der Faktoren und Wechselwirkungen auf die Zielgrößen rechnerisch ermittelt und graphisch dargestellt. Sind alle Faktoren und die Zielgrößen quantitative Größen, so lässt sich oft ein mathematischer Zusammenhang ermitteln, der die zwischen diesen Größen bestehende Relation in gewissen Grenzen beschreiben kann. Mit Hilfe der Ergebnisse der Versuchsauswertungen können die Zielgrößen je nach Vorgabe (Optimierungsrichtung) eingestellt werden.

- **Statistischer Nachweis**

Abschließend muss die Gültigkeit der für die einzelnen Faktoren festgelegten Einstellwerte statistisch abgesichert werden. Nachzuweisen ist, dass sich die Situation mit den geänderten Einstellungen tatsächlich verbessert hat.

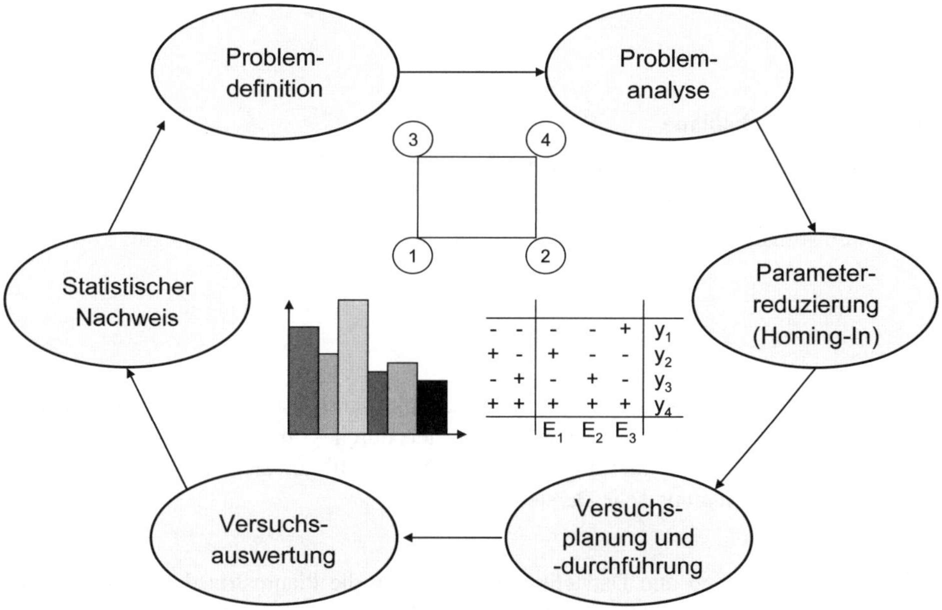

Bild 4-9 Die sechs Phasen eines DoE-Projektes

4.3.1 Klassische Versuchsmethodik

Vor den Untersuchungen von Ronald *Aylmer Fisher* zu einer systematischen, statistisch abgesicherten Versuchsplanung in den 1930'er Jahren dieses Jahrhunderts wurden im Wesentlichen einfaktorielle Versuchspläne verwendet. In diesen Plänen wird pro Versuchsreihe immer nur einer der Faktoren variiert, während die übrigen konstant gehalten werden. Man erhält auf diese Weise Versuchsergebnisse, die die Abhängigkeit der Zielgrößen von jeweils einer Einflussgröße erkennen lassen. Damit sind aber Wechselwirkungen zwischen den Einflussgrößen nicht zu ermitteln. Zudem lassen sich bei vorhandenen Wechselwirkungen optimale Einstellpunkte für die einzelnen Faktoren auf diese Weise kaum finden, da nicht zu erwarten ist, dass die konstant gehaltenen Größen sämtlich im Optimalbereich liegen [Sche74].

Die Methoden des DoE vermeiden diese Nachteile weitgehend. Allerdings basieren sie auf teilweise sehr komplizierten mathematisch-statistischen Methoden. Bei der Durchführung von Versuchen nach den DoE-Verfahren ist besonders auf die Einhaltung statistischer Grundsätze zu achten, da sonst unter Umständen das Ergebnis verfälscht wird. Wichtig ist z. B. die Randomisation der Versuchsreihenfolge, um den Einfluss von Störfaktoren abzuschwächen. In der Praxis ist die Randomisation nicht immer einzuhalten. Ist z. B. bei einem Spritzgießprozess die Schneckenzylindertemperatur eine der Einflussgrößen, die auf einer unteren und einer oberen Stufe variiert wird, so würde eine vollständige Randomisation bedeuten, dass ein Wechsel von der unteren zur oberen Temperaturstufe und umgekehrt häufig auftreten würde. Die Abkühl- bzw. Aufheizzeiten würden die Versuchsdurchführung in die Länge ziehen. In diesem Fall kann man die Versuche auf der oberen und der unteren Temperaturstufe in zwei Blöcken zusammenfassen und nur jeweils innerhalb dieser Blöcke randomisieren.

Vollfaktorielle Versuchspläne

Mit vollfaktoriellen Versuchsplänen können neben den Auswirkungen der einzelnen Einflussgrößen auch *alle* Wechselwirkungen zwischen den Faktoren untersucht und beurteilt werden.

Sind k Faktoren vorhanden, die auf jeweils n Stufen variiert werden können, so gilt:

$$\text{Anzahl der Versuche} = n^k$$

In der Praxis werden die qualitätsrelevanten Prozessfaktoren oft auf zwei Stufen variiert, einer unteren und einer oberen (im Versuchsplan symbolisiert durch ′-′ bzw. ′+′). **Bild 4-10** zeigt einen vollfaktoriellen Versuchsplan für drei Einflussgrößen auf jeweils zwei Faktorstufen (2^3-Versuchsplan) und dessen graphische Darstellung.

Für die Versuchsauswertung und Darstellung ergänzt man die Planmatrix des Versuchsplans um eine Matrix der unabhängigen Variablen und um eine Matrix der Zielgrößen, in die die Versuchsergebnisse einzutragen sind. Bei einem 2^3-Versuchsplan gibt es 2^3-1 unabhängige Variablen: drei Haupteinflussgrößen, drei 2-Faktor-Wechselwirkungen und eine 3-Faktor-Wechselwirkung.

Versuch Nr.	Planmatrix			Matrix der unabhängigen Variablen							Matrix der Zielgrößen
	x_1	x_2	x_3	x_1	x_2	x_1x_2	x_3	x_1x_3	x_2x_3	$x_1x_2x_3$	y_1 y_2 ...
①	-	-	-	-	-	+	-	+	+	-	
②	+	-	-	+	-	-	-	-	+	+	
③	-	+	-	-	+	-	-	+	-	+	
④	+	+	-	+	+	+	-	-	-	-	
⑤	-	-	+	-	-	+	+	-	-	+	
⑥	+	-	+	+	-	-	+	+	-	-	
⑦	-	+	+	-	+	-	+	-	+	-	
⑧	+	+	+	+	+	+	+	+	+	+	
				Effekte							

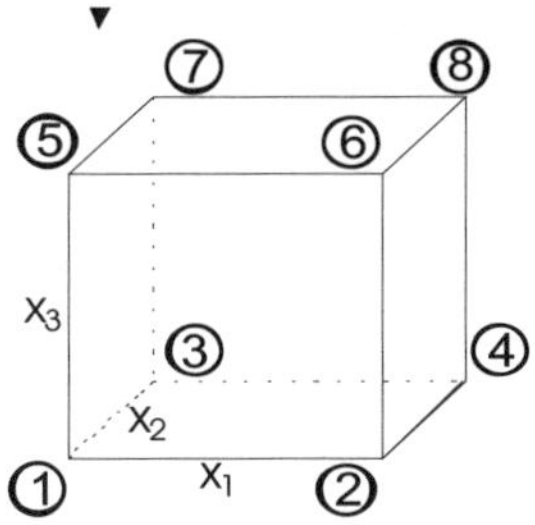

Faktor	Bezeichnung	-	+
x_1	Temperatur [°C]	30	70
x_2	Konzentration des Stoffes X [g/l]	5	10
x_3	Herstellungs-verfahren	A	B

Bild 4-10 Vollfaktorieller 2^3-Versuchsplan

Um ein einfaches Auswerteschema für den Versuchsplan anwenden zu können, füllt man die Matrix der unabhängigen Variablen mit Symbolen, die denen in der Planmatrix entsprechen und die aus diesen abgeleitet werden können. Die Symbole für die Hauptfaktoren werden einfach aus der Planmatrix übernommen. Bei den Wechselwirkungen im 2^k-Faktorenplan ergeben sich die Symbole in der Matrix der unabhängigen Variablen aus der "Multiplikation" der Symbole der an der Wechselwirkung beteiligten Einflussgrößen ('+' mal '+' ergibt '+', '+' mal '-' ergibt '-', '-' mal '-' ergibt '+'). Der Effekt jeder unabhängigen Variable ergibt sich als die Differenz der Mittelwerte der jeweiligen Zielgröße bei Einstellung '+' bzw. '-' (**Bild 4-11**).

Versuch Nr.	Planmatrix		Matrix der unabhängigen Variablen			Zielgröße
	x_1	x_2	x_1	x_2	$x_1 \cdot x_2$	y
①	-	-	-	-	+	0
②	-	+	-	+	-	10
③	+	-	+	-	-	10
④	+	+	+	+	+	0
	Effekte:		0	0	10	

Mittelwert = 0
Mittelwert = 10
D = 10

Bild 4-11 Berechnung der Effekte in einem vollfaktoriellen 2^2-Versuchsplan

Mit Hilfe statistischer Methoden lässt sich nachweisen, ob ein Effekt signifikant ist. Außerdem kann man für vollfaktorielle 2^k-Versuchspläne auch den von der Streuung der Zielgröße und einer vorzugebenden Sicherheitswahrscheinlichkeit abhängigen Versuchsumfang berechnen. Sind alle Einflussgrößen und die jeweilige Zielgröße quantitativer Art, so kann aus den Effekten der unabhängigen Variablen leicht das Regressionspolynom ermittelt werden, dass den bestehenden Zusammenhang zwischen den unabhängigen Variablen und der Zielgröße mathematisch annähert.

Teilfaktorielle Versuchspläne

Nachteilig bei vollfaktoriellen 2^k-Versuchsplänen ist die hohe Anzahl von Versuchen pro Versuchsreihe. Bei k = 6, 7, 8 sind z. B. 64, 128, 256 Versuche pro Versuchsreihe durchzuführen. Besonders bei einer größeren Anzahl von Einflussfaktoren wird man versuchen, den Versuchsaufwand durch eine Reduktion der Versuchsanzahl zu senken. Da eine Verringerung der Versuchsanzahl aber auch einen Informationsverlust bedeutet, sollte man nur auf unwichtige Informationen verzichten, d. h. nur solche Versuche nicht durchführen, von denen man begründet annehmen kann, dass sie nur einen vernachlässigbaren Anteil am Gesamtergebnis liefern. Dafür bieten sich in erster Linie die 3-Faktor-Wechselwirkungen und alle Wechselwirkungen höheren Grades an [Sche74]. Es muss aber stets im Einzelfall geprüft werden, ob die vernachlässigte Wechselwirkung nicht doch signifikant von Null verschieden ist.

Ist etwa in einem vollfaktoriellen 2^3-Plan die 3-Faktor-Wechselwirkung vernachlässigbar, so kann die zugehörige Spalte in der Matrix der unabhängigen Variablen im Versuchsplan mit einem neuen Faktor belegt werden. Die Einstellung der Stufen für den neuen Faktor entspricht der Reihenfolge der Stufen der weggelassenen Wechselwirkung in der Matrix der unabhängigen Variablen. Man erhält so einen teilfaktoriellen 2^{4-1}-Versuchsplan, der gegenüber einem vollfaktoriellen 2^4-Plan nur halb so viele Versuche umfasst. Durch die neue Einflussgröße entstehen allerdings auch neue Wechselwirkungen, die im Versuchsplan mit anderen Wechselwirkungen und auch Haupteinflussgrößen vermengt sind und dadurch deren Effekte überlagern oder auch maskieren [Sche74] (vgl. **Bild 4-12**).

Ausgang: Vollfaktorieller 2^3-Versuchsplan

Versuchs-nr.	Planmatrix			Matrix der unabhängigen Variablen				Zielgröße
	x1	x2	x3	x1x2	x1x3	x2x3	x1x2x3	Y
1	-	-	-	+	+	+	-	Y1
2	+	-	-	-	-	+	+	Y2
.	.	.	.	.	.	.	.	.
.	.	.	.	.	.	.	.	.
8	+	+	+	+	+	+	+	Y8

Änderung:

- Entnahme einer Wechselwirkung
- Einfügen eines neuen Hauptfaktors

Versuchs-nr.	Planmatrix				Matrix der unabhängigen Variablen				Zielgröße
	x1	x2	x3	x4	x1x2	x1x3	x2x3	x4	Y
1	-	-	-	-	+	+	+	-	Y1
2	+	-	-	+	-	-	+	+	Y2
.	.	.	.	.	.	.	.	.	.
.	.	.	.	.	.	.	.	.	.
8	+	+	+	+	+	+	+	+	Y8

Ergebnis: Teilfaktorieller 2^{4-1}-Versuchsplan

Bild 4-12 Entstehung eines teilfaktoriellen 2^{4-1}-Versuchsplanes

4.3.2 Versuchsmethodik nach Shainin

Shainin verwendet in seinem Ansatz die vollfaktoriellen Pläne der klassischen Versuchsmethodik. Das Besondere seiner Methodik besteht in den vielfältigen Verfahren zur Parameterreduzierung. Die Parameterreduzierung kann grundsätzlich auf theoretischen Überlegungen und praktischen Versuchen basieren.

Mit Hilfe der von *Shainin* entwickelten Homing-In-Techniken können die wesentlichen Parameter ohne großen Versuchsaufwand bestimmt werden. Einen Überblick über den von Shainin verwendeten Methoden gibt **Bild 4-13**.

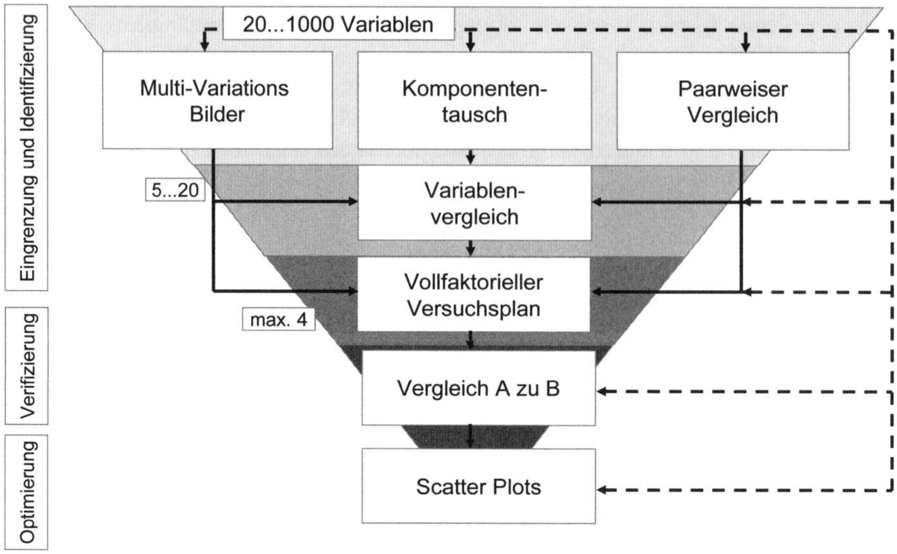

Bild 4-13 Homing-In-Methoden nach Shainin

Streuungsanalysekarten (Multi-Variations-Charts)

Die Streuungsanalysekarten (Multi-Variations-Charts) werden eingesetzt, wenn man über die Einflussgrößen nur sehr vage Aussagen machen kann [Krot91]. Man entnimmt dem Prozess in festen Zeitabständen Einheiten, stellt die Werte der Zielgrößen fest und trägt die Werte in den Streuungsanalysekarten, die Urwert-Regelkarten ähneln, ein (**Bild 4-14**). Unter Umständen ist es möglich, die jeweilige Zielgröße an mehreren Stellen an der Einheit zu erfassen (z. B. Durchmesser einer Welle gemessen an zwei verschiedenen Punkten), um so auch die Streuung innerhalb der Einheit berücksichtigen zu können.

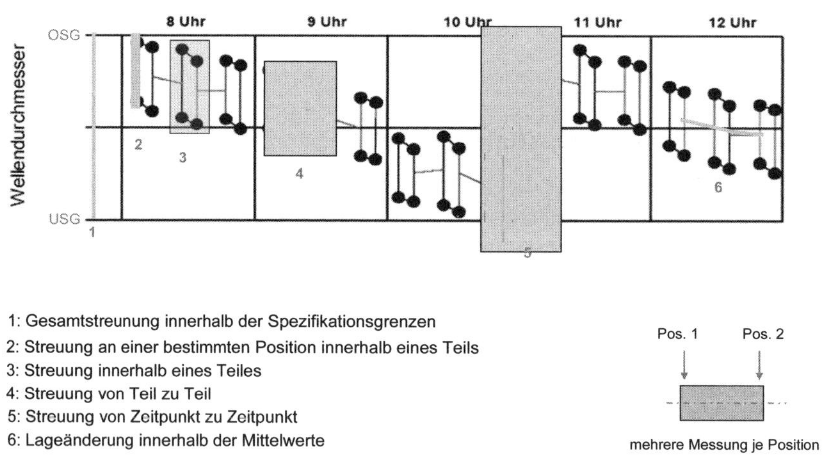

Bild 4-14 Streuungsanalyse für das Qualitätsmerkmal „Wellendurchmesser“ [Krot91a]

Aus den Streuungsanalysekarten versucht man zu erkennen, ob die größten Streuungen

- lagebedingt sind, d. h. innerhalb einer Stichprobe auftreten,
- zyklisch bedingt sind, d. h. von Stichprobe zu Stichprobe auftreten oder
- zeitlich bedingt sind, d. h. von Zeitabschnitt zu Zeitabschnitt auftreten (**Bild 4-15**).

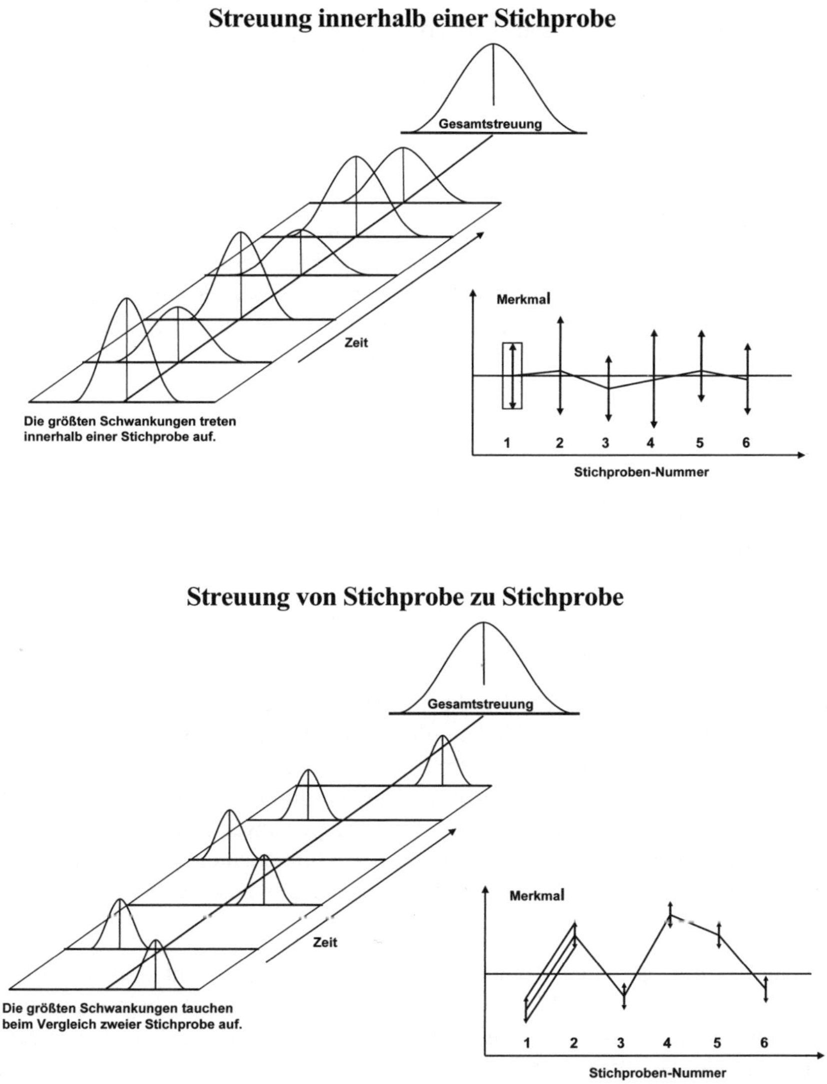

Bild 4-15 Beispiele von Streuungen und dem Verlauf in einer Streuungsanalysekarte

Komponentenbestimmung (Components Search)

Diese Methode basiert auf dem Vergleich einer "guten" und einer "schlechten" Einheit. Dabei ist die Einheit bei einer produktbezogenen Untersuchung das Produkt selbst, während bei einer Prozessanalyse die Anlage oder Maschine, auf der das Produkt hergestellt wird, gemeint ist.

Diese Vergleichstechnik ist anwendbar, wenn

- die Untersuchungseinheit in einzelne Komponenten zerlegbar ist,
- es verschiedene gute und schlechte Einheiten gibt, die miteinander verglichen werden können,
- „gut“ und „schlecht“ quantifizierbar sind.

Brauchbare Ergebnisse sind nur zu erwarten, wenn der Unterschied zwischen „guten“ und „schlechten“ Einheiten signifikant ist. Dazu werden an den beiden Einheiten je eine Messung durchgeführt (Ergebnisse: G_1 bzw. S_1). Anschließend werden beide Einheiten zerlegt und wieder zusammengebaut und die Messung wiederholt (Ergebnisse: G_2 bzw. S_2), um den Einfluss der Montage zu berücksichtigen. Für die Signifikanz wird das Verhältnis zwischen der Differenz der Mittelwerte der Messungen bei der „guten“ bzw. „schlechten“ Einheit

$$D = \frac{G_1 + G_2}{2} - \frac{S_1 + S_2}{2}$$

und der durchschnittlichen Differenz der Wiederholungen beurteilt. Das Verhältnis D:d sollte größer oder gleich 5:1 sein.

$$d = \frac{G_1 - G_2}{2} + \frac{S_1 - S_2}{2}$$

Bei der Komponentenbestimmung werden die Teilkomponenten der Einheiten schrittweise umgebaut. Bleibt das Resultat nach einem Umbau gleich, so war der Umbau ohne Bedeutung für das Gesamtergebnis. Tritt eine vollkommene Umkehr der Verhältnisse ein (die „gute“ Einheit wird durch den Komponententausch zur „schlechten“ Einheit und umgekehrt), so ist eine Komponente mit entscheidendem Einfluss gefunden. Entstehen dagegen zwei „gute“ oder zwei „schlechte“ Einheiten, so ist mit einer Wechselwirkung einzelner Komponenten zu rechnen. In diesem Fall bringt der simultane Austausch mehrerer Komponenten den gewünschten Erfolg.

Bild 4-16 zeigt das Resultat einer Komponentenbestimmung. Die Teilkomponente A hat keinen Einfluss auf das Gesamtergebnis. Eine Wechselwirkung von B und C liegt nahe, da beim Austausch der Komponenten B bzw. C zwei „schlechte“ bzw. „gute“ Einheiten resultieren. Erwartungsgemäß bringt der simultane Austausch von B und C die Umkehr der Verhältnisse. Das Ergebnis wird also maßgeblich von der Wechselwirkung der Komponenten B und C beeinflusst.

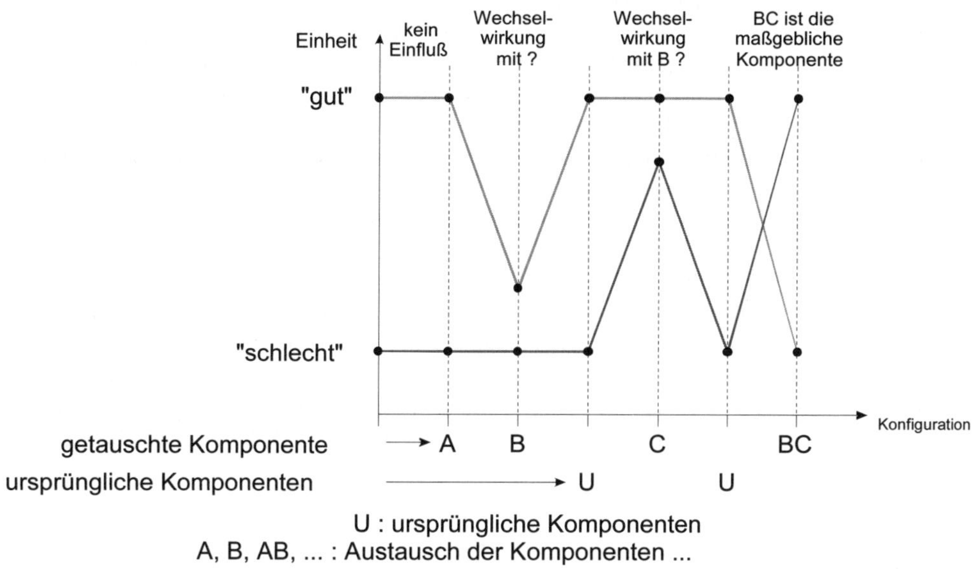

Bild 4-16 Komponentenbestimmungsversuch

Paarweiser Vergleich (Paired Comparisons)

Sind die Einheiten nicht weiter in Komponenten zerlegbar, so kann man einen paarweisen Vergleich durchführen, wenn die übrigen beim Komponententausch erwähnten Voraussetzungen (weiterhin) Gültigkeit haben. Bei mehreren guten und schlechten Einheiten werden vergleichende Messungen vorgenommen. Aufgrund unterschiedlicher Ergebnisse für die guten und schlechten Einheiten können oft Aussagen über die Problemursachen getroffen werden. Nachteilig ist, dass das zu messende Merkmal und damit auch die vermutete Problemursache a priori bekannt sein müssen [Quen92a].

Variablenvergleich (Variables Search)

Ausgangspunkt des Variablenvergleichs ist eine nach (vermuteter) Bedeutung sortierte Liste der potentiellen Einflussfaktoren, denen jeweils eine "gute" und eine "schlechte" Wertstufe zugeordnet wird.

In der ersten Versuchsphase werden bei einer Einheit alle Einflussgrößen auf die Stufe „gut", bei der anderen Einheit auf die Stufe „schlecht" gesetzt. Es ist zu überprüfen, ob der Unterschied zwischen beiden Einheiten signifikant ist. Dies kann wie bei der Komponentenbestimmungsmethode mit Hilfe des Verhältnisses D:d geschehen. Ist das Verhältnis D:d < 5:1, so

- gibt es entweder noch nicht erfasste Einflussgrößen oder
- die Zuordnung der Ausgangsstufen ist nicht richtig.

Die zweite Versuchsphase entspricht weitgehend dem Komponentenbestimmungsversuch. Es wird jeweils ein Versuch mit einer Einflussgröße auf der "guten" Wertstufe und allen anderen Faktoren auf der "schlechten" Wertstufe ausgeführt. Das Ergebnis wird jeweils mit dem entgegengesetzten Versuch (ein Faktor auf der "schlechten" Wertstufe alle anderen auf der "guten") verglichen. Erreicht man bei einem Versuch eine komplette Umkehr der Verhältnisse, so ist eine Haupteinflussgröße gefunden. Weniger wichtige Faktoren zeigen einen nicht so großen und unwichtige keinen Effekt.

Versuchsplanung und -auswertung

Nach *Shainin* sollte ein vollfaktorieller Versuchsplan erst dann angewendet werden, wenn durch die Homing-In-Techniken eine Reduzierung der Faktoren auf maximal vier oder fünf Haupteinflussgrößen gelungen ist [Quen92a], [Quen92b], [Krot91b]. Er beschränkt sich dabei nicht auf 2^k-Versuchspläne. Um nichtlineare Zusammenhänge zwischen den Einfluss- und Zielgrößen zu berücksichtigen, können auch Versuchspläne mit mehr als zwei Stufen pro Faktor verwendet werden [Quen92a].

Der statistische Nachweis für Verbesserungen in der Parametereinstellung, die sich aus den durchgeführten Versuchsreihen ergeben hat, wird mit einem „B versus C-Test“ geführt [Krot91a]. Für diese Verifizierung werden eine Anzahl von Proben unter den "alten" Bedingungen und eine weitere Anzahl von Proben unter den "neuen" Bedingungen (veränderte Parametereinstellungen) produziert. Die Anzahl der jeweils herzustellenden Proben hängt von der angestrebten Sicherheitswahrscheinlichkeit ab, mit der das Risiko kontrolliert wird, eine tatsächliche Verbesserung fälschlicherweise abzulehnen.

Mit Streudiagrammen (Scatter Plots)

- wird überprüft ob, die Haupteinflussparameter richtig erkannt wurden,
- werden Haupteinflussparameter optimal eingestellt und
- Toleranzgrenzen festgesetzt [Krot91a].

Da Streuungsdiagramme zur Interpretation korrelativer Zusammenhänge zwischen einer Einflussgröße und einer Zielgröße dienen, ist eine im Vergleich zu den anderen Shainin-Methoden vergleichsweise hohe Anzahl von Messwerten (mindestens 30 [Quen92a]) notwendig. **Bild 4-17** zeigt zwei Scatter Plots für die unabhängigen Variablen x_1 bzw. x_2, aus denen hervorgeht, dass x_2 einen größeren Einfluss auf die Zielgröße y hat als x_1. Als Maß für den Einfluss einer unabhängigen Variablen wird die „senkrechte Streuung“, das ist die Streubreite der abhängigen Variablen, bei einem festen Wert der unabhängigen Variablen verwendet. Je geringer die senkrechte Streuung ist, die auf den Einfluss anderer Faktoren hinweist, desto wichtiger ist die Wirkung der dargestellten unabhängigen Variablen [Quen92a]. Mit den Streudiagrammen können außerdem Haupteinflussparameter so eingestellt werden, dass die Zielgröße den angestrebten optimalen Wert annimmt.

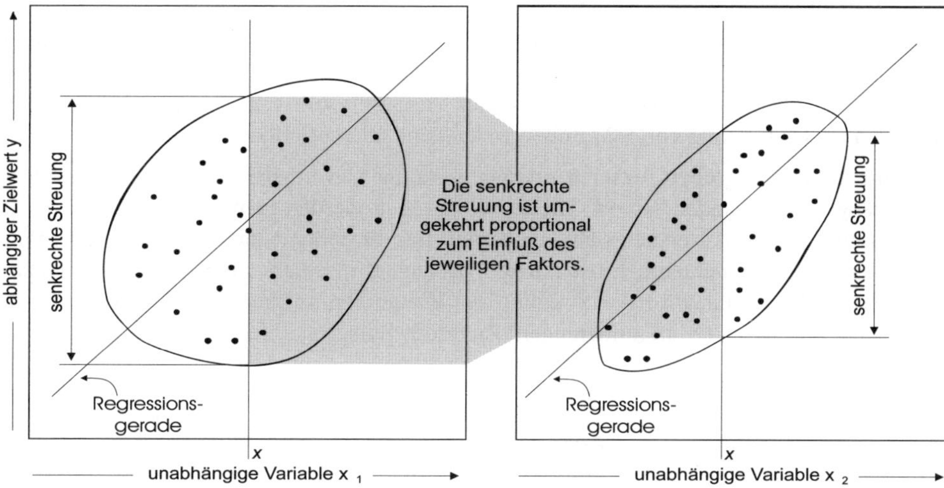

Bild 4-17 Scatter Plots zur Auswertung korrelativer Zusammenhänge [Quen92a], [Quen92b]

Ebenso können die Scatter Plots dazu verwendet werden, ausgehend von den Kundenanforderungen an die Zielgröße *y* „realistische Toleranzen" für den Einflussfaktor *x* festzulegen, die auch Streuungen mit in Betracht ziehen, die durch weitere Einflussfaktoren entstehen (**Bild 4-18**). In diesem Fall nimmt aber die Zielgröße das gesamte Toleranzintervall in Anspruch (entspricht einem Prozessfähigkeitsindex C_{pk} = 1,0) [Quen92a]. Besser ist es, dazu nur ein um die Mitte M = ½(OSG + USG) zentriertes Intervall mit einer Länge ≤ 0,75 (OSG - USG) zu benutzen (C_{pk} = 1,33).

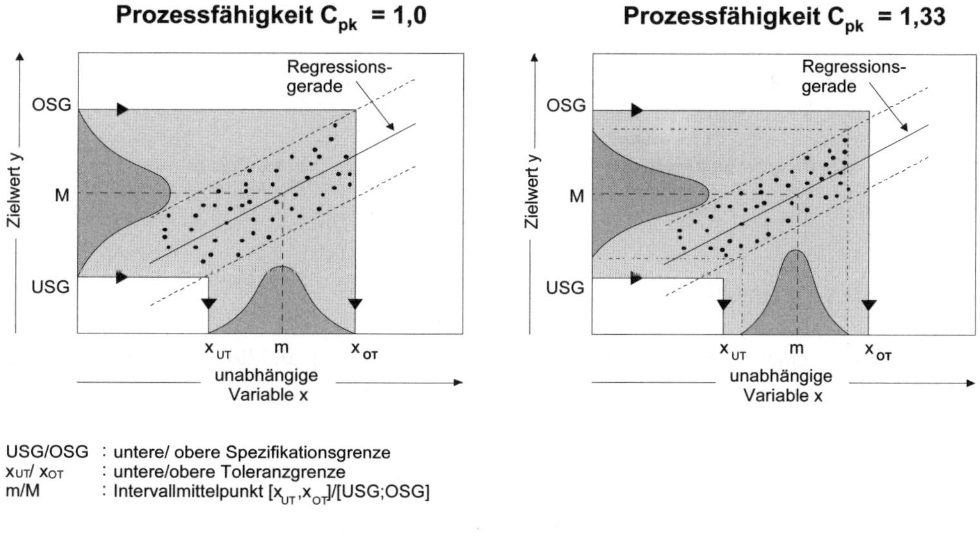

Bild 4-18 Ermittlung realistischer Toleranzgrenzen mit Scatter-Plots

4.3.2 Versuchsmethodik nach Taguchi

In *Taguchis* Qualitätsphilosophie ist das Streben nach einer ständigen Prozessverbesserung in Richtung kleinerer Streuungen auch innerhalb der Toleranzen der zentrale Punkt (vgl. Verlustfunktion nach *Taguchi* in Abschnitt 1.4). Mit Hilfe seiner Verfahren sollen die Prozesse robust ausgelegt, d. h. gegen die Einwirkung von Störgrößen weitgehend unempfindlich, werden.

Um die Einflüsse der Störgrößen besser beurteilen zu können, werden Einflussgrößen und Störgrößen unabhängig voneinander variiert. Die Einflussgrößen werden gemäß eines „inneren" (im Allgemeinen teilfaktoriellen) Versuchsplans eingestellt und für jeden Versuchspunkt dieses Plans werden die Störgrößen in mehreren Einstellungen (festgelegt in einem „äußeren" Versuchsplan) verändert (**Bild 4-19**). Damit wird die Streuung der Zielgrößen aufgrund der Veränderung der Störgrößen zu einer weiteren (zu minimierenden) Zielgröße [Klep92], [Nede92].

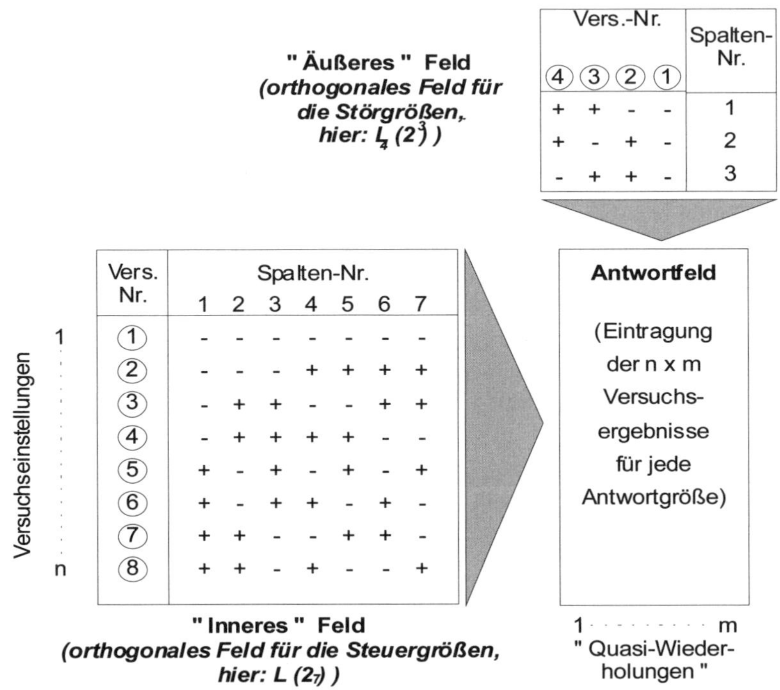

Bild 4-19 Layout eines Taguchi-Planes [Nede92]

Da bei Taguchi-Versuchsplänen gezielt Wechselwirkungen (dritter und höherer Ordnung oft aber auch zweiter Ordnung) vernachlässigt werden, muss der anzuwendende Versuchsplan daraufhin untersucht werden, ob [Nede92]

- Wechselwirkungseffekte andere (Haupt-) Effekte maskieren, verstärken oder reduzieren,
- Effekte zwar tendentiell richtig berechnet werden, tatsächlich aber wesentlich höher oder niedriger ausfallen oder
- „Scheineffekte" berechnet werden, die in Wirklichkeit nicht vorhanden sind.

Bild 4-20 zeigt die Gefahren, die durch die Vermengung von Einflussfaktoren in teilfaktoriellen Versuchsplänen entstehen.

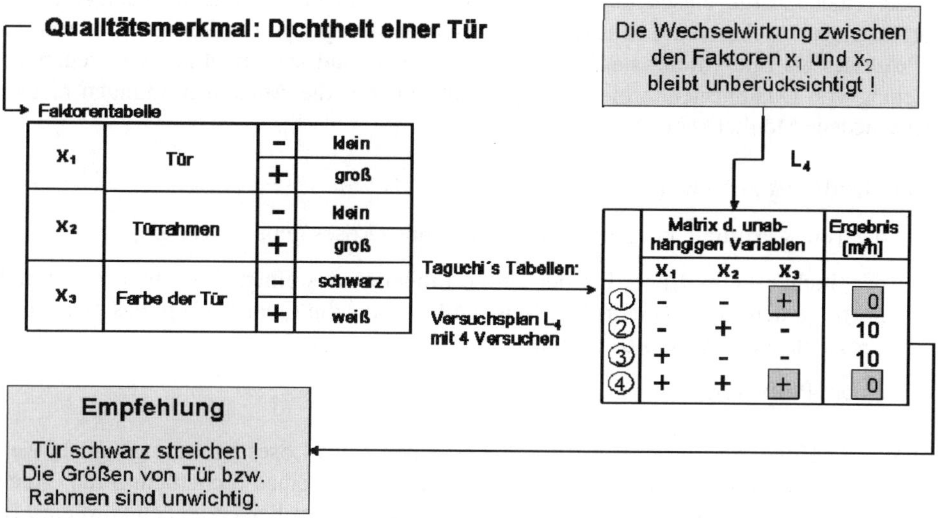

Bild 4-20 Gefährliche Vermengungen beim DoE nach *Taguchi* [Kuhn90]

Durch den Wegfall der x_1x_2-Wechselwirkung und dem Einfügen eines neuen Faktors x_3 entsteht der Eindruck, dass der neue Faktor (die Farbe der Tür) den entscheidenden Einfluss auf das Ergebnis hat. Dabei kommt der Einfluss durch die Wechselwirkung! Werden 4-Faktor-Wechselwirkungen oder Wechselwirkungen von noch mehr Faktoren in teilfaktoriellen Versuchsplänen weggelassen, wird die Wahrscheinlichkeit dieses Fehlers deutlich geringer.

4.4 Annahmestichprobenprüfung

Annahmeprüfungen werden eingesetzt, um über die Annahme oder Rückweisung eines Fertigungsloses oder einer Charge entscheiden zu können. Dies kann in der Wareneingangsprüfung zur Überprüfung der angelieferten Produkte, bei Zwischenprüfungen in der Fertigung oder am Ende eines Prozesses als Endprüfung stattfinden. Des Weiteren sind sie ein Mittel zur Steuerung und Regulierung von Qualitätskennzahlen im Prozessablauf. Für die Annahmeprüfungen bieten sich drei verschiedene Möglichkeiten an.

Zu unterscheiden ist zwischen

- der 100%-Prüfung, bei der alle Einheiten eines Loses geprüft werden,
- der Stichprobenprüfung, bei der einige Einheiten aus einem Los entnommen und geprüft werden, um aus dem Ergebnis Schlüsse auf die Qualitätslage des gesamten Loses zu ziehen [DGQ16-01] sowie
- einem Prüfverzicht.

Eine **100%-Prüfung** zur Absicherung der Fehlerfreiheit eines Loses ist unumgänglich, wenn es sich um sicherheitsrelevante Teile handelt (z. B. die Prüfung eines Sicherheitsgurts). Auch bei Teilen mit großer wirtschaftlicher Bedeutung oder bei sehr hohen Fehleranteilen wird eine 100%-Prüfung durchgeführt.

Unter gewissen Voraussetzungen kann auf eine Prüfung verzichtet werden. Ein **Prüfverzicht** beim Eingang der Ware erfolgt z. B. wenn ein Lieferant zertifizierte Qualitätsmanagementsysteme einsetzt und eine bestimmte Qualität garantieren kann. Eine mögliche Art des Prüfverzichts ist das Skip-Lot-Verfahren, d. h. für vereinzelte Lose wird auf eine Prüfung verzichtet, wenn bestimmte Voraussetzungen erfüllt werden (s. Abschnitt 4.2).

Es wird deutlich, dass die Wahl der jeweiligen Prüfstrategie abhängig ist von der Anzahl sowie der Art bzw. Schwere des zu erwartenden Fehlers. Unterschieden werden Fehler in

- kritische Fehler,
- Hauptfehler und
- Nebenfehler.

Während bei Nebenfehlern ein Prüfverzicht möglich ist und somit Kosten, Durchlaufzeit und Dokumentation nur wenig Aufwand bedürfen, ist bei kritischen Fehlern eine 100%-Prüfung häufig zwingend gefordert. Die Folge ist, dass Kosten, Durchlaufzeit und Dokumentation viel Zeit und Geld in Anspruch nehmen. Eine Stichprobenprüfung bietet sich daher vor allem für Hauptfehler an.

Deutlich wird, dass die Stichprobenprüfung nicht für jede Art von Fehlern die optimale Prüfstrategie ist. Die wesentlichen Vorteile der Stichprobenprüfung sind:

- Der Prüfaufwand und damit die Prüfkosten verringern sich.

- Im Gegensatz zu einer 100%-Prüfung ist eine Stichprobenprüfung bei zerstörenden Prüfverfahren anwendbar.
- Durch kürzere Prüfzeiten sind die Prüfergebnisse schneller verfügbar.

Nachteilig bei der Verwendung von Stichprobenprüfungen ist, dass über die Qualitätslage im Los stets nur Aussagen mit einer gewissen Wahrscheinlichkeit getroffen werden können. Das bedeutet, dass mit einer berechenbaren Wahrscheinlichkeit Lose das Prüfverfahren passieren und angenommen werden, obwohl sie hätten abgelehnt werden müssen und umgekehrt. Diese Problematik, kann allerdings aufgrund der Berechenbarkeit, so festgelegt werden, dass weder Lieferant noch Hersteller einen Nachteil davon haben.

Ein weiteres Problem entsteht, wenn für Fertigungslose nur Fehlerquoten im ppm-Bereich (ppm = parts per million) angegeben und verlangt werden. Diese Fehlerquote beschreibt die Beziehung von fehlerhaften Teilen und der Gesamtanzahl der Teile und löst die klassische Darstellung von Fehlerquoten in Prozent ab. Der daraus resultierende Nachteil ist, dass die im ppm-Bereich geforderten kleinsten Fehlerquoten meist nur über 100%-Prüfungen bzw. durch Prüfstrategien, die während des gesamten Herstellungsprozesses die Qualität überwachen, zu ereichen sind und somit Stichprobenprüfungen in Form von Eingangs- oder Ausgangsprüfungen diesen Qualitätsprüfanforderungen nicht gerecht werden können.

Grundsätzlich gilt für die Durchführung einer Stichprobenprüfung, dass das zu beurteilende Los unter denselben Rahmenbedingungen produziert wurde (gleiche Fertigungseinrichtungen, gleiche Umweltbedingungen, gleicher Zeitraum etc.), wie die anderen Lose im regulären Produktionsprozess auch, damit wird eine Repräsentativität der Stichprobe gefordert. Des Weiteren müssen Losgröße und Stichprobenumfang groß genug, der Fehleranteil im Gegenzug aber eher klein sein. Die statistischen Grundregeln, wie z. B. die zufällige Probenentnahme, sind einzuhalten, sowie die Forderung nach homogenen Losen. Vor der Anwendung einer Stichprobenprüfung müssen außerdem die durch den Prüfaufwand bei beiden Verfahren entstehenden unterschiedlichen Kosten einerseits und die durch eventuelle Fehlentscheidungen bei der Stichprobenprüfung andererseits anfallenden Kosten abgeschätzt werden.

Grundlegend für die Stichprobenprüfung ist ebenfalls die Anwendung von Wahrscheinlichkeitsverteilungen bezogen auf die Zufallsvariable. Sie geben an mit welcher Wahrscheinlichkeit die einzelnen Werte der Zufallsvariable auftreten. In der folgenden Tabelle werden die hier wichtigsten diskreten Verteilungen dargestellt.

	Hypergeometrische Verteilung	Binomialverteilung	Poisson-Verteilung
Eigenschaften	- diskrete Zufallsvariable - Auswahl ohne Zurücklegen - Beschreibung der Anzahl der Elemente mit der gewünschten Eigenschaft	- diskrete Zufallsvariable mit zwei Ausprägungen - Stichprobennahme mit Zurücklegen - Beschreibung fehlerhafter Einheiten in Stichprobe	- diskrete Zufallsvariable - Beschreibung Anzahl von Fehlern je Prüfeinheit
Parameter	N – Umfang der Grundgesamtheit M – Anzahl der fehlerhaften bzw. gesuchten Einheiten n – Stichprobenumfang	n – Stichprobenumfang p – Eintrittswahrscheinlichkeit	μ – Erwartungswert
Wahrscheinlichkeitsfunktion	$hy(x=k)=\frac{\binom{M}{k}\binom{N-M}{n-k}}{\binom{N}{n}}$	$bi(x=k)=\binom{n}{k}p^k(1-p)^{n-k}$ $\binom{n}{k}=\frac{n!}{(n-k)!k!}$	$po(x\|\mu)=\frac{\mu^x e^{-\mu}}{x!}$
Verteilungsfunktion	$Hy(x=k)=\sum_{k=0}^{c} hy(x=k)$	$Bi(x=k)=\sum_{k=0}^{c} bi(x=k)$	$Po(x\|\mu)=\sum_{i=0}^{x} po(i\|\mu)=\sum_{i=0}^{x}\frac{\mu^i e^{-\mu}}{i!}$

Bild 4-21 Diskrete Verteilungen

Bei der Auswahl der jeweiligen Verteilung ist die Größe des Stichprobenumfangs n, d. h. die Menge der Werte die die Zufallsvariable annehmen kann, ein wichtiger Faktor. Im Vergleich wird deutlich, dass die hypergeometrische Verteilung bei großen Parameterwerten schwer zu handhaben und unter der Bedingung $n < N/10$ die Binomialverteilung der hypergeometrischen Verteilung aufgrund ihrer einfacheren Berechenbarkeit vorzuziehen ist. Allerdings ist bei Zufallsvariablen, die sehr viele Werte annehmen können, die Anwendung von Poisson-Verteilung gegenüber Binomialverteilung meist zu favorisieren.

4.4.1 Grundlagen der Stichprobenprüfung

Im folgenden Abschnitt werden die Grundlagen der Stichprobenprüfung erläutert, wofür zum besseren Verständnis zunächst die wesentlichen Kennzahlen charakterisiert werden.

N	Losgröße	Anzahl der Einheiten des zu prüfenden Loses
N	Stichprobenumfang	Umfang der Stichprobe, mittels Zufallsverfahren gezogen
X	Fehleranzahl	Anzahl der fehlerhaften Einheiten in der Stichprobe
c (Ac)	Annahmekennzahl	Maximaler Wert für die Fehleranzahl pro Einheit (qualitativ)
K	Annahmefaktor	Minimaler Wert für die Qualitätszahl pro Einheit (quantitativ)

Bild 4-22 Kennwerte der Stichprobenprüfung

Der grundlegende Ablauf einer Stichprobenprüfung lässt sich in drei Schritte untergliedern:

1. Aus der Losgröße N wird eine Stichprobe mit dem Umfang n gezogen.
2. Die vorhandenen fehlerhaften Einheiten mit der Fehlerzahl x werden mit der Annahmezahl c verglichen.
3. Ist $x \leq c$ erfolgt eine Annahme des Loses, bei $x > c$ wird das Los zurückgewiesen.

Voraussetzung für den Ablauf ist die Festlegung der Ausprägungen der Kennwerte n (Stichprobenumfang), sowie c (Annahmekennzahl) oder k (Annahmefaktor), die in sogenannten Stichprobenanweisungen festgehalten werden. Die Zusammenstellung der Anweisungen spiegelt sich in Stichprobenplänen wieder, welche durch (n-c) für Attributprüfungen und (n-k) für Variablenprüfungen beschrieben werden können. Die höchste Ebene bildet das Stichprobensystem. Dies ist eine Kombination aus Stichprobenplänen und Regeln zur Anwendung dieser.

Maßgebend für die Schärfe einer Qualitätsprüfung ist der **AQL-Wert,** welcher die annehmbare Qualitätsgrenze (acceptable quality level) wertmäßig darstellt. Er wird in Prozent angegeben und beschreibt die Grenze einer für die Annahme des Loses zufriedenstellenden mittleren Qualität. Über den Wert werden auch der Umfang der Stichprobe und die Annahmekennzahl festgelegt. Der AQL-Wert selbst kann für den Anteil fehlerhafter Einheiten oder für den Anteil Fehler pro 100 Einheiten angegeben werden und ist bei Kunden-Lieferantenbeziehungen vertraglich vereinbart bzw. vom Kunden direkt vorgegeben. Hierbei sollte bei der Darstellung auf tabellarisch aufgeführte Vorzugswerte zurückgegriffen werden. Voraussetzungen für die Festlegung eines AQL-Wertes sind, dass die Schwere eines Fehlers (Haupt-/Nebenfehler) und die Wirtschaftlichkeit des Prüfverfahrens gegenüber den Fehlerkosten berücksichtigt werden muss. Generelle Methoden zur Bestimmung geeigneter AQL-Werte findet man in der DGQ-SAQ-Schrift Nr.16-26 [DGQ16-26]. Im Zusammenhang mit der annehmbaren Qualitätsgrenze muss auch die zurückweisende Qualitätsgrenzlage (rejectable level of quality), oft nur mit LQ anstelle von RQL bezeichnet, genannt werden. Sie gibt an, ab welcher geringen Annahmewahrscheinlichkeit die Annahme eines Loses verweigert bzw. wann ein Los zurückgewiesen wird.

Eine weitere wichtige Kennzahl ist die bereits erwähnte Annahmewahrscheinlichkeit Pa, die für jeden Prozentsatz an fehlerhaften Einheiten im Los berechnet werden kann. Bringt man diesen Wert in Zusammenhang mit dem Anteil der fehlerhaften Einheiten p, so erhält man die Annahmekennlinie bzw. die **Operationscharakteristik** einer Stichprobenprüfung (**Bild 4-23**).

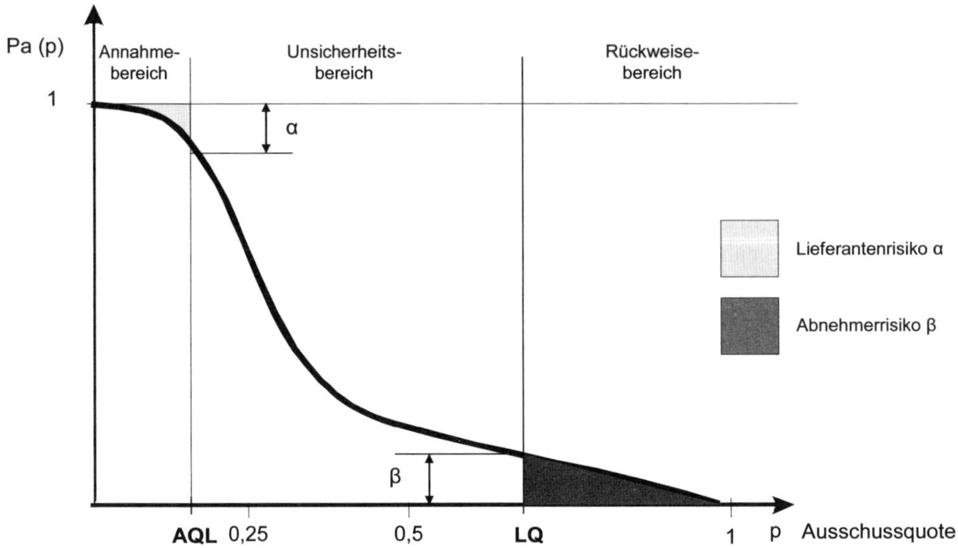

Bild 4-23 Operationscharakteristik für einen Prüfplan n-c

Die Berechnung der Operationscharakteristik *Pa (M/N, n, Ac)* basiert auf den in Bild 4-21 beschriebenen Verteilungsmodellen (Hypergeometrische -, Binomial-, Poisson-Verteilung).

In **Bild 4-23** lassen sich, anhand der graphischen Darstellung einer Operationscharakteristik, die charakteristischen Werte einer Annahmekennlinie ableiten: die **annehmbare Qualitätsgrenze AQL** und Lieferantenrisiko α, sowie die zurückweisende Qualitätsgrenzlage LQ und Abnehmerrisiko β.

Nachdem die Bedeutung von AQL und LQ bereits behandelt wurde, ist hier interessant welches Risiko beim Überschreiten der jeweiligen Qualitätsgrenzen für Lieferant und Kunde entsteht. Diese Risiken entstehen durch Fehlentscheidungen bei Annahme und Zurückweisung. Wird ein Los also trotz ausreichender Qualitätslage zurückgewiesen, d. h. $p \leq AQL$, entsteht ein Nachteil für den Lieferanten. Man spricht hier auch von einem **Fehler 1. Art** der Prüfstrategie, da sie etwas verwirft, obwohl es den vorgegebenen Werten entspricht und somit hätte angenommen werden müssen. Dieser Bereich wird beschrieben durch das **Lieferantenrisiko α**. Sollte der umgekehrte Fall eintreten, das heißt ein Los wird trotz unzulässiger Qualitätslage angenommen, $p \geq LQ$, entsteht wiederum ein Nachteil für den Kunden. Hierbei handelt es sich um einen **Fehler 2. Art** der Prüfstrategie, wobei sie etwas annimmt, was hätte verworfen werden müssen, da es die Mindestwerte nicht erreicht. In der Grafik ist dieser Bereich mit dem **Abnehmerrisiko β** beschrieben. Wie hoch die jeweiligen Risiken letztendlich sind, ist abhängig von den AQL- und LQ-Wert sowie von den Annahmewahrscheinlichkeiten.

Der Einfluss von Stichprobenumfang, Annahmekennzahl und Losgröße auf die Annahmewahrscheinlichkeit ist in **Bild 4-24** dargestellt.

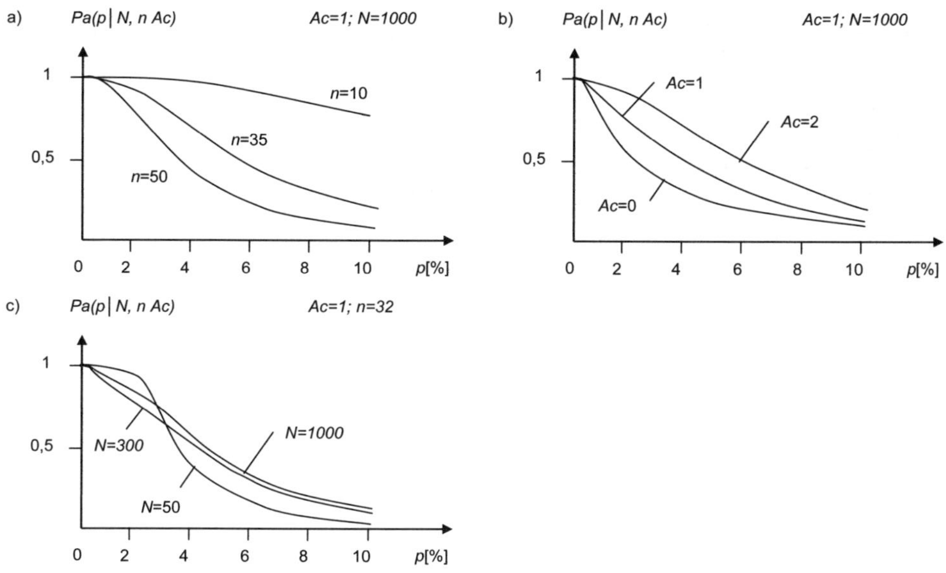

Bild 4-24 Operationscharakteristika in Abhängigkeit von n, Ac und N [Linß06]

Ist der Anteil fehlerhafter Einheiten p größer oder gleich der ausreichenden Qualitätslage LQ wird ein Los zurückgewiesen. Nach der Zurückweisung gibt es folgende Möglichkeiten weiter mit dem Los zu verfahren:

- Rücksendung zum Lieferanten
- 100%-Prüfung und Sortierung in Gutteile und Ausschuss
  - durch den Kunden
  - durch den Lieferanten
  - durch einen Dienstleister
- Verwendung unter Preisnachlass.

Bei einer Stichprobenprüfung bleibt es nicht aus, dass in dem nicht geprüften Teil der Lieferung auch fehlerhafte Teile vorhanden sein können, die bei Annahme des Loses in die Fertigung des Abnehmers gelangen. Der Anteil fehlerhafter Teilchen, der nach der Stichprobenprüfung in den an den Abnehmer gelieferten Losen enthalten ist, wird als **Durchschlupf AOQ** (Average Outgoing Quality) bezeichnet. Der Durchschlupf ist abhängig von der Annahmekennlinie P_A und dem Anteil fehlerhafter Einheiten p im überprüften Los und kann mit der folgende Gleichung berechnet werden:

$$AOQ = \left(\frac{N-n}{N}\right) * P_a * p$$

Die Darstellung des Durchschlupfes über den Fehleranteil im Los ist in **Bild 4-25** zu sehen.

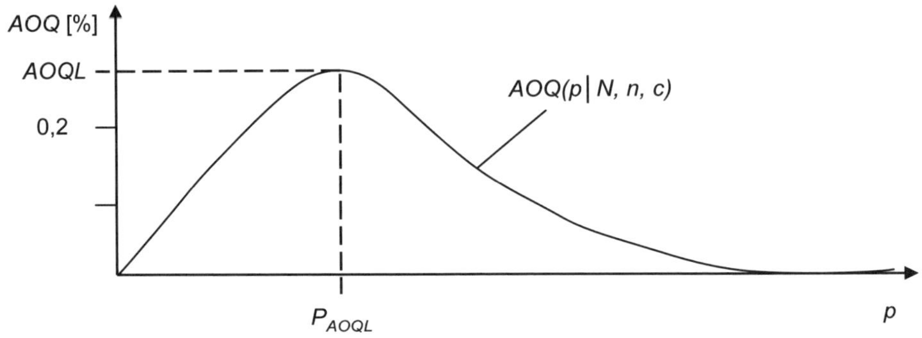

Bild 4-25 Durchschlupfkennlinie [Linß06]

Der Durchschlupf steigt mit steigendem Fehleranteil p zunächst an und erreicht den maximalen Durchschlupf ($AOQL$). Danach fällt die Kurve wieder, da bei weiter steigendem Fehleranteil die Annahmewahrscheinlichkeit für das Los sinkt. Die Nährungswerte für den maximalen Durchschlupf können aus der Tabelle V der DIN 2859/1 entnommen werden.

Um eine standardisierte Stichprobenvorschrift auszuwählen, ist nach DIN ISO 2859 Teil 1 [DIN2859] und DIN ISO 3951 [DIN3951] die Festlegung des AQL-Wertes entscheidend, da er die Prüfschärfe und somit auch die Wirtschaftlichkeit der möglichen Stichprobenvorschrift bestimmt. Für die Auswahl von wirtschaftlichen AQL-Werten bieten sich verschiedene Verfahren (**Tabelle 4.4**), wobei aber der Kunde selbst abwägen muss, nach welchen Kriterien er sich für eines dieser Auswahlverfahren entscheidet.

Tabelle 4-4: Auswahlverfahren für Stichprobenvorschriften (in Anlehnung an [Linß05])

Auswahl anhand	Eigenschaften
Fehlergewichtung	- Festlegung einer Fehlergewichtung des zu prüfenden Qualitätsmerkmals - großes Fehlergewicht = kleiner AQL-Wert und umgekehrt → große Prüfschärfe
Anteil fehlerhafter Einheiten	- AQL > 2 $\bar{p}$ ($\bar{p}$ = durchschnittlicher Anteil fehlerhafter Einheiten) → geringerer Prüfaufwand, weil geringere Prüfschärfe → zurückgewiesene Lose müssen sortiert werden (100%-Prüfung) → großer Durchschlupf kann höhere Fehlerkosten verursachen
Kosten	- Einflussgrößen: a) Losgröße N b) Prüfkosten je Merkmal k_p c) Fehlerkosten je Merkmal kf d) Schlechtverteilung Ψ (p) - Kosten Stichprobenprüfung: $K_Q = nk_p + (1\text{-}Pa)(N\text{-}n)k_p + p{*}Pa(N\text{-}n)\,k_f$ - Kosten 100%-Prüfung: $K_{100} = N{*}\,k_p$
Break-Even-Punkt	- Break-Even-Punkt: $p_B = \frac{k_p}{k_f}$, mittlere Qualitätslage $\bar{p}$ → Kostengleichheit aller Verfahren im Punkt p_B → Wahl der Verfahren: - Prüfverzicht, wenn p_B wesentlich größer als die Qualitätslage - Stichprobenprüfung, wenn p_B größer oder ungefähr der $\bar{p}$ - 100%-Prüfung, wenn p_B kleiner als die Qualitätslage
Vorzugswerte	- Festlegung von drei Vorzugswerten (Kriterien zur Auswahl) für den AQL-Wert (abhängig von den einzuhaltenden Toleranzgrenzen der Qualtitätsmerkmale) → Auswahl mit Hilfe von DIN ISO 2859 bzw. 3951 anhand der AQL-Werte
Operations-charakteristik	- Auswahl mittels zweier Punkte der Operationscharakteristik → der Punkt wird beschrieben durch P_i (Pa_i;p_i) und i= 1; 2], daraus folgt: 1. Interessen des Lieferanten: P_1 ($1\text{-}\alpha$;$p_{1-\alpha}$) 2. Interessen des Abnehmers: P_2 (β;p_β) → Beide Punkte ergeben jeweils eine Gerade im Diagramm →Schnittpunkt ergibt den Stichprobenplan

Im folgenden Abschnitt werden die Arten von Stichprobensystemen unterschieden, deren verschiedene Verfahren erklärt und verglichen.

4.4.2 Qualitative und quantitative Stichprobenprüfung

Eine Stichprobenprüfung kann qualitativ oder quantitativ durchgeführt werden (**Bild 4-26**).

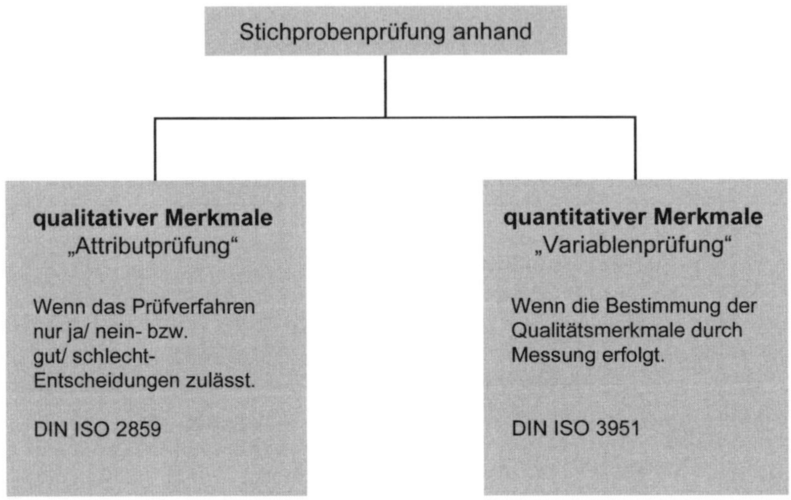

Bild 4-26 Unterscheidung der Stichprobenprüfung

Die **Stichprobenprüfung anhand qualitativer Merkmale** kommt dann zur Anwendung, wenn die vom Prüfverfahren zugelassenen Entscheidungen nur ja oder nein bzw. gut oder schlecht zu lassen. In diesem Fall spricht man von einer **Attributprüfung**, z. B. bei einer visuellen Beschaffenheitsprüfung. Die Stichprobenanweisungen können dabei exakt durch die hypergeometrische Verteilung oder näherungsweise durch die Binomial- oder Poissonverteilung berechnet werden.

Laut DIN ISO 2859 Teil 1 [DIN2859] ist die Stichprobenanweisung (n-Ac/Re) für die Attributprüfung durch den Stichprobenumfang *n*, die Annahmekennzahl *Ac* und die Rückweisekennzahl *Re* beschrieben. Wichtig ist, dass die Höhe von *n* im Voraus durch die Stichprobenvorschrift festgelegt wurde und dann zufällig dem Los entnommen werden muss, damit das Ergebnis repräsentativ ist. Ob es zur Annahme des Loses kommt, ist abhängig von der Anzahl der fehlerhaften Einheiten. Ist diese kleiner oder gleich der Annahmekennzahl *Ac* wird ein Los angenommen, sollte sie allerdings größer oder gleich der Rückweisezahl *Re* sein, wird das Los zurückgewiesen. Weitere messbare Kennzahlen sind der Anteil fehlerhafter Einheiten (in %) beschrieben durch das Verhältnis von Anzahl der fehlerhaften Einheiten zu Gesamtzahl der Einheiten, sowie die Anzahl der Fehler pro 100 Einheiten [= (Anzahl der Fehler / Gesamtzahl der Einheiten) *100].

In der DIN ISO 2859 Teil 1, 2 und 3 [DIN2859] sind folgende standardisierte Verfahren zur Durchführung von Stichprobenprüfung anhand qualitativer Merkmale zu finden:

- Einfachstichprobenprüfung,
- Doppelstichprobenprüfung,
- Mehrfachstichprobenprüfung,
- Sequentialstichprobenprüfung und
- Skip-Lot-Verfahren.

Diese Verfahren bieten außerdem die Möglichkeit die Prüfschärfe an das jeweils aktuelle Qualitätsniveau der Fertigung anzupassen. Dies geschieht durch einen Verfahrenswechsel zwischen normaler, verschärfter und reduzierter Prüfschärfe. Jede Stichprobenprüfung beginnt aber zunächst mit einer normalen Prüfschärfe.

Der erste Wechsel von der normalen zur reduzierten Prüfung muss erfolgen, wenn die ersten 10 Lose normal geprüft und mit einer Gesamtzahl von fehlerhaften Einheiten $\leq$ dem Grenzwert angenommen wurden, außerdem muss die Produktion gleichmäßig laufen und die zuständige Stelle ihre Genehmigung zum Wechsel erteilen. Ebenso muss von reduzierter auf normale Prüfung gewechselt werden, wenn das Los unannehmbar oder die Anzahl fehlerhafter Einheiten zwischen der Annahmekennzahl Ac und der Rückweisezahl Re liegt, sowie wenn die Produktion ungleichmäßig oder andere Umstände den Wechsel verlangen. Der Unterschied ist, dass beim Wechsel von normaler zu reduzierter Prüfung alle Bedingungen erfüllt sein müssen, andersrum aber muss der Wechsel hin zur normalen Prüfung erfolgen, wenn mindestens einer der eben genannten Sachverhalte bei der Erstprüfung eintritt.

Der zweite Wechsel von normaler Prüfung zu verschärfter Prüfung unterliegt im Vergleich zum ersten Wechsel von normal auf reduzierte und andersherum lediglich nur einer Bedingung. Er muss erfolgen, wenn zwei von fünf aufeinanderfolgenden Losen bei der Erstprüfung unannehmbar sind. Umgekehrt wird von der verschärften auf die normale Prüfung gewechselt, wenn fünf auf einander folgenden Lose bei der Erstprüfung annehmbar sind.

Laut der DIN ISO 2859 Teil 1 besteht noch die Möglichkeit zu einem dritten Wechsel von verschärfter Prüfung auf ein komplettes Aussetzen der Prüfung. Dieser Fall muss eintreten, wenn bei einer verschärften Erstprüfung fünf in Reihe geprüfte Lose nicht angenommen werden. Dies hat zur Folge, dass die Annahmestichprobenprüfung ausgesetzt werden muss bis der Lieferant Maßnahmen zur Optimierung der Produktqualität entwickelt und umgesetzt hat. Wenn dann die zuständige Stelle von der positiven Wirkung der Maßnahmen überzeugt ist, kann die Annahmestichprobenprüfung in verschärfter Weise wieder aufgenommen werden.

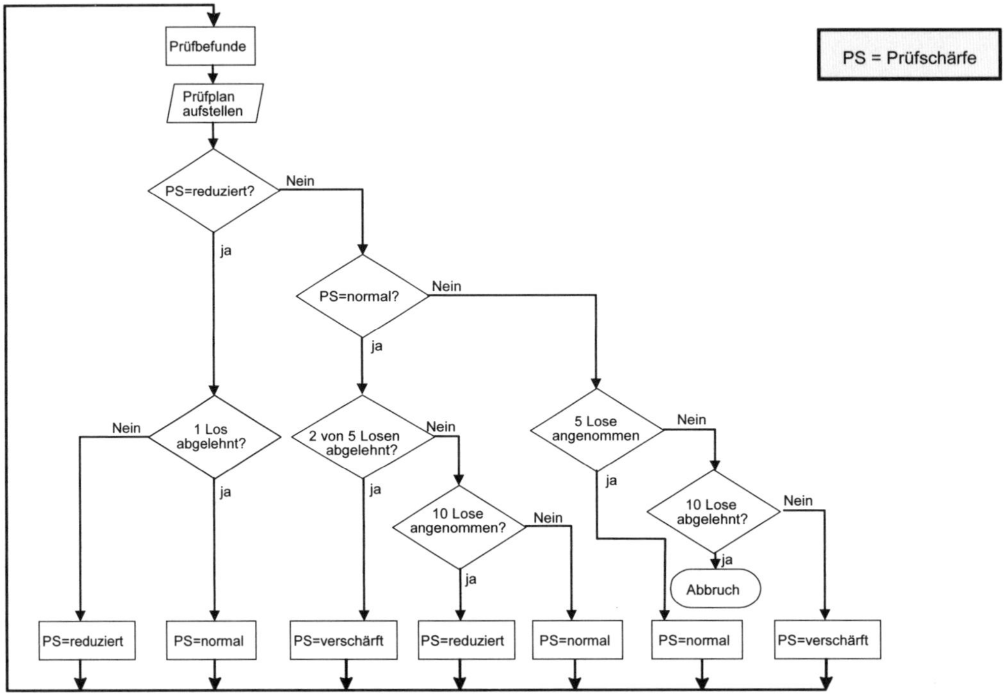

Bild 4-27 Verfahrenswechsel [DIN2859]

Nachdem grundlegende Sachverhalte über die Stichprobenanweisung anhand qualitativer Merkmale erläutert wurden, sollen nun im Folgenden die Abläufe der einzelnen Verfahren dargestellt werden.

4.4.3 Einfachstichprobenprüfung

Die Einfachstichprobenprüfung ist dadurch gekennzeichnet, dass pro Los jeweils nur eine Stichprobe mit dem Umfang n entnommen wird. Nach DIN ISO 2859 Teil 1 [DIN2859] gelten weiterhin folgende Bedingungen:

- Ein Los muss als annehmbar bewertet werden, wenn die Anzahl der fehlerhaften Einheiten, welche in der Stichprobe gefunden wurden, kleiner oder gleich der Annahmekennzahl Ac ist und
- ein Los muss als unannehmbar bewertet werden, wenn die Anzahl der fehlerhaften Einheiten gleich oder größer der Rückweisezahl Re ist.

Der Ablauf einer Stichprobenprüfung mit Einfachstichprobenplänen mit normaler (**Bild 4-28**) bzw. verschärfter sowie mit reduzierter Prüfschärfe (**Bild 4-29**) wird im Folgenden graphisch dargestellt.

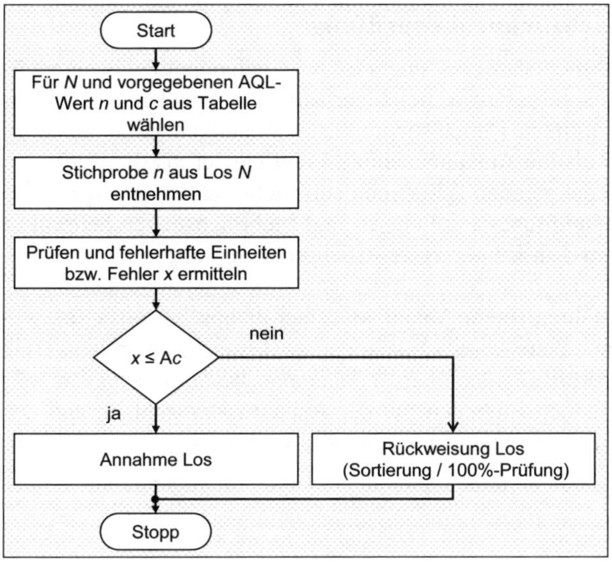

Bild 4-28 Ablauf einer Einfachstichprobenprüfung

Bei der reduzierten Einfachstichprobenprüfung (**Bild 4-29**) wird ein Los zunächst mit der Annahmekennzahl verglichen. Wird das Kriterium dabei nicht erfüllt, erfolgt eine zweite Prüfung mit der Rückweisezahl, woraufhin Annahme und Zurückweisung entschieden werden. Ist das Los als annehmbar bewertet, wird das nächste Los normal weitergeprüft, ebenso bei Zurückweisung. Wird das Kriterium beim ersten Mal bereits erfüllt, muss das nächste Los wieder reduziert geprüft werden.

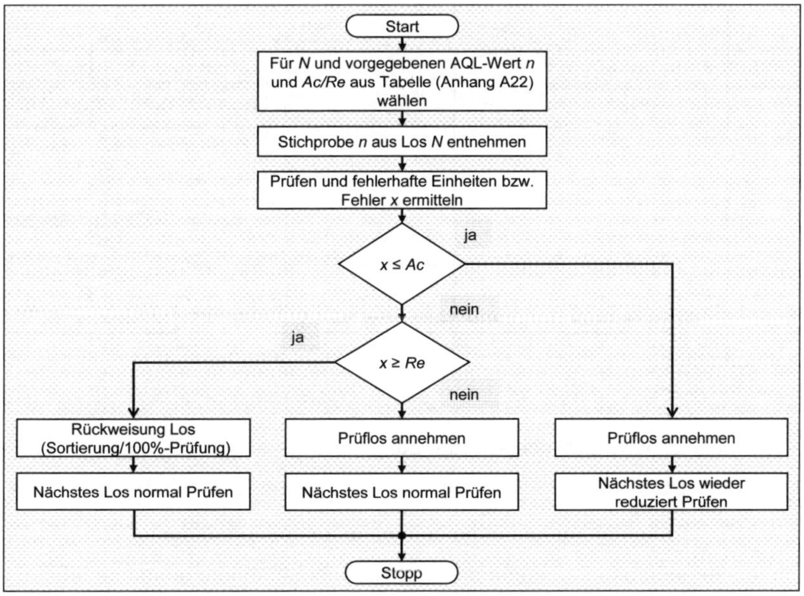

Bild 4-29 Ablauf einer reduzierten Einfachstichprobenprüfung

4.4.4 Doppel-/ Mehrfachstichprobenprüfung

Anders als bei der Einfachstichprobenprüfung wird bei der Doppelstichprobenprüfung eine zweite Stichprobe *n* aus dem Los entnommen, bei Mehrfach- und Sequentialprüfungen auch mehr als zwei (**Bild 4-30**). Bei genormten Doppelstichprobenanweisungen gilt, unter der Bedingung dass der Merkmalswert größer als die Annahmekennzahl und kleiner als die Rückweisezahl der ersten Stichprobe ist, die Größe der zweiten Stichprobe entspricht der der ersten Stichprobe. Im Gegensatz zur Einfachstichprobenprüfung sind Doppel- und Mehrfachstichprobenprüfungen komplizierter. Der Vorteil liegt in dem deutlich geringeren Stichprobenumfang.

Im Doppelstichprobenverfahren (beim Ablauf Mehrfachstichprobenverfahren wird analog vorgegangen) wird zunächst, wie beim bereits beschriebenen Einfachstichprobenverfahren, eine Stichprobe entnommen und geprüft. Das Resultat ist dabei entscheidend, denn erst wenn das Los, nach dem Vergleich der fehlerhaften Einheiten mit der Annahmekennzahl *Ac* und der Rückweisezahl *Re*, weder angenommen noch zurückgewiesen wurde, kommt es zu einer zweiten Entnahme einer Stichprobe.

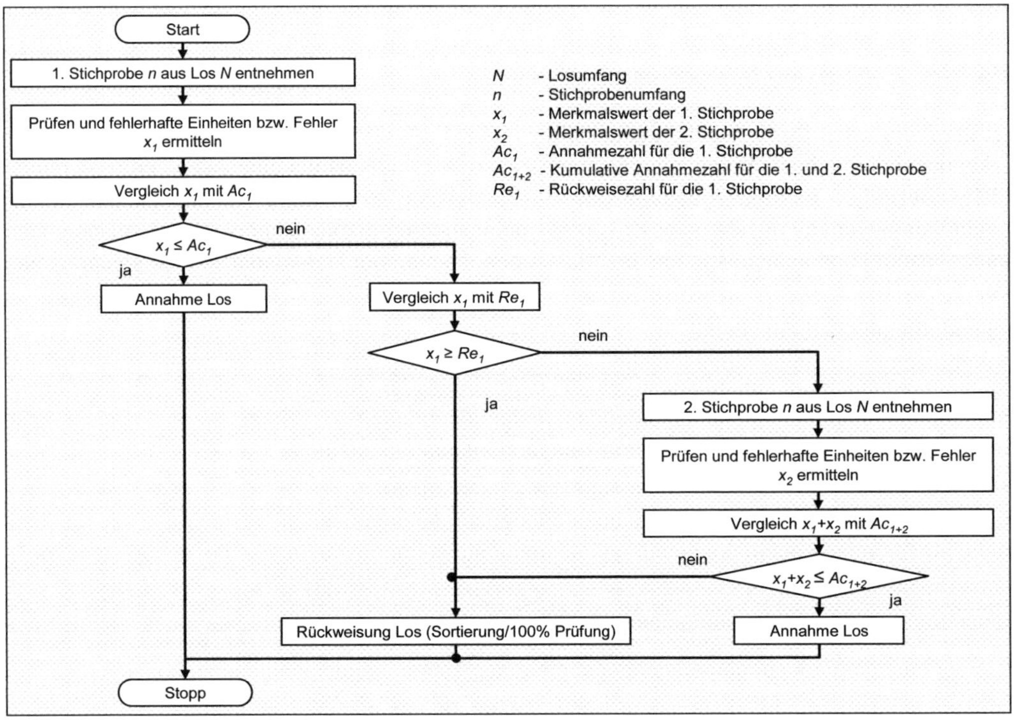

Bild 4-30 Ablauf einer Mehrfachstichprobenprüfung

4.4.5 Sequentialstichprobenprüfung

Die Sequentialstichprobenprüfung wird auch Folgestichprobenprüfung genannt. Sie hat die Besonderheit, dass die Einheiten eines Loses einzeln entnommen und geprüft werden. Dabei wird bei jeder Prüfung erneut entschieden, ob es zu einer Annahme des Loses kommt oder aber eine weitere Einheit entnommen werden muss.

Im Gegensatz zu den anderen Verfahren muss hier zunächst eine Startinformation in Form von n_{min} Einheiten entnommen und auf fehlerhafte Einheiten geprüft werden. Dabei wird aber nicht über Annahme und Rückweisung entschieden. Die darauffolgende Prüfung basiert auf dem Zusammenhang der kumulierten Anzahl der fehlerhaften Einheiten x_j mit der Stückzahl j, wobei die Kriterien für Annahme und Rückweisung durch die Annahmegerade y_A und Rückweisegerade y_R beschrieben werden. Der weitere Prüfablauf erfolgt analog **Bild 4-31**. Der durchschnittliche Stichprobenumfang ist wie bei dem Doppel- und Mehrfachstichprobenverfahren von der Anzahl fehlerhafter Einheiten im Los abhängig. Mit der Sequentialstichprobenprüfung ist es möglich, den geringsten Stichprobenumfang zu erzielen.

Bild 4-31 zeigt den Ablauf einer Prüfung anhand eines Sequentialsstichprobenplans.

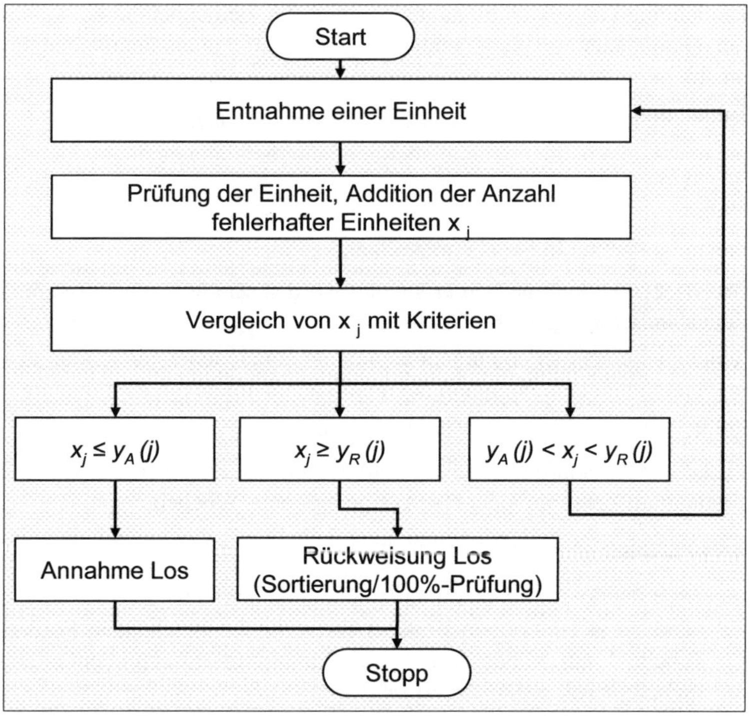

Bild 4-31 Ablauf einer Sequentialstichprobenprüfung

4.4.6 Skip-Lot-Verfahren

Dieses Verfahren ist ein besonderes Verfahren der Stichprobenprüfung und generell für Attribut- sowie auch für Variablenprüfung anwendbar. Die DIN ISO 2859 Teil 3 [DIN2859] behandelt das Verfahren aber nur im Zusammenhang mit der Attributprüfung.

Das Ziel das Skip-Lot-Verfahren ist es, den Gesamtprüfaufwand so gering wie möglich zu halten, durch Verzichten auf Prüfung eines Teils der vorgestellten Lose. Voraussetzung ist aber hierbei, dass a) ein ausreichendes Vertrauen in die Qualitätsmanagementsysteme des Lieferanten besteht und b) es sich nicht um Prüfungen handelt, durch deren Verzicht auftretende Fehler eine Gefahr für den Menschen oder besonders wertvolle Güter sind.

Um das Skip-Lot-Verfahren zum Einsatz zu bringen, müssen Lieferant sowie auch das Produkt bestimmt Qualifizierungen nachweisen können. [DIN2859]

Für den Lieferanten gilt:

- Permanente Anwendung eines dokumentierten Qualitätssicherungssystems nach ISO 9001 / ISO 9002 / ISO 9003, dieses umfasst die Aufzeichnung der Prüfergebnisse der jedes durch den Lieferer geprüften Loses.
- Einrichtung eines System samt Schulung des Bedienpersonals, welches Änderung der Qualitätslage erkennt und korrigiert, sowie qualitätskritische Prozesse überwacht.
- Keine organisatorische Änderung zur Lasten der Qualität.

Das Produkt muss:

- einem bewährten Entwurf entsprechen,
- überwiegend kontinuierlich produziert worden sein über einen bestimmten Zeitraum oder standardmäßig sechs Wochen,
- während der Qualifizierung in normaler, reduzierter oder normal-reduzierter Prüfung gewesen sein; Produkte mit verschärfter Prüfung in der Qualifizierungsphase kommen für das Skip-Lot-Verfahren nicht in Frage,
- in stabiler Produktion in seiner Qualität gleich oder besser der AQL sein über einen bestimmten Zeitraum oder standardmäßig sechs Wochen,
- die folgenden Forderungen erfüllen:
  - mindestens 10 Lose in Reihe müssen angenommen worden sein,
  - mindestens 10 Lose in Reihe müssen die entsprechenden Forderungen in der Tabelle 1 mit Mindestwerten des kumulierten Stichprobenumfangs nach DIN ISO 2859 Teil 3 [DIN2859] erfüllen,
  - jedes der beiden letzten Lose muss die Forderung der Tabelle 2 Annahmezahlen nach DIN ISO 2859 Teil 3 [DIN2859] erfüllen.

Ist dies der Fall so wird in insgesamt drei Prüfstufen das Skip-Lot-Verfahren durchgeführt. Wie in **Bild 4-32** deutlich wird kommt es erst zur losweisen Prüfung, gefolgt von der Skip-Lot-Prüfung. Um dann hin zur dritten Stufe, dem Aussetzen des Skip-Lot-Verfahrens, zu gelangen.

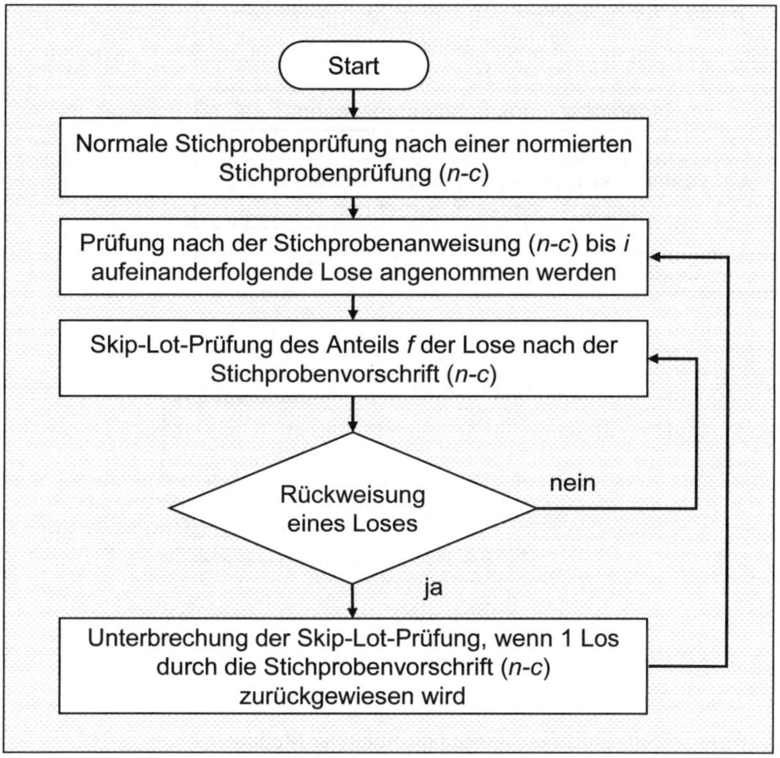

Bild 4-32 Ablauf eines Skip-Lot-Verfahrens

4.4.7 Stichprobenprüfung anhand quantitativer Merkmale

Die Stichprobenprüfung anhand quantitativer Merkmale kommt dann zur Anwendung, wenn die Bestimmung der Qualitätsmerkmale durch Messen erfolgt. In diesem Fall spricht man von einer Variablenprüfung. Der wesentliche Unterschied zur Prüfung anhand qualitativer Merkmale ist, dass der Stichprobenumfang geringer ist aufgrund des höheren Informationsgehalts der quantitativen Merkmale.

Laut DIN ISO 3951 [DIN3591] wird die Stichprobenanweisung *(n-k)* für Prüfungen anhand quantitativer Merkmale durch den Stichprobenumfang *n* und den Annahmefaktor *k* bestimmt. Voraussetzung für die generelle Anwendung der Annahmestichprobenprüfung ist die Normalverteilung der zu prüfenden Qualitätsmerkmale. Der Ablauf der quantitativen Stichprobenprüfung ist in **Bild 4-33** dargestellt.

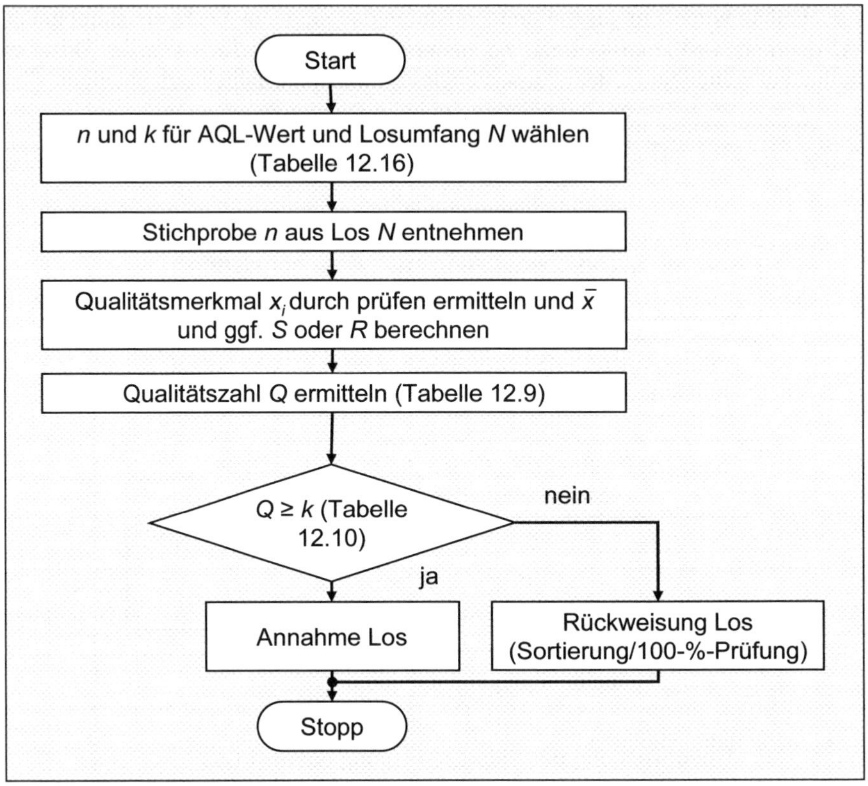

Bild 4-33 Einfachstichprobenprüfung anhand quantitativer Merkmale

Im Gegensatz zur Stichprobenprüfung anhand qualitativer Merkmale wird hier die Einfachstichprobenprüfung selbst unterschieden nach der Anwendung der Methode und nicht in Doppel-, Mehrfach- und Sequentialprüfung. Es können dabei die σ-Methode, wenn die Standardabweichung der Fertigung bekannt ist, die s-Methode, wenn die Standardabweichung unbekannt ist und die R-Methode zum Einsatz kommen.

Eine wichtige Kennzahl ist die Qualitätszahl, welche abhängig von der Methode, sowie von den Grenzwerten ist. Die Qualitätskennzahlen werden mit Hilfe der in **Tabelle 4-5** aufgelisteten Formeln berechnet.

Tabelle 4-5: Qualitätszahlen für die Variablenprüfung

Methode	Untere Grenze	Obere Grenze
σ-Methode	$Q_{\sigma U} = \frac{\bar{x} - UGW}{\sigma}$	$Q_{\sigma O} = \frac{OGW - \bar{x}}{\sigma}$
s-Methode	$Q_{sU} = \frac{\bar{x} - UGW}{s}$	$Q_{sO} = \frac{OGW - \bar{x}}{s}$
R-Methode	$Q_{RU} = \frac{\bar{x} - UGW}{R}$	$Q_{RO} = \frac{OGW - \bar{x}}{R}$

Für die Prüfung, ob ein Los angenommen oder zurückgewiesen wird, muss die Qualitätszahl Q und der Annahmefaktor k in Zusammenhang gebracht werden. Es gilt, unabhängig von Methode und Grenzwert:

- Ein Los muss als annehmbar bewertet werden, wenn $Q \geq k$.
- Ein Los muss als unannehmbar bewertet werden, wenn $Q < k$.

Der jeweilige Wert für k ist einer festgelegten Tabelle in der Norm DIN 3951 zu entnehmen. [DIN3951]

4.4.8 Vergleich qualitativer und quantitativer Stichprobenprüfung

Nachdem sowohl die Stichprobenprüfung anhand qualitativer Merkmale sowie auch quantitativer Merkmaler erläutert wurden, stellt sich nun die Frage nach der Entscheidung, welches Verfahren besser oder schlechter ist. Allerdings kann die Antwort auf diese Frage nur als Empfehlung gesehen werden, vor allem da die Wahl des Verfahrens auch davon abhängig ist, welche Merkmale geprüft werden sollen. **Tabelle 4-6** stellt die Attributprüfung der Variablenprüfung gegenüber und bewertet sie hinsichtlich verschiedener Eigenschaften (in Anlehnung an [DGQ16-43], [DIN ISO 2859], [DIN ISO 3951], [Stor07]).

Tabelle 4-6: Vergleich Attributprüfung und Variablenprüfung

Eigenschaft	**Attributprüfung**	**Variablenprüfung**
Schwierigkeitsgrad	einfach	hoch
Zeitbedarf je Einheit	gering	hoch
Kosten je Einheit	gering	hoch
Kenntnisgewinn	grundlegend	präzise
Frühwarnsystem bei Qualitätsverschlechterung	nein	ja
Verständnis /Akzeptanz	hoch	gering
Stichprobenumfang	groß	klein
Losgrößen	niedrig	hoch
Anzahl der möglichen zu prüfenden Merkmale	hoch	niedrig
Verteilung	normal, binomial und hypergeometrisch verteilt	nur normalverteilt

Beim Vergleich der beiden Verfahren wird deutlich, dass die Attributprüfung vor allem im ökonomischen Bereich vor der Variablenprüfung liegt. Außerdem ist das qualitative Verfahren einfacher in der Ausführung und somit auch leichter verständlich. Zudem können die Qualitätsmerkmale für die Attributprüfung auch binomial oder hypergeometrisch verteilt sein und sind somit nicht auf eine Normalverteilung beschränkt. Vorteilig ist auch das bei mehreren gleichgewichteten Merkmalen nur eine Stichprobenanweisung benötigt wird und nicht wie bei der der Variablenprüfung für jedes Qualitätsmerkmal eine.

Im Gegenzug werden bei der Variablenprüfung wesentlich präzisere Daten gewonnen. Besonders vorteilig an der quantitativen Prüfung ist außerdem, dass die Prüfung von großen Losen und Losen mit hohem Prüfaufwand je Einheit, aufgrund des sehr kleinen Stichprobenumfangs, möglich ist. Auch für den Einsatz bei zerstörender Prüfung sind Variablenprüfungen vorteilhafter.

4.5 Prozessfähigkeitsanalysen

Wenn ein Prozess geregelt werden soll, ist es erforderlich, dass sich der Prozess nach einem Eingriff in einer Weise verhält, wie dies erwartet wurde. Das Verhalten dieses Prozesses kann dann als „vorhersagbar" oder „beherrscht" bezeichnet werden.

Ein **beherrschter Prozess** ist ein Prozess, dessen Verhalten sich nicht oder nur innerhalb bestimmter Grenzen oder in vorhersagbarer Weise ändert.

Dies bedeutet aber noch nicht, dass der Prozess innerhalb vorgegebener Grenzen liegen muss. Ein Prozess könnte auch vorhersagbar viel Ausschuss produzieren! Wenn ein Prozess innerhalb vorgegebener Grenzen liegt, spricht man von einem „qualitätsfähigen" Prozess oder kurz von einem „fähigen" Prozess.

Ein **(qualitäts-)fähiger** Prozess ist ein Prozess, der die vorgegebenen Kundenforderungen erfüllt, d. h. im Allgemeinen, dass der Großteil seiner Verteilung innerhalb der Toleranz liegt.

Die Voraussetzung für eine statistische Prozessregelung ist, dass ein Prozess beherrscht und fähig ist. Zur Überprüfung, ob dies gegeben ist, werden Prozessfähigkeitsindizes bestimmt.

4.5.1 Prozessfähigkeit

Die Prozessfähigkeit ist ein Maß für die langfristige Merkmalsstreuung, die durch sämtliche Einflussgrößen eines Fertigungsprozesses verursacht wird [Kami93]. Als Maße für die Prozessfähigkeit werden verwendet:

Streuungsindex c_p (capability process)

$$c_p = \frac{oberer Grenzwert - unterer Grenzwert}{Prozessstreuung} = \frac{T_o - T_u}{6\sigma}$$

Der Streuungsindex gilt als Maß für die Fähigkeit eines Prozesses. Je größer c_p ist, desto größer ist die Breite des Toleranzbereichs im Verhältnis zur Prozessstreuung. In der Automobilindustrie und in vielen anderen Branchen wird für einen fähigen Prozess

$$c_p > \frac{4}{3}, \text{ d. h. } T_o - T_u > 8\sigma$$

gefordert. Die Ausschussanteile und der Anteil an Gutteilen für verschiedene Prozessfähigkeitsindizes sind in **Bild 4-34** dargestellt.

Niveauindex c_{pk}

$$c_{pk} = \frac{min. Abstand von \mu zur Toleranzgrenze}{halbe Prozessstreuung} = min(\frac{T_o - \mu}{3\sigma}; \frac{\mu - T_u}{3\sigma})$$

Mit dem Niveauindex wird der kleinste Abstand zwischen dem Mittelwert der Verteilung und einer Toleranzgrenze beschrieben. Der Niveauindex gilt als Maß zur Überprüfung der Beherrschtheit eines Prozesses. Er kann maximal so groß wie der Streuungsindex werden.

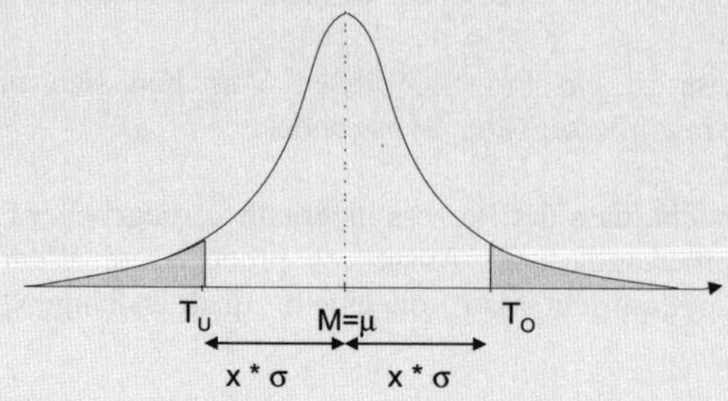

Klasse	Anteil Gutteile [%]	Anteil Ausschuss [%]	Ausschuss [ppm]	C_p
1-Sigma-Qualität	68,26	31,74	317.400	1/3
2-Sigma-Qualität	95,44	4,56	45.600	2/3
3-Sigma-Qualität	99,7300	0,2700	2700	1
4-Sigma-Qualität	99,99367	0,00633	63,33	4/3
5-Sigma-Qualität	99,9999427	0,0000573	0,57	5/3
6-Sigma-Qualität	99,999999803	0,000000197	0,0197	2

Bild 4-34 Ausschussanteile und zugehörige Prozessfähigkeitsindizes

Bild 4-35 zeigt vereinfacht, welche Prozessfähigkeitskennwerte sich aus verschiedenen Prozessstreuungen und Lagen der Mittelwerte ergeben.

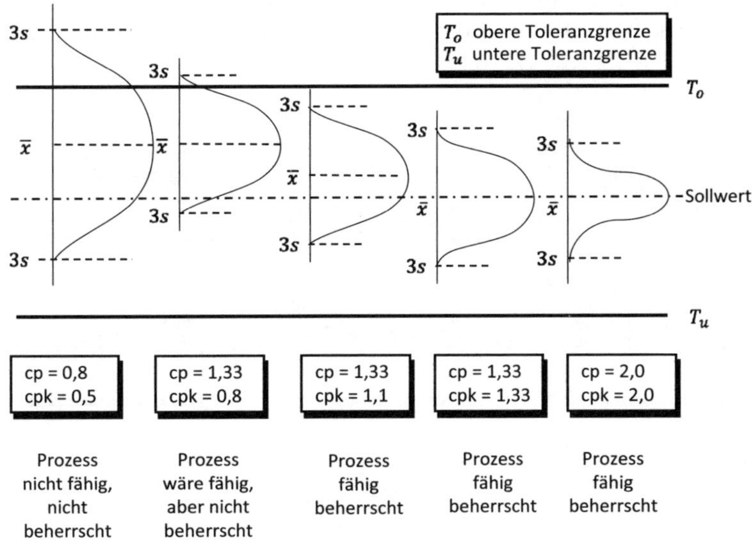

Bild 4-35 Prozessfähigkeitskennwerte und deren Bedeutung

4.5.2 Prozessfähigkeitsindizes nicht-gaußverteilter Prozesse

Die Berechnung der Prozessfähigkeitsindizes beruhte auf der Annahme, dass die Verteilung der Messwerte des zugrunde liegenden Prozesses gaußverteilt ist. In Folge von vielen zufälligen Einflussgrößen im Fertigungsprozess können Fertigungsprozesse häufig als gaußverteilt angenommen werden. Aber **Bild 4-36** zeigt, dass durch die Überlagerung eines Trends – z. B. eines Werkzeugsverschleißes – ein Prozess sehr schnell nicht mehr gaußverteilt ist.

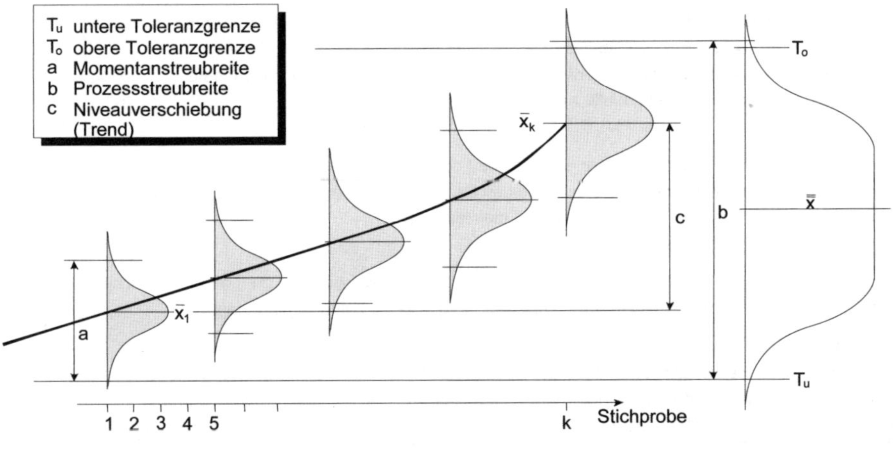

Bild 4-36 Einfluss eines Trends auf die Verteilungsform eines Prozesses

Dies ist nur ein mögliches Beispiel eines nicht-gaußverteilten Prozesses. In der DIN 55319 [DIN 55319] ist eine Reihe von nicht-gaußverteilten Standardmodellen aufgeführt, die in **Bild 4-37** dargestellt werden.

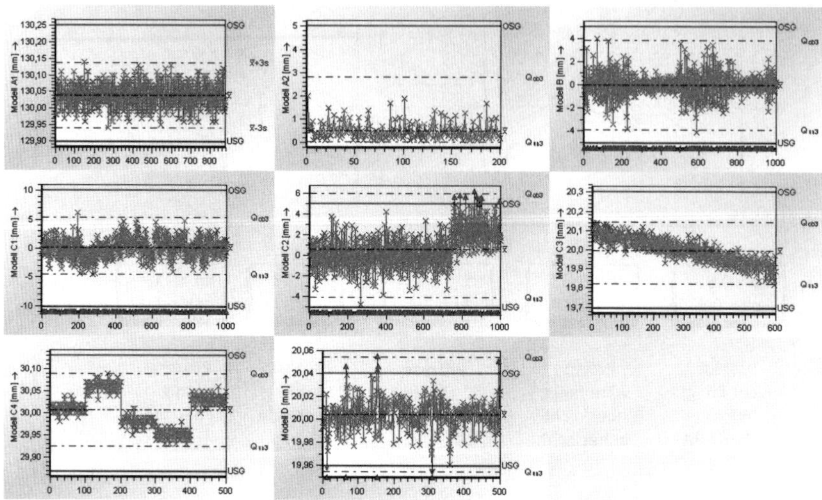

Bild 4-37 Beispiele für Modelle nicht-gaußverteilter Prozesse nach DIN 55319 [Diet03]

Für diese unterschiedlichen Verteilungsmodelle werden in der DIN 55319 verschiedene Methoden angegeben, nach den die Prozessfähigkeitsindizes bestimmt werden können (**Bild 4-38**).

- **M1**

Berechnung mit Schätzwerten für die Standardabweichung Sigma. Die Methoden setzen Normalverteilung voraus (Anwendbar für Verteilungszeitmodelle A1).

- **M2**

Nach dieser Methode wird sowohl die Unterschreitungswahrscheinlichkeit bei der unteren Spezifikationsgrenze als auch die Überschreitungswahrscheinlichkeit bei der oberen Spezifikationsgrenze betrachtet und in eine Qualitätsfähigkeitskenngröße umgewandelt. (Anwendbar für Verteilungszeitmodelle A1, A2, C1).

- **M3**

Für die Schätzung von µ wird entweder der Mittelwert der Stichprobenmittelwerte oder der Mittelwert der Mediane benutzt. Außerdem werden die beiden Extremwerte Xmax und Xmin (Spannweite) aller Einzelwerte benutzt. (Anwendbar für alle Verteilungszeitmodelle).

- **M4**

Bei dieser Berechnung werden die Quantile für den **99,73%-Bereich** benutzt. Die Länge bezieht sich auf den Mittelwert oder der 50% Quantile. (Anwendbar für alle Verteilungszeitmodelle).

- **M5/ M6**

Berechnung unter Berücksichtigung zusätzlicher nichtzufälligen Mittelwertschwankungen (z.B. Trend). Für die Schätzwerte der Standardabweichung der (normalverteilten) Einzelstichproben stehen verschiedene Größen zur Auswahl. (Anwendbar für die Verteilungszeitmodelle C).

Bild 4-38 Methoden zur Bestimmung von Prozessfähigkeitsindizes nach DIN 55319

Bei den „normalen" gaußverteilten Prozessfähigkeitsindizes wird die Toleranzbreite immer auf den Bereich 6σ bezogen. Innerhalb dieses Bereiches liegen 99,73 % aller Merkmalswerte (**Bild 4-39**)

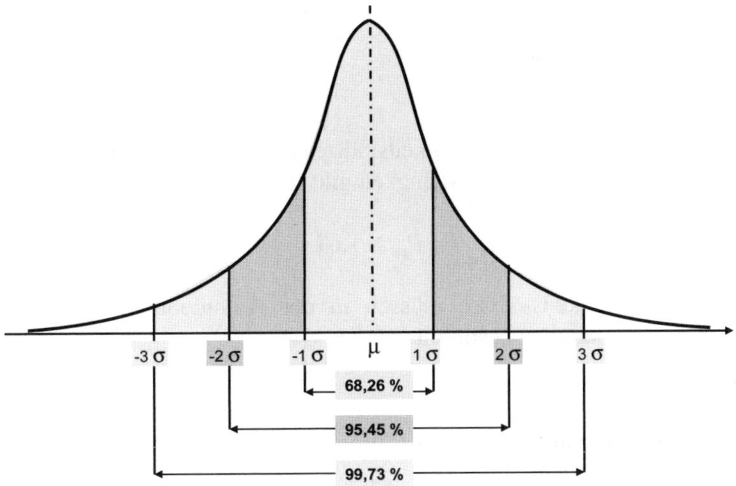

Bild 4-39 Sigma-Bereiche

Bei der in Bild 4-38 hervorgehobenen Methode M4 werden die Grenzen eines Integrals genommen, in dem 99,73 % aller Werte liegen. Dieses Vorgehen ist für alle Verteilungsmodelle anwendbar.

4.5.3 Prozessfähigkeitsanalysen

Die Prozessfähigkeitsindizes werden mit Prozessfähigkeitsanalysen aufgenommen. Drei Standardverfahren werden eingesetzt, die im Folgenden beschrieben werden.

Kurzzeitfähigkeitsuntersuchung (Maschinenfähigkeitsuntersuchung)

Kurzzeitfähigkeits- oder Maschinenfähigkeitsuntersuchungen betrachten nur das Kurzzeitverhalten einer isolierten Maschine bzw. Anlage. Im Fokus liegen die maschinenbedingten Einflüsse auf den Fertigungsprozess. Andere prozessbeeinflussende Einflussgrößen, wie z. B. Umgebungseinflüsse oder der Bedienereinfluss, müssen für die Untersuchung konstant gehalten werden. Die Kurzzeitfähigkeitsuntersuchung wird bei der Abnahme neuer Maschinen oder nach der Instandsetzung von Maschinen durchgeführt, um nachzuweisen, dass die vorgegebenen Toleranzen einhalten werden. Als Maß für die Maschinenfähigkeit werden verwendet:

- der Streuungsindex c_m (capability machine) und
- der Niveauindex c_{mk}.

Die Berechnung der Maschinenfähigkeitsindizes erfolgt analog den Prozessfähigkeitsindizes. Als Vorgabe für die Maschinenfähigkeit gilt:

$$c_m, c_{mk} > 1{,}67.$$

Vorläufige Prozessfähigkeitsuntersuchung

Die vorläufige Prozessfähigkeitsuntersuchung betrachtet das Verhalten eines Prozesses vor Serienanlauf. Als Maß für die vorläufige Prozessfähigkeit werden verwendet:

- der Streuungsindex P_p und
- der Niveauindex P_{pk}.

Die Berechnung der vorläufigen Prozessfähigkeitsindizes erfolgt analog den Prozessfähigkeitsindizes. Als Vorgabe für die vorläufige Prozessfähigkeit gilt:

$$P_p, P_{pk} > 1{,}67.$$

Die vorläufigen Prozessfähigkeitsindizes müssen in der Automobilindustrie im Rahmen des Freigabeprozesses von Zulieferteilen bestimmt werden.

(Langzeit-)Prozessfähigkeitsuntersuchung

Die (Langzeit-)Prozessfähigkeitsuntersuchung betrachtet das Langzeitverhalten eines Prozesses und berücksichtigt den Prozess mit allen seinen Einflussgrößen (z. B. Mensch, Maschinen, Methoden, Material, Umweltbedingungen).

Es gelten die in 4.5.1 beschriebenen Prozessfähigkeitsindizes:

$$c_p > 1{,}33 \text{ und } c_{pk} > 1$$

Die (Langzeit-)Prozessfähigkeitsuntersuchung wird nach Serienstart durchgeführt.

4.6 Statistische Prozesslenkung (SPC)

In keinem Fertigungsprozess bleiben die Produktionsbedingungen im zeitlichen Ablauf vollkommen konstant. Um bei Abweichungen einen Prozess zu regeln, muss der Verlauf der Messgrößen möglichst exakt erfasst werden. Dies ist mit einer kontinuierlichen Aufnahme der Messwerte möglich (**Bild 4-40**).

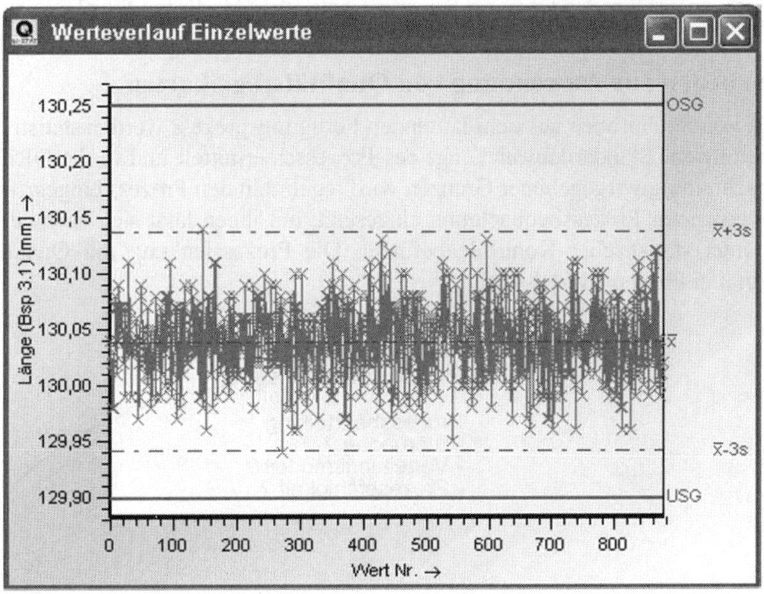

Bild 4-40 Visualisierung des Prozessverlaufes [Diet03]

Der Vorteil einer kontinuierlichen Prozessvisualisierung ist die gute Nachvollziehbarkeit des Prozessverhaltens. Der Nachteil ist der große Aufwand zur Datenaufnahme. Eingesetzt werden kann die kontinuierliche Datenaufnahme bei automatisierten Produktionsprozessen, bei denen auch die Datenaufnahme automatisiert ist. Wenn diese Daten nicht kontinuierlich aufgenommen werden, dann kann eine Prozessregelung auf Basis statistischer Daten durchgeführt werden.

Die Regelung eines Prozess aufgrund statistischer Methoden heißt **Statistische Prozesssteuerung** oder -lenkung (**SPC** – Statistical Process Control).

Ziel von SPC ist es, bereits laufende Prozesse hinsichtlich ihrer für die Produktqualität relevanten Parameter zu überwachen und etwaige Störungen sofort und deutlich sichtbar zu machen. Anhand dieser Störungsmeldungen wird der Prozess bewertet und der Anwender greift korrigierend ein, bis der Prozess wieder beherrscht ist. Das Werkzeug der statistischen Prozesslenkung ist die **Qualitätsregelkarte** (**QRK**).

Voraussetzungen zum Einsatz von SPC sind:

- Fehleranteil muss klein sein.
- Prozesse müssen beherrscht und fähig sein!
- Entnahme von Stichproben muss repräsentativ sein und statistisch abgesichert.
- Nicht geeignet ist SPC, wenn das Nichterkennen eines Fehlers Leben und Gesundheit von Menschen gefährdet oder zu großen wirtschaftlichen Verlusten führt!

4.6.1 Vorarbeiten zur Anwendung von Qualitätsregelkarten

Auf der Basis von Stichproben aus dem laufenden Fertigungsprozess werden statistische Kenngrößen (z. B. Mittelwert, Standardabweichung) des Prozesses ermittelt und in die QRK eingetragen. Bei der Überschreitung vorgegebener Grenzen wird regelnd in den Prozess eingegriffen. Qualitätsregelkarten werden zur Prozessbeobachtung eingesetzt; mit ihnen lässt sich nachweisen, dass sich ein Prozess unter statistischer Kontrolle befindet. Die Prozesslenkung mit Qualitätsregelkarten gliedert sich in drei Phasen (**Bild 4-41**).

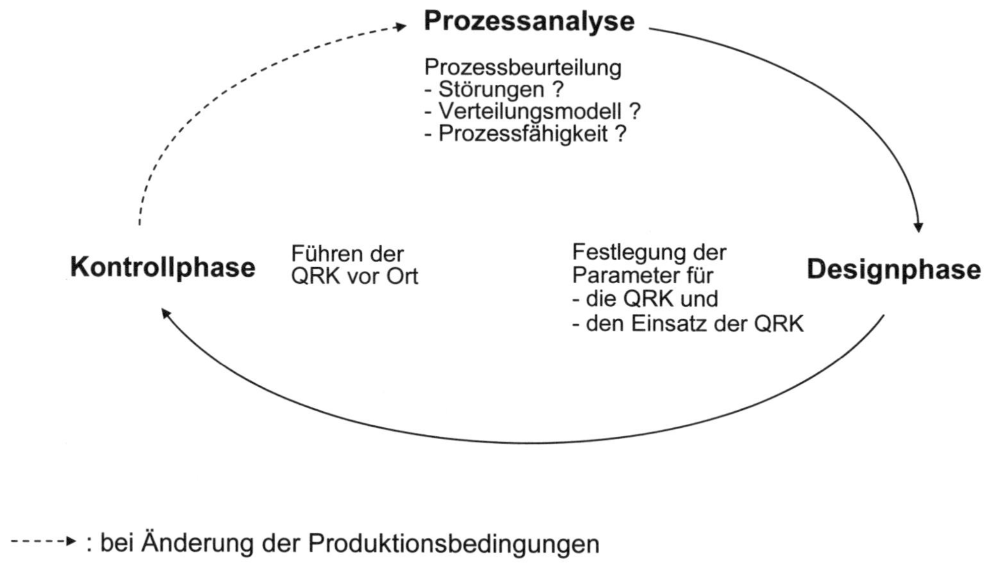

Bild 4-41 Prozesslenkung mit Qualitätsregelkarten

- **Prozessanalyse**

In dieser Phase geht es darum, die statistischen Kennwerte des Prozesses zu ermitteln und ein passendes Verteilungsmodell zu finden. Basis zur Prozessbeurteilung sind die in Kapitel 4.5 aufgeführten Prozessfähigkeitsindizes.

- **Designphase**

Hier werden sämtliche für den Einsatz der QRK in der Produktion notwendigen Parameter bestimmt. Dies sind zum einen die Parameter der QRK selbst und zum anderen Faktoren, die die Arbeit mit der QRK bestimmen (z. B. Umfang der Stichproben und ihr zeitlicher Abstand).

- **Kontrollphase**

In der Kontrollphase wird die QRK vor Ort geführt. Bei Änderungen der Produktionsbedingungen (z. B. Neueinrichten der Maschine, neues Werkzeug) ist die Qualitätsregelkarte den neuen Bedingungen anzupassen. Der Zyklus beginnt dann von neuem.

Designphase

Die grundlegenden Aufgaben beim Aufbau einer QRK sind

- die Auswahl der zu kontrollierenden Qualitätsmerkmale und der dafür zu überwachenden Parameter (Niveau, Streuung,...),
- die Festlegung des Ortes, an dem die QRK geführt werden soll (Arbeitsgang/ Maschine),
- die Festlegung des Stichprobenumfangs n,
- die Festlegung des Stichprobenabstands Δt
- die Bestimmung von Eingriffs- und ggf. Warngrenzen auf der Basis vorgegebener Sicherheitswahrscheinlichkeiten, des Verteilungsmodells und der Prozessparameter.

Der Stichprobenumfang n und der zeitlichen Abstand der Stichproben Δt werden häufig empirisch ermittelt. So wird n selten größer als 15. Aus pragmatischen Gründen wird häufig als Stichprobenkennwert der Median (Mitarbeiter müssen nicht rechnen) und eine ungerade Anzahl an Stichproben gewählt.

Die Eingriffs- und Warngrenzen werden im Allgemeinen so gewählt, dass 99 % aller Realisationen des (normalverteilten) Qualitätsmerkmals X innerhalb der Eingriffsgrenzen und 95 % aller Realisationen innerhalb der Warngrenzen liegen. (**Bild 4-42**).

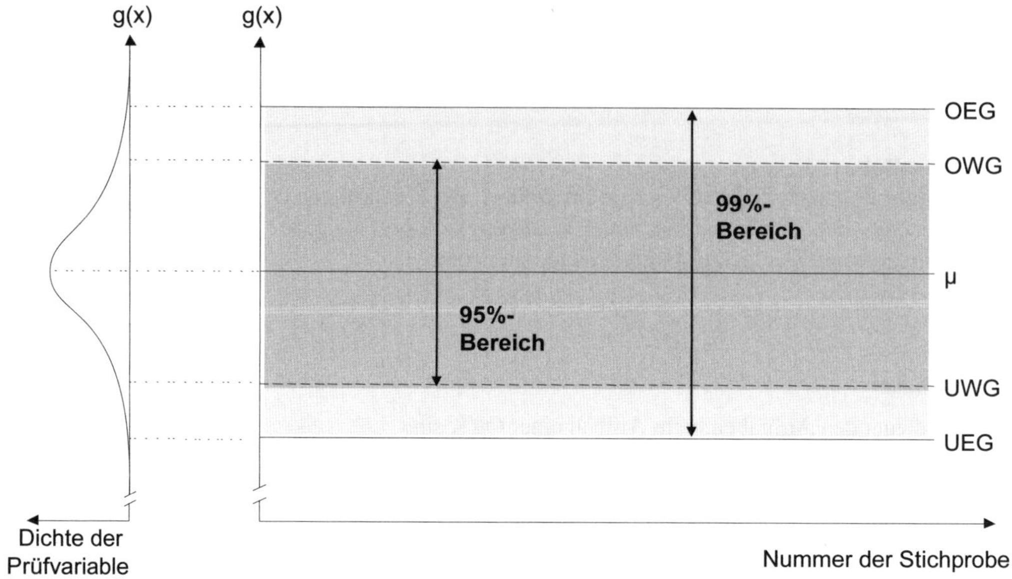

Bild 4-42 Zweiseitige Qualitätsregelkarte

Bei einem gaußverteilten Prozess liegen 95 % aller Werte innerhalb des Bereiches von +/- 1,96 σ und 99 % aller Werte innerhalb des Bereich von +/- 2,58 σ (**Bild 4-43**).

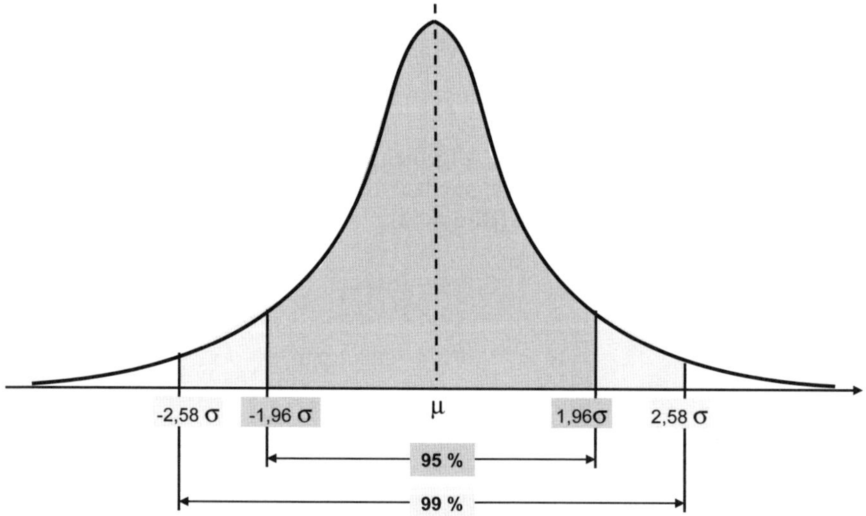

Bild 4-43 σ-Bereiche zur Bestimmung von Warn- und Eingriffsgrenzen

Basierend auf diesen Grenzen können die oberen und unteren Eingriffsgrenzen (OEG, UEG) und Warngrenzen (OWG, UWG) ermittelt werden. Aufgelistet sind diese Grenzen für den Mittelwert als Stichprobenkennwert:

$$OEG(\overline{x}) = \mu + 2{,}58 \cdot \frac{\sigma}{\sqrt{n}}$$

$$OWG(\overline{x}) = \mu + 1{,}96 \cdot \frac{\sigma}{\sqrt{n}}$$

$$UWG(\overline{x}) = \mu - 1{,}96 \cdot \frac{\sigma}{\sqrt{n}}$$

$$UEG(\overline{x}) = \mu - 2{,}58 \cdot \frac{\sigma}{\sqrt{n}}$$

Die Grenzen sind auch abhängig vom Stichprobenumfang n. Je größer dieser wird, desto mehr gleicht sich der Mittelwert der Stichprobe $\overline{x}$ dem Erwartungswert der Verteilung μ des Fertigungsprozesses an. Dieser Einfluss wird durch den Faktor $\frac{1}{\sqrt{n}}$ berücksichtigt.

Aufgelistet sind die Warn- und Eingriffsgrenzen für den Mittelwert. Die Grenzen für andere Stichprobenkennwerte sind in **Tabelle 4-7** aufgeführt.

Abschließend muss durch eine ökonomische Überprüfung der QRK ermittelt werden, ob die durch

- Prüfkosten,
- Kosten für unentdeckt bleibende Störungen infolge ausbleibenden Alarms und
- Kosten für Produktionsunterbrechungen bei Fehlalarm

entstehenden Kosten im vorgegebenen Rahmen bleiben.

Tabelle 4-7: Eingriffs- und Warngrenzen für verschiedene Stichprobenkennwerte [Linß06]

QRK	OEG	OWG	M	UWG	UEG
Urwert	$\mu+\sigma\cdot u_{\frac{1+\sqrt[n]{0,99}}{2}}$	$\mu+\sigma\cdot u_{\frac{1+\sqrt[n]{0,95}}{2}}$	μ	$\mu-\sigma\cdot u_{\frac{1+\sqrt[n]{0,95}}{2}}$	$\mu-\sigma\cdot u_{\frac{1+\sqrt[n]{0,99}}{2}}$
	$\mu+\sigma\cdot E_E$	$\mu+\sigma\cdot E_W$		$\mu-\sigma\cdot E_W$	$\mu-\sigma\cdot E_E$
Mittelwert	$\mu+\frac{\sigma}{\sqrt{n}}u_{0,995}$	$\mu+\frac{\sigma}{\sqrt{n}}u_{0,975}$	μ	$\mu-\frac{\sigma}{\sqrt{n}}u_{0,975}$	$\mu-\frac{\sigma}{\sqrt{n}}u_{0,995}$
	$\mu+\sigma\cdot A_E$	$\mu+\sigma\cdot A_W$		$\mu-\sigma\cdot A_W$	$\mu-\sigma\cdot A_E$
Median	$\mu+\frac{\sigma}{\sqrt{n}}\cdot c_n\cdot u_{0,995}$	$\mu+\frac{\sigma}{\sqrt{n}}\cdot c_n\cdot u_{0,975}$	μ	$\mu-\frac{\sigma}{\sqrt{n}}\cdot c_n\cdot u_{0,975}$	$\mu-\frac{\sigma}{\sqrt{n}}\cdot c_n\cdot u_{0,995}$
	$\mu+\sigma\cdot c_n\cdot A_E$	$\mu+\sigma\cdot c_n\cdot A_W$		$\mu-\sigma\cdot c_n\cdot A_W$	$\mu-\sigma\cdot c_n\cdot A_E$
Spannweite	$\sigma\cdot w_{n;0,995}$	$\sigma\cdot w_{n;0,975}$	$\sigma\cdot d_n$	$\sigma\cdot w_{n;0,025}$	$\sigma\cdot w_{n;0,005}$
	$\sigma\cdot D_{OEG}$	$\sigma\cdot D_{OWG}$		$\sigma\cdot D_{UWG}$	$\sigma\cdot D_{UEG}$
Standardabweichung	$\sigma\cdot\sqrt{\frac{x^2_{n-1;0,995}}{n-1}}$	$\sigma\cdot\sqrt{\frac{x^2_{n-1;0,975}}{n-1}}$	$\sigma\cdot a_n$	$\sigma\cdot\sqrt{\frac{x^2_{n-1;0,025}}{n-1}}$	$\sigma\cdot\sqrt{\frac{x^2_{n-1;0,005}}{n-1}}$
	$\sigma\cdot B_{OEG}$	$\sigma\cdot B_{OWG}$		$\sigma\cdot B_{UWG}$	$\sigma\cdot B_{UEG}$

Kontrollphase

In der Kontrollphase wird die QRK vor Ort geführt: In Zeitabständen Δt werden Stichproben des Umfangs n aus dem laufenden Prozess gezogen. In die QRK wird ein statistischer Kennwert der Stichprobe, z. B. Stichprobenmittelwert,- median, -spannweite oder -standardabweichung, eingetragen. **Bild 4-44** zeigt eine ausgefüllte Regelkarte.

Qualitätsregelkarte für variable Merkmale	× $\bar{x}$ $\tilde{x}$ × s R	Teil: Welle Arbeitsgang: Drehen Merkmal: Durchmesser d2	Blatt Nr.: 1 Datum: 10/2009

x_1	72.36	72.52	72.21	71.85	71.69	71.95	72.43	72.32	71.83	71.74	72.09	72.22	71.78	71.91	72.21	72.15
x_2	72.11	71.86	71.99	72.20	72.04	71.96	72.28	71.79	71.86	72.25	72.11	72.26	71.99	72.32	71.83	71.79
x_3	72.05	71.87	72.11	71.87	71.87	72.26	71.89	71.84	71.78	72.03	72.21	72.39	71.83	71.95	71.71	71.68
x_4	71.95	71.89	72.37	71.58	71.79	71.87	72.04	72.20	71.69	71.88	71.95	71.92	72.07	72.15	71.81	71.93
x_5	72.27	72.24	72.13	71.79	71.89	72.32	72.24	71.87	72.03	71.75	71.86	71.81	71.77	72.22	71.71	71.92
$\bar{x}$	72.15	72.08	72.16	71.86	71.86	72.07	72.18	72.00	71.84	71.93	72.04	72.12	71.89	72.11	71.85	71.89
s	0.15	0.26	0.13	0.20	0.12	0.18	0.19	0.21	0.11	0.19	0.12	0.22	0.12	0.16	0.18	0.16

Einrichtung:	Drehzentrum
Sollwert:	72,00mm
OTG/UTG:	72,71/71,29mm
Maßeinheit:	mm
Stichprobenumfang:	5Stück
Prüfintervall:	1Stunde

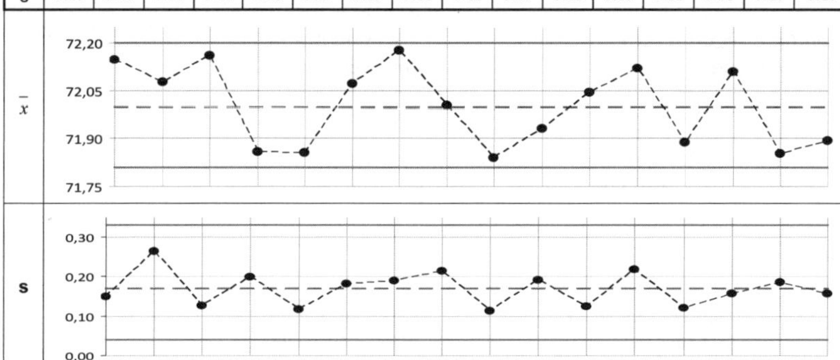

Eingriffsgrenzen [mm]:

	$\bar{x}$	s
OTG:	72,71	
OEG:	72,20	0,33
Mittelw..:	72,00	0,17
UEG:	71,81	0,04
UTG	71,29	

Datum	01.10.								02.10.							
Zeit	8.30	9.30	10.30	11.30	12.30	13.30	14.30	15.30	8.30	9.30	10.30	11.30	12.30	13.30	14.40	15.30
Name	Me	Me	Me	Me	Ks	Ks	Ks	Ks	Me	Me	Me	Me	Ks	Ks	Ks	Ks

Auswertung:
$\bar{\bar{x}}$: 72,00mm c_p: 1,4
$\bar{s}$: 0,17mm c_{pk}: 1,17
Datum: 08.10.2009
Geprüft von: H. Meyer

Bild 4-44 Beispiel einer Qualitätsregelkarte

Mit jedem Stichprobenbefund wird eine Entscheidung nach einer der drei folgenden Regeln getroffen [Rinn89]:

- Stichprobenbefund innerhalb der Warngrenzen
  Der Prozess ist weiterhin unter statistischer Kontrolle. Es wird nicht eingegriffen.
- Stichprobenbefund zwischen Warn- und Eingriffsgrenzen
  Dem Prozess ist erhöhte Aufmerksamkeit zu widmen. Im Allgemeinen wird eine zusätzliche Stichprobe gezogen, die der weiteren Entscheidung zu Grunde gelegt wird. Bei gleichbleibendem oder schlechterem Ergebnis wird in den Prozess eingegriffen. Zusätzlich kann die Frequenz der Stichprobenentnahme erhöht werden.
- Stichprobenbefund außerhalb der Eingriffsgrenzen
  Der Prozess ist außer statistische Kontrolle geraten. Es wird in den Prozess eingegriffen. Nach dem Eingriff muss erneut eine Analyse des Prozesses durchgeführt werden, um ein neues Design der QRK (neu berechnete Eingriffsgrenzen etc.) festzulegen.

4.6.2 Arten von Qualitätsregelkarten

Bei der Einteilung der verschiedenen Typen von Qualitätsregelkarten wird grundsätzlich zwischen *QRK ohne Gedächtnis* (Shewhart-Karten), bei denen nur die aktuelle Stichprobe in die Auswertung einbezogen ist, und *QRK mit Gedächtnis* (MOSUM-, EWMA-, KUSUM-Karte), bei denen auch vorhergehende Stichproben in die Kennwertbildung mit eingehen, unterschieden. **Bild 4-45** zeigt einen Überblick über gebräuchliche Qualitätsregelkarten.

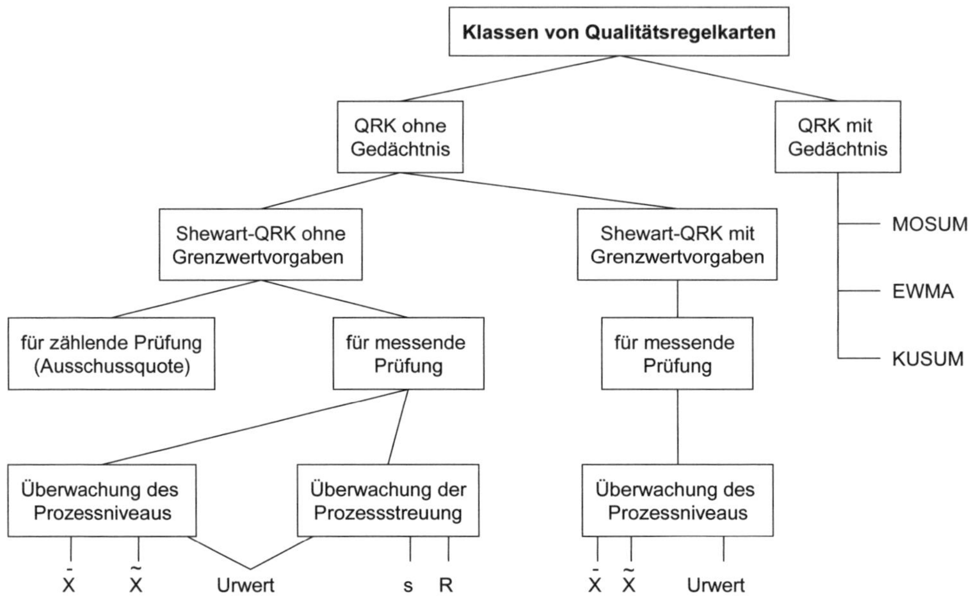

Bild 4-45 Übersicht über gebräuchliche Qualitätsregelkarten

Die „normalen" QRK werden für gemessene, kontinuierliche Werte eingesetzt. Aber auch für diskrete Merkmale, z. B. Fehleranteil oder -anzahl in der Stichprobe, können QRK eingesetzt werden. **Bild 4-46** listet Typen von QRK für diskrete Merkmale auf.

diskretes Merkmal	verwendete QRK
gut/schlecht; ja/nein	• p-Karte für Anteil fehlerhafter Einheiten • np-Karte für Anzahl fehlerhafter Einheiten
Anzahl Fehler je Einheit	• c-Karte für Anzahl Fehler je Stichprobe • u-Karte für Anzahl Fehler je Einheit

Bild 4-46 Typen von QRK für diskrete Merkmale

4.7 Verständnisfragen und Aufgaben zu Kapitel 4

Aufgabe 4-1

Was sind die wesentlichen Vorteile einer Statistischen Versuchsplanung gegenüber einer konventionellen Versuchsplanung?

Aufgabe 4-2

Welche sechs Phasen durchläuft ein DoE-Projekt?

Aufgabe 4-3

a) Auf Basis eines vollfaktoriellen Versuchsplans mit zwei Variablen erstellen Sie einen teilfaktoriellen Versuchsplan mit drei Variablen! Stellen Sie diesen dar und zeigen Sie, wie Sie den Effekt von x_3 ermitteln.

b) Wie viele Versuche benötigen Sie **mehr**, wenn Sie diesen teilfaktoriellen Versuchplan als dreistufigen Versuchsplan gestalten (Rechnung darstellen!)?

Aufgabe 4-4

Was sind die Vor- und Nachteile von teilfaktoriellen Versuchsplänen?

Aufgabe 4-5

In der Operationscharakteristik gibt es das „Abnehmer-Risiko". Beschreiben Sie was dies ist.

Aufgabe 4-6

Welche Voraussetzungen müssen für eine Stichprobenprüfung erfüllt sein?

Aufgabe 4-7

Nennen Sie zwei mathematische Verteilungsmodelle, die Basis für die Berechung der Stichprobenparameter sind.

Aufgabe 4-8

a) Skizzieren Sie den grundlegenden Ablauf einer qualitativen Einfach-Stichprobenprüfung mit einem Flussdiagramm.

b)Was verändert sich bei einer Mehrfachstichprobenprüfung?

Aufgabe 4-9

Nennen Sie drei Möglichkeiten, um den Umfang einer Stichprobenprüfung zu reduzieren.

Aufgabe 4-10

Tragen Sie für die folgenden Toleranzgrenzen die Normalverteilung eines Prozesses mit C_p = 1,3 und C_{pk} = 1 ein.

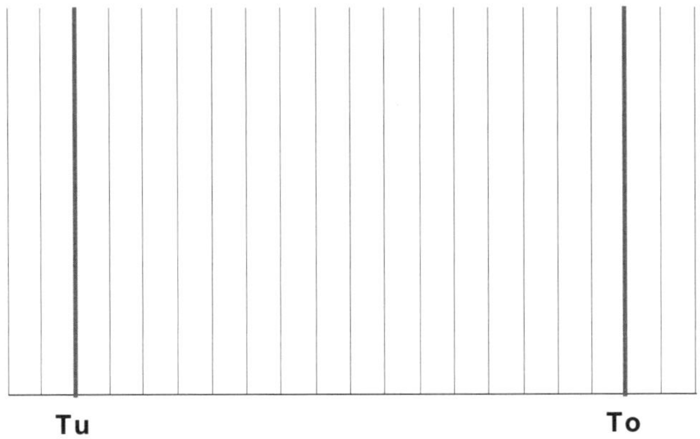

Aufgabe 4-11

Nach einer Maschinenabnahme wird vor Serienanlauf eine vorläufige Prozessfähigkeitsuntersuchung durchgeführt. Sind die dabei aufgenommenen Prozessfähigkeitsindizes unter der Annahme, dass an der Maschine nichts geändert wurde, größer oder kleiner als die Maschinenfähigkeitsindizes? Begründen Sie Ihre Aussage.

Aufgabe 4-12

Sie wollen im Presswerk eines Automobilherstellers im Bereich der Seitenteilfertigung eine statistische Prozesslenkung einführen. Zuerst führen Sie eine Prozessanalyse durch, bei der Sie die folgenden Daten erheben:

Solllänge:	2000,0 mm	Mittelwert:	1999,92 mm
Toleranz:	+/- 0,3 mm	Streuung:	0,067 mm

a) Ist der Prozess statistisch beherrscht und qualitätsfähig?

b) Welche Möglichkeiten hätten Sie, wenn die Eingriffsgrenzen außerhalb der Toleranz liegen würden?

c) Warum reicht es nicht aus, nur den Mittelwert einer Stichprobe in einer Regelkarte zu führen?

Aufgabe 4-13

Das Anzugsmoment eines Schraubprozesses hat sich auf einen Mittelwert von 100,05 Nm verschoben. Erstellen Sie für diesen Schraubprozess eine Mittelwertregelkarte für einen Stichprobenumfang von fünf Teilen und legen Sie die Eingriffsgrenzen fest.

	Mittelwert		Streuung	
N	A_{EG}	A_{WG}	B_{OEG}	B_{OWG}
5	1,152	0,877	1,927	1,669

Aufgabe 4-14

Warum wird für die Prozessstreuung eine untere Eingriffsgrenze festgelegt, die größer als Null ist?

5 Qualitätsmanagementsysteme

5.1 Definition des Qualitätsmanagements

Wenn ein Unternehmen Produkte sehr guter Qualität liefert, d. h. Produkte, die die Kundenanforderungen sehr gut treffen, dann ist dies kein zufälliges Ereignis, sondern das Ergebnis systematischer Planungs- und Steuerungsprozesse. Qualitätsmanagement ist das Management dieser Prozesse bezüglich der Qualität (nach [DGQ11-04]. In der DIN EN ISO 9000 werden die Begriffe „Qualitätsmanagement" und „Qualitätsmanagementsystem" wie folgt definiert [DIN EN ISO 9000]:

Qualitätsmanagement
Aufeinander abgestimmte Tätigkeiten zum Leiten und Lenken einer Organisation bezüglich Qualität.

Das **Qualitätsmanagementsystem (QM-System)**
ist das Managementsystem zum Leiten und Lenken einer Organisation bezüglich Qualität.

Das Leiten und Lenken bezüglich Qualität umfasst üblicherweise die in **Bild 5-1** dargestellten Funktionen Festlegen der Qualitätspolitik und der Qualitätsziele, die Qualitätsplanung, die Qualitätslenkung, die Qualitätssicherung und die Qualitätsverbesserung [DIN EN ISO 9000].

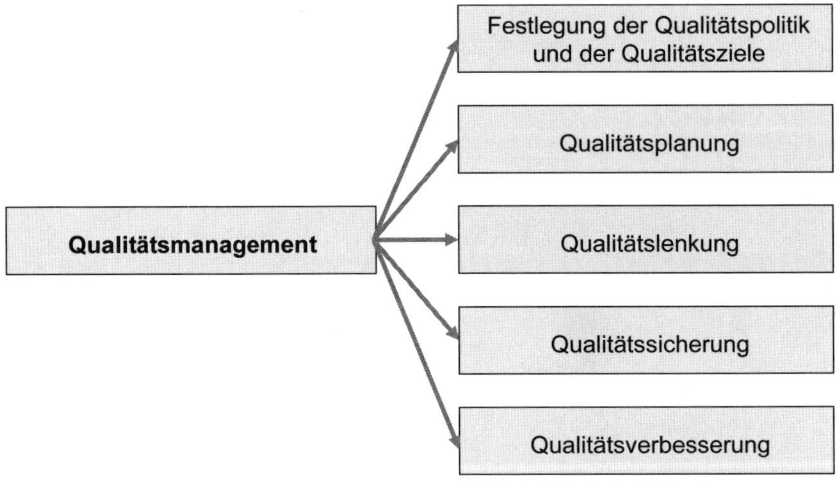

Bild 5-1 Inhalt des Qualitätsmanagements

Qualitätspolitik sind übergeordnete Absichten und Ausrichtung einer Organisation zur Qualität, formell ausgedrückt durch die oberste Leitung [DIN EN ISO 9000] (siehe Abschnitt 5.3.1).

Qualitätsplanung ist der Teil des Qualitätsmanagements, der auf das Festlegen der Qualitätsziele und der notwendigen Ausführungsprozesse sowie der zugehörigen Ressourcen zur Erfüllung der Qualitätsziele gerichtet ist [DIN EN ISO 9000]. Dazu gehört auch das Auswählen, Klassifizieren und Gewichten der Qualitätsmerkmale sowie das Konkretisieren der Qualitätsforderungen unter Berücksichtigung von Anspruchsniveau und Realisierungsmöglichkeiten [Geig07].

Die **Qualitätslenkung** überwacht und korrigiert die Realisierung einer Einheit mit dem Ziel, die Qualitätsforderung zu erfüllen. Nach DIN EN ISO 9000 ist die Qualitätslenkung der Teil des Qualitätsmanagements, der auf die Erfüllung von Qualitätsanforderungen gerichtet ist [DIN EN ISO 9000]. Dabei werden die Ergebnisse von Qualitätsprüfungen mit den Vorgaben aus der Qualitätsplanung verglichen und bei Abweichungen (Fehlern) Korrekturmaßnahmen durchgeführt. Durch die Qualitätsprüfung wird festgestellt, inwieweit eine Einheit die Qualitätsforderungen erfüllt. Ermittelt werden die Ist-Werte der Produkt- und Prozessqualität.

Die **Qualitätssicherung** ist der Teil des Qualitätsmanagements, der darauf gerichtet ist, Vertrauen zu erzeugen, dass Qualitätsforderungen erfüllt werden [DIN EN ISO 9000].

Unter der **Qualitätsverbesserung** werden alle Maßnahmen zur Steigerung von Effektivität und Effizienz in Tätigkeiten und Prozessen, die die Qualität betreffen, verstanden. Qualitätsverbesserung ist der Teil des Qualitätsmanagements, der auf die Erhöhung der Eignung zur Erfüllung von Qualitätsforderungen gerichtet ist [DIN EN ISO 9000].

5.2 Das DIN EN ISO 9000-Normenwerk

Die grundlegende Norm zur Auditierung und Zertifizierung von QM-Systemen ist die DIN EN ISO 9000er Normenreihe. Die Normen DIN EN ISO 9000 bis 9004 setzen einen internationalen Standard, der weltweit gültig und angewendet wird. Sie enthalten praktisch alle QM-Elemente anderer, allgemeingültiger und auch zum Teil spezieller früherer Normen.

Bild 5-2 gibt einen Überblick über die historische Entwicklung der Normen mit Forderungen zu QM-Systemen.

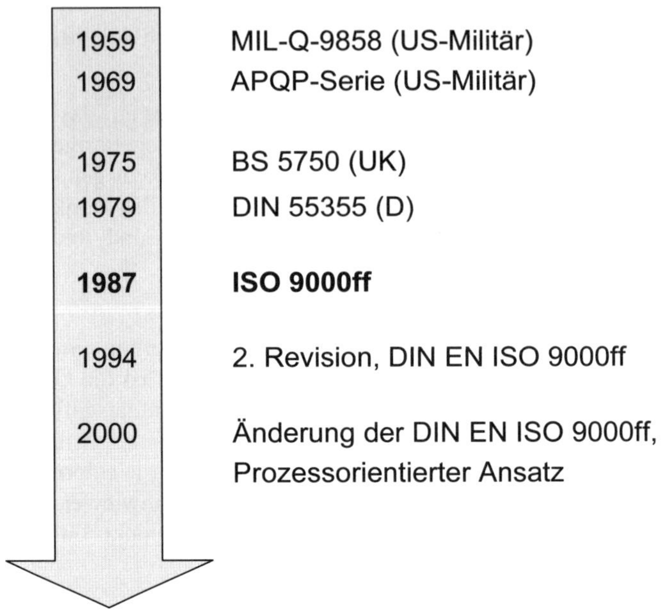

Bild 5-2 Die historische Entwicklung von Normen mit Forderungen zu QM-Systemen

In den 1950er Jahren etablierten das amerikanische Militär und die NASA die ersten Qualitätsrichtlinien für ihre Zulieferer. In den 1970er Jahren führten mehrere Staaten in Europa Qualitätsnormen ein. Diese wurden 1987 durch die Einführung der ISO 9000ff durch einen weltweiten Standard ersetzt. Der Höhepunkt der Ersteinführung lag in den 1990ger Jahren. 2001 gab es einen gravierenden strukturellen Wandel in der Norm. Vorher war die Norm elementorientiert. Um die Norm besser an die Abläufe in Unternehmen anzupassen, wurde mit der DIN EN ISO 9000: 2001 die Norm prozessorientiert. Der prozessorientierte Ansatz wird in Abschnitt 5.2.2 dargestellt.

5.2.1 Struktur und Inhalte der DIN EN ISO 9000er Reihe

Das Normenwerk der ISO 9000er Reihe ist sehr allgemeingültig abgefasst und ähnlich wie Gesetze in einer Art Amtssprache niedergeschrieben. Die grundlegenden Normen der ISO 9000er Reihe sind im **Bild 5-3** dargestellt.

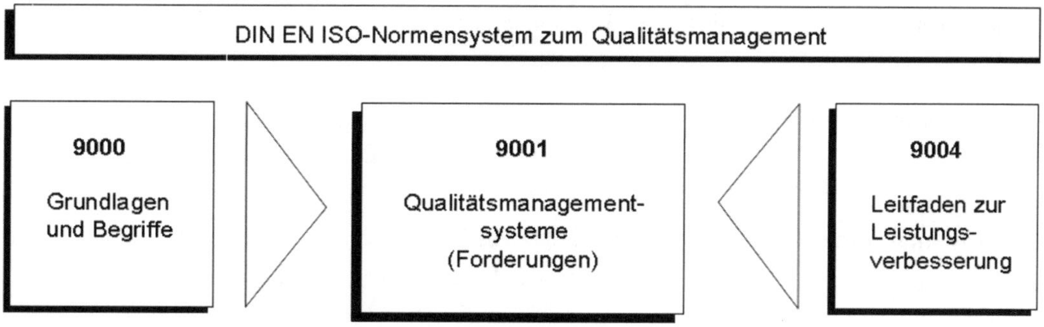

Bild 5-3 Aufbau der DIN EN ISO 9000er-Normenreihe

Die **DIN EN ISO 9000** beschreibt die Grundlagen für Qualitätsmanagementsysteme und legt die Terminologie für Qualitätsmanagementsysteme fest.

Die **DIN EN ISO 9001** legt die Anforderungen an ein Qualitätsmanagementsystem. Diese Norm ist die grundlegende Norm für die Zertifizierung eines QM-Systems.

Die **DIN EN ISO 9004** stellt einen Leitfaden bereit, der sowohl die Wirksamkeit als auch die Effizienz des QM-Systems betrachtet. Das Ziel dieser Norm besteht in der Leistungsverbesserung der Organisation sowie der Verbesserung der Zufriedenheit der Kunden und anderer interessierter Parteien [DIN EN ISO 9000].

Ergänzt wird die Normenreihe durch die **ISO 19011**, die eine Anleitung für das Auditieren von Qualitäts- und Umweltmanagementsystemen darstellt.

Mit DIN EN ISO 9000-Reihe wird **nicht die Produktqualität** festgelegt, sondern die **Fähigkeit eines Unternehmens, Qualität zu erzeugen**! Grundlage der Norm ist ein Prozessmodell, welches im folgenden Abschnitt beschrieben wird.

5.2.2 Prozessmodell der DIN EN ISO 9000er Reihe

Das moderne Qualitätsmanagement geht von der Vorstellung aus, dass ein Unternehmen aus einer Reihe von in Wechselwirkung stehenden Prozessen besteht.

Ein **Prozess** ist ein Satz von in Wechselbeziehung oder Wechselwirkung stehenden Tätigkeiten, der Eingaben in Ergebnisse umwandelt.

Grundlegend werden im Qualitätsmanagement folgende Prozessarten unterschieden:

- Führungsprozesse
- Kernprozesse
- Unterstützungsprozesse (Support-Prozesse).

Eine Übersicht mit Beschreibung ist in **Bild 5-4** dargestellt.

Führungsprozesse:	Managementprozesse mit Regelungscharakter z. B. Unternehmensführungsprozess, Personalschulung,..
Kernprozesse:	Haupt- oder Schlüsselprozesse: z. B.: Produktentwicklungs-prozess, Beschaffungsprozess, Fertigungsprozess
Unterstützungsprozesse:	Hilfsprozesse zur Unterstützung der Kernprozesse: z. B. Instandhaltung, Logistik, Prüfmittelmanagement, …

Bild 5-4 Grundlegende Prozessarten

Basierend auf diesem Prozessgedanken wurde ein prozessorientiertes Modell aufgestellt, das die aus Sicht des Qualitätsmanagements wesentlichen Prozesse in einem Unternehmen abbildet (**Bild 5-5**).

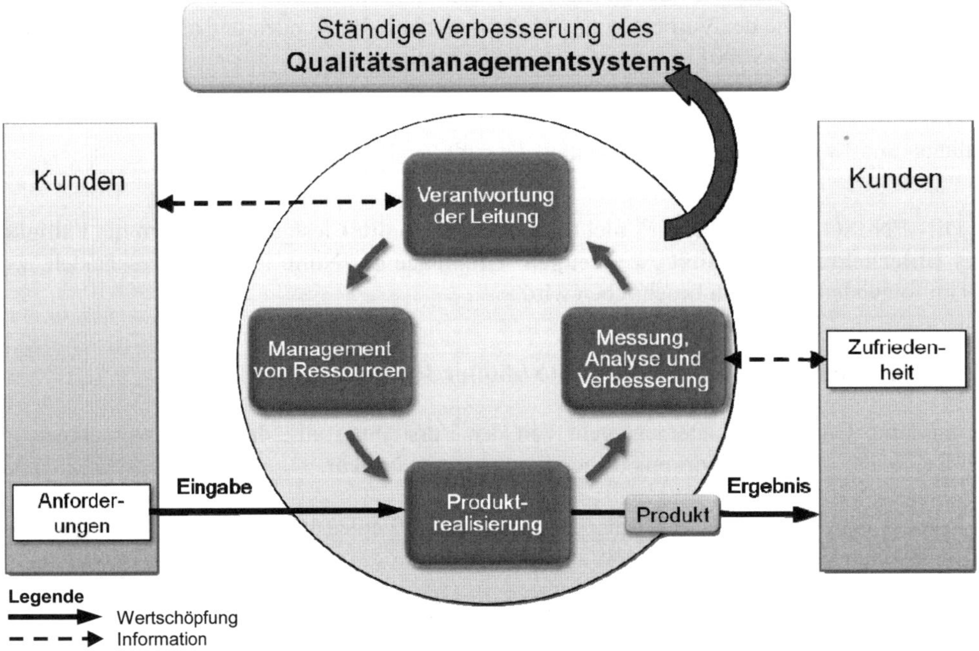

Bild 5-5 Prozessmodell der DIN EN ISO 9000er Reihe

5.2.3 Inhalt der DIN EN ISO 9001

Die Struktur der DIN EN ISO 9001 orientiert sich an dem im vorherigen Abschnitt beschriebenen Prozessen. Eine Übersicht über die Struktur der DIN EN ISO 9001 ist in **Bild 5-6** wiedergegeben.

1. Anwendungsbereich
2. Verweise auf andere Normen
3. Begriffe
4. Qualitätsmanagementsystem
5. Verantwortung der Leitung
6. Management der Ressourcen
7. Produktrealisierung
8. Messung, Analyse und Verbesserung

Bild 5-6 Struktur der DIN EN ISO 9001:2008

Während in den ersten drei Kapiteln allgemeine Angaben gemacht werden, wird in Kapitel 4 die Struktur des QM-Systems und der Dokumentation beschrieben.

Das Kapitel 5 „Verantwortung der Leitung" umfasst die folgenden Punkte:

- Verpflichtung der Leitung
- Kundenorientierung
- Qualitätspolitik
- Planung
    - Qualitätsziele
    - Qualitätsplanung
- Verwaltung
    - Allgemeines
    - Verantwortung und Befugnis
    - Beauftragter der obersten Leitung
    - Interne Kommunikation
    - Qualitätsmanagement-Handbuch
    - Lenkung von Dokumenten
    - Lenkung von Qualitätsaufzeichnungen

In Kapitel 6 „Management der Ressourcen" werden die folgenden Punkte behandelt:

- Bereitstellung von Mitteln
- Personal
    - Zuordnung von Personal
    - Schulung, Bewusstsein und Fähigkeit

- Einrichtungen
- Arbeitsumgebung

Kapitel 7 „Produktrealisierung“ stellt den Hauptprozess dar. Dabei werden folgende Punkte berücksichtigt:

- Planung der Realisierungsprozesse
- Kundenbezogene Prozesse
  - Ermittlung der Kundenforderungen
  - Bewertung der Produktforderungen
  - Kommunikation mit dem Kunden
- Entwicklung
- Beschaffung
- Produktion und Dienstleistungserbringung
  - Lenkung der Produktion und der Dienstleistungserbringung
  - Kennzeichnung und Rückverfolgbarkeit
  - Eigentum des Kunden
  - Produktkonservierung
  - Prozessvalidierung
- Prüfmittellenkung

Und in Kapitel 8 „Messung, Analyse und Verbesserung“ werden behandelt:

- Planung
- Messung und Überwachung
  - Kundenzufriedenheit
  - Internes Audit
  - Messung und Überwachung von Prozessen und Produkten
- Lenkung von Fehlern
- Datenanalyse
- Verbesserung
  - Planung der ständigen Verbesserung
  - Korrektur- und Vorbeugungsmaßnahmen

5.3 Aufbau eines Qualitätsmanagementsystems

Viele Unternehmen betrachten die Einführung des QM-Systems nach DIN EN ISO 9000 ff. immer noch als ein Muss gegenüber den Marktforderungen. Dagegen sollte es als ein strategisches Hilfsmittel zur Sicherung der Qualität, der Abläufe und damit der Produktqualität gesehen werden. Weiterhin steht das Qualitätsmanagement in den Unternehmen häufig in Konkurrenz zu anderen strategischen Maßnahmen. Richtiger wäre aber, es als einen Baustein im gesamtbetrieblichen Managementsystem zu betrachten. Die erfolgreiche Einführung von QM-Systemen ist nur dann erreichbar, wenn geeignete, einfach zu handhabende Hilfsmittel und Leitfäden bereitgestellt werden. Sehr wichtig ist auch, dass die Mitarbeiter von den notwendigen Veränderungen entsprechend überzeugt und zur aktiven Mithilfe bei deren Verwirklichung bereit sind. Den vermutlich entscheidenden Motivationsschub bei den Mitarbeitern kann die Unternehmensleitung erreichen, indem sie die QM-Maßnahmen selbst verinnerlicht und nicht als Einzelmaßnahme betrachtet. In diesem Zusammenhang müssen sämtliche Schwachpunkte interner Abläufe und Strukturen auf allen Ebenen konsequent beseitigt werden. Die Unternehmensleitung sollte dabei in ihren Handlungen für alle Mitarbeiter Vorbild sein.

Der Aufbau eines QM-Systems im Unternehmen umfasst die Betrachtung aller qualitätsrelevanten Funktionen und Bereiche. Hierzu gibt die oben genannte Normenreihe DIN EN ISO 9000 bis 9004 einen Rahmen vor, der insbesondere in Anbetracht einer geplanten Zertifizierung des QM-Systems, als Grundlage für dessen Aufbau dienen sollte. Die individuelle Art und Ausprägung des QM-Systems im Unternehmen wird von zahlreichen internen und externen Einflussfaktoren geprägt. Diese bilden die Grundstruktur des QM-Systems, die im **Bild 5-7** dargestellt wird.

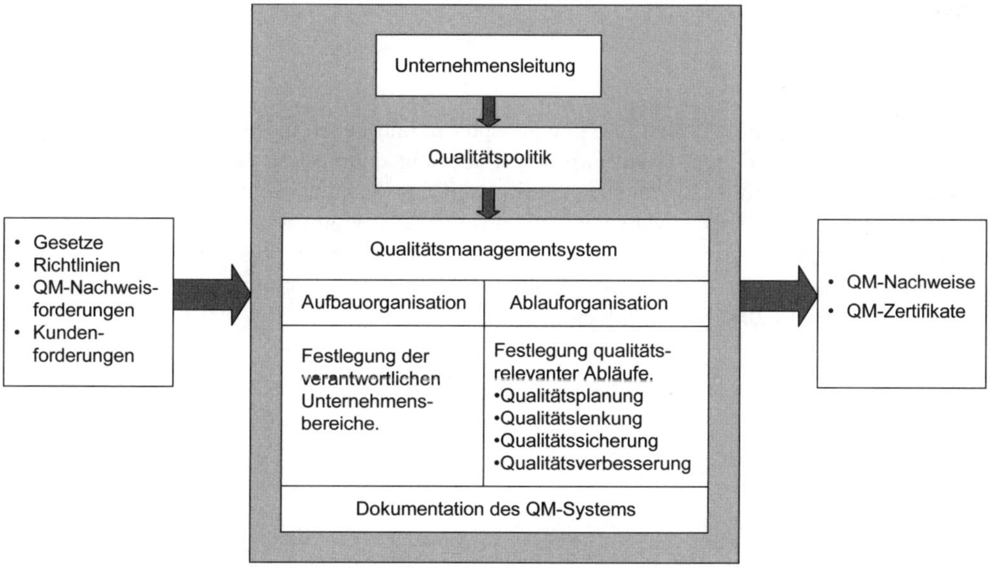

Bild 5-7 Struktur eines QM-Systems

5.3.1 Qualitätspolitik

Ein wesentlicher Ausgangspunkt für den Aufbau eines QM-Systems ist die Festlegung der Qualitätspolitik für das Unternehmen. **Bild 5-8** gibt Inhalt, Form und Zweck der Qualitätspolitik wieder.

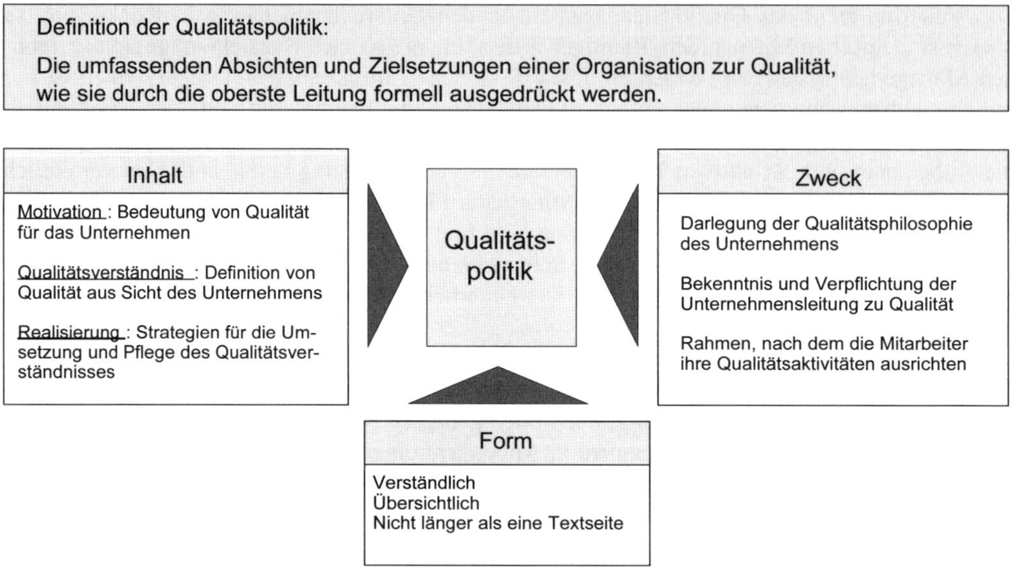

Bild 5-8 Die Qualitätspolitik

Viele Unternehmen veröffentlichen ihre Qualitätspolitik und geben diese auch als Schriftstück an ihre Mitarbeiter heraus. Dieses „Blatt Papier“ ist aber nur dann etwas wert, wenn die Qualitätspolitik auch „gelebt“ wird. Maßgeblichen Einfluss auf das Qualitätsbewusstsein im Unternehmen haben die Führungskräfte. Das Management/ die oberste Leitung muss den Willen haben, die Ziele der Qualitätspolitik zu verfolgen und diese Absicht auch erkennbar verfolgen. Das Schriftstück „Qualtitätspolitik“ ist dann nur die Dokumentation dieses Commitments. Ein Beispiel für eine Qualitätspolitik ist **Bild 5-9** zu entnehmen.

Qualitätspolitik der Mustermann GmbH

Unser Unternehmen hat sich der Herausforderung eines globalen Marktes gestellt, höhere Qualitätsstandards für die Produkte und Dienstleistungen zu erreichen. Um dieses zu erreichen, wurde die Qualitätspolitik zur Chefsache erklärt.

Die folgenden Prinzipien werden in den Mittelpunkt unserer Geschäftspolitik gestellt und sind verbindliche Grundlage unseres Handelns:

- *Wir wollen zu den kundenfreundlichsten Unternehmen der Branche gehören.*

Für unser Unternehmen bedeutet dies:

- *Erfüllung der Bedürfnisse unserer Kunden durch zuverlässige Produkte/Dienstleistungen, durch kompetente Beratung sowie durch eine fehlerfreie Auftragsabwicklung.*
- *Vermeiden von Fehlern und nicht deren nachträgliche Korrektur.*
- *Durch unser Verhalten und unsere tägliche Leistung Vertrauen und Anerkennung bei unseren Geschäftspartnern gewinnen und erhalten.*
- *Qualitätsvereinbarungen, die wir mit unseren Kunden und Lieferanten treffen, sind auch für alle internen Funktionen bindend.*

Alle diese Ansprüche sind Maßstab für die ständige Verbesserung der Geschäftsprozesse. Dies erfordert in besonderem Maße, alle Mitarbeiterinnen und Mitarbeiter systematisch über die Ziele und Erfolge der Qualitätsbemühungen aufzuklären und in geeigneten Methoden zu schulen, damit die gesteckten Ziele erreicht werden können.

Nur durch den Beitrag eines jeden Mitarbeiters zur Sicherung der Qualität der Produkte und Dienstleistungen kann es gelingen, ausschließlich fehlerfreie Arbeitsergebnisse intern und extern an den Kunden weiterzugeben.

Musterdorf, im November 2011

K. Mustermann

(Geschäftsführer)

Bild 5-9 Beispiel einer Qualitätspolitik

5.3.2 Dokumentation des QM-Systems

Die Qualitätsmanagementdarlegung beschreibt alle geplanten und systematischen Tätigkeiten des Qualitätsmanagements, um Vertrauen zu schaffen, dass ein Produkt die festgelegten und vorausgesetzten Erfordernisse erfüllt.

Unterschieden wird zwischen interner QM-Darlegung für die Unternehmensführung und externer QM-Darlegung für Kunden und andere, wie z. B. Behörden oder Zertifizierungsgesellschaften.

Die Dokumentation des QM-Systems erfüllt verschiedene Zwecke:

- Außenstehenden wird die Erfüllung vertraglicher Forderungen an das QM-System nachgewiesen und
- sie macht den eigenen, insbesondere neuen Mitarbeitern die Abläufe transparent und nachvollziehbar und kann somit bei der Verbesserung dieser Abläufe helfen.

Zur Erfüllung der Normforderungen ist der im **Bild 5-10** dargestellte Aufbau der QM-Dokumentation zweckmäßig. Die Dokumentation gliedert sich in drei Ebenen:

- QM-Handbuch,
- QM-Verfahrensanweisungen und
- Arbeitsanweisungen.

Beschreibungs-horizont	Anwendungs-horizont	Bezeichnung	Inhalte
ganzes Unternehmen	Intern: Unternehmens-leitung, Abteilungsleitung Extern: Auf Anforderung	QM-Hand-buch	Grundsätze, Aufbau- und Ablauf-organisation, betriebsweite Zusammenhänge, Verantwort-ungen und Befugnisse. Verweis auf mitgeltende Unterlagen
Teilbereiche, Abteilung	Nur Intern: Abteilung	(QM-) Verfahrensan-weisungen, Or-ganisationsrichtlinien	Detaillierte Beschreibung von Teilgebieten des QM-Systems Enthält organisatorisches und fachliches Know-How des Unternehmens
Sachgebiet, Arbeitsplatz	Nur Intern: Tätigkeit	Arbeitsanweisungen Prüfanweisungen etc.	Festlegung von Einzeltätig-keiten, Detailanweisungen sowohl auftragsneutral als auch auftragsgebunden Enthält fachliches Know-How

Bild 5-10 Dokumentationsstruktur eines QM-Systems

Das *QM-Handbuch* stellt die wichtigste systembezogene Dokumentation dar. Mit einem überschaubaren Umfang verschafft es dem Benutzer einen schnellen Überblick über Aufbau- und Ablauforganisation des Qualitätsmanagements im Unternehmen. Da es keine detaillierten Aussagen zu Verfahren und Arbeitsabläufen enthält (lediglich Verweise auf mitgeltende Dokumente), ist der Änderungsdienst mit geringem Aufwand verbunden und auch eine Herausgabe an Kunden zu Akquisitionszwecken möglich.

Die nur für interne Verwendung vorgesehenen, in ihrer Ausführung detaillierten *Verfahrensanweisungen* geben den einzelnen berührten Stellen eine praktikable Arbeits- und Orientierungsgrundlage. Sie stellen in kompakter, übersichtlicher Form die wesentlichen Regelungen und Abläufe im Unternehmen dar.

Die ebenfalls nur für den internen Gebrauch bestimmten *Arbeitsanweisungen* dienen dem Anwender des QM-Systems als Anweisung für die tägliche Arbeit. Sie regeln Einzelheiten beispielsweise auf der Produktebene und spiegeln das technische Firmen-Know-How wieder [Jütt93].

QM-Handbuch

Das Qualitätsmanagement-Handbuch ist ein Dokument, das die Qualitätspolitik, das QM-System und die qualitätsrelevanten Vorgehensweisen einer Organisation darlegt. Ein QM-Handbuch kann sich auf die Gesamtheit der Tätigkeiten einer Organisation oder nur auf einen Teil davon beziehen. Der Anwendungsbereich eines QM-Handbuches wird durch Titel und die im QM-Handbuch erwähnten Qualitätsziele festgelegt. Es sollte Folgendes enthalten oder zumindest darauf verweisen:

- die Qualitätspolitik,
- die Verantwortungen und Befugnisse sowie die gegenseitigen Beziehungen von Mitarbeitern in leitender, ausführender, verifizierender oder überprüfender, qualitätsrelevanter Tätigkeit,
- die Verfahren und Anweisungen im Qualitätsmanagementsystem und
- eine Festlegung zur Überprüfung, Aktualisierung und Überwachung des QM-Handbuchs.

Das QM-Handbuch ist somit das zentrale Dokument eines QM-Systems. Es beschreibt die Gesamtheit der qualitätsrelevanten Einrichtungen und Vorgänge eines Unternehmens. Hierzu gehören:

- die Darstellung der unternehmerischen Zielsetzungen in bezug auf Qualität und die Darlegung des Stellenwertes der Qualität im Wertegefüge des Unternehmens,
- die Beschreibung der Aufbau- und Ablauforganisation,
- die Festlegung der Verantwortlichkeiten und Zuständigkeiten sowie
- die Ausführungen zur Organisation von Teamarbeit und bereichsübergreifenden Tätigkeiten [Köpp93].

Die strukturelle Ausgestaltung des QM-Handbuchs ist grundsätzlich dem Unternehmen freigestellt. Seine spätere Anwendung sowie die damit verbundenen Aufgaben des Handbuchs legen jedoch bestimmte Strukturen der inhaltlichen Gliederung als besonders sinnvoll nahe [Köpp93].

Das QM-Handbuch wird sowohl im Unternehmen verteilt als auch im Rahmen der Akquisition oder Kundenpflege an Externe ausgegeben. Da im zweiten Fall ein Missbrauch nicht ausgeschlossen werden kann, muss die Offenlegung von firmenspezifischem Know-how verhindert werden.

Das Handbuch dokumentiert das QM-System des Unternehmens. Der Aufbau des Handbuchs sollte den grundlegenden Aufbau des Systems erkennbar werden lassen. Das QM-Handbuch hat die Funktion eines Nachschlagewerkes. Der gezielte Zugriff auf Informationen, wie auch deren schnelles Wiederauffinden sind prägend für Akzeptanz und Gebrauchswert. Das QM-Handbuch ist ein lebendes Dokument. Im Rahmen der laufenden Pflege muss ein leichtes und organisatorisch sicheres Austauschen von Elementen des Handbuchs gewährleistet sein.

Verfahrensanweisungen

Verfahrensanweisungen bilden einen zentralen Punkt der Dokumentation des QM-Systems. Sie beschreiben das "Wie" und das "Wer" einzelner Abläufe und können aufgrund ihrer themenbezogenen Gliederung auch gezielt an den jeweiligen Arbeitsplätzen im Unternehmen genutzt werden. Die Verfahrensanweisungen legen für einzelne qualitätsrelevante Tätigkeiten im Unternehmen Vorgaben fest und definieren die jeweiligen Randbedingungen, die vom Ausführenden eingehalten werden müssen.

Verfahrensanweisungen haben für den betrieblichen Ablauf unterschiedliche Vorteile. Für eine spezielle Aufgabe existiert mit den Verfahrensanweisungen eine von allen betroffenen Mitarbeitern nachvollziehbare, schriftliche Festlegung der Vorgehensweisen. Anhand der schriftlichen Dokumentation kann die Übereinstimmung erzielter Ergebnisse mit den schriftlichen Vorgaben überprüft werden. Unsicherheiten darüber, welche Unterlagen einzubeziehen und welche Kollegen zu benachrichtigen sind, lassen sich beseitigen. Die äußere Form sowie der inhaltliche Aufbau dieser Verfahrensanweisungen müssen einheitlich gehalten werden (**Bild 5-11**).

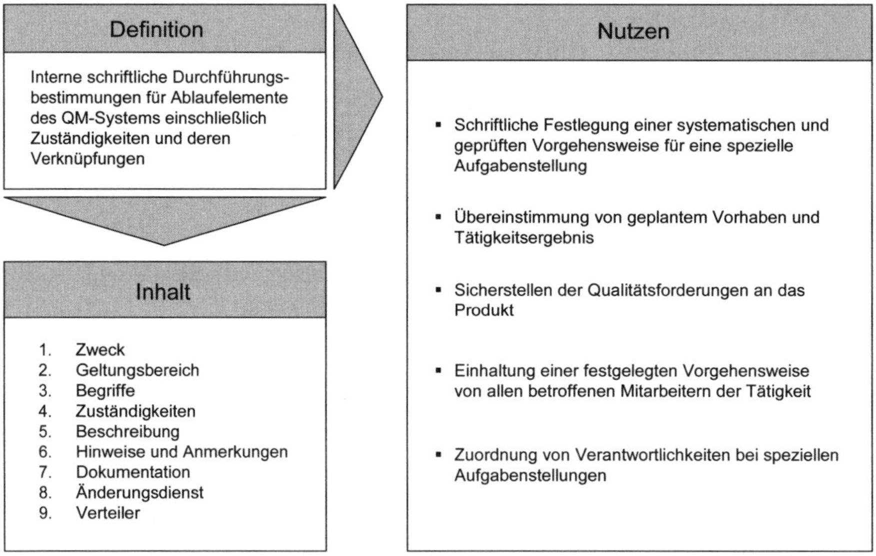

Bild 5-11 Inhalt und Nutzen von Verfahrensanweisungen [Ever93]

Inhalt und Gliederung von Verfahrensanweisungen werden durch die DGQ-Schrift Nr. 12-62 festgelegt. Die zentralen Elemente einer Verfahrensanweisung sind "Zuständigkeit" und "Beschreibung". Diese beiden Punkte beschreiben die Vorgehensweise zur Ausführung der jeweiligen Aufgabe und ordnen die zuständigen Abteilungen und Mitarbeiter den einzelnen Arbeitsschritten zu. Weiterhin lassen sich hier Schnittstellen mit Angaben der auszutauschenden Informationen zwischen den Beteiligten definieren. Ein abgegrenzter Geltungsbereich im Unternehmen erleichtert das Einordnen der Verfahrensanweisungen in den Produktentstehungsprozess und steigert die Übersichtlichkeit für die einzelnen Mitarbeiter. Die Festlegung der „Zuständigkeiten" der jeweiligen Abteilungen helfen Unsicherheiten bezüglich der Kompetenzen und Aufgabeninhalte zu vermeiden. Der Punkt "Beschreibung" bildet das Kernstück der Verfahrensanweisung. Hier werden die mit der Verfahrensanweisung verbundenen Tätigkeiten detailliert dargestellt. Der "Änderungsdienst" der Verfahrensanweisungen sollte von den Abteilungen übernommen werden, denen die festgelegte Durchführungsverantwortung obliegt [Ever93].

Arbeitsanweisungen

Die Arbeitsanweisungen dienen dem Anwender des QM-Systems als Anweisung für die tägliche Arbeit. Sie regeln Einzelheiten beispielsweise auf der Produktebene und spiegeln das technische Firmen-Know-How wieder. Sie sind nur intern zu verwenden und enthalten die Festlegung von Einzeltätigkeiten sowie Detailanweisungen. Zu den Arbeitsanweisungen gehören auch die Prüfanweisungen.

5.3.3 Ansatz zur Entwicklung eines QM-Systems

Ein Ansatz zur Entwicklung eines QM-Systems besteht nach DIN EN ISO 9000 aus den folgenden Schritten [DIN EN ISO 9000]:

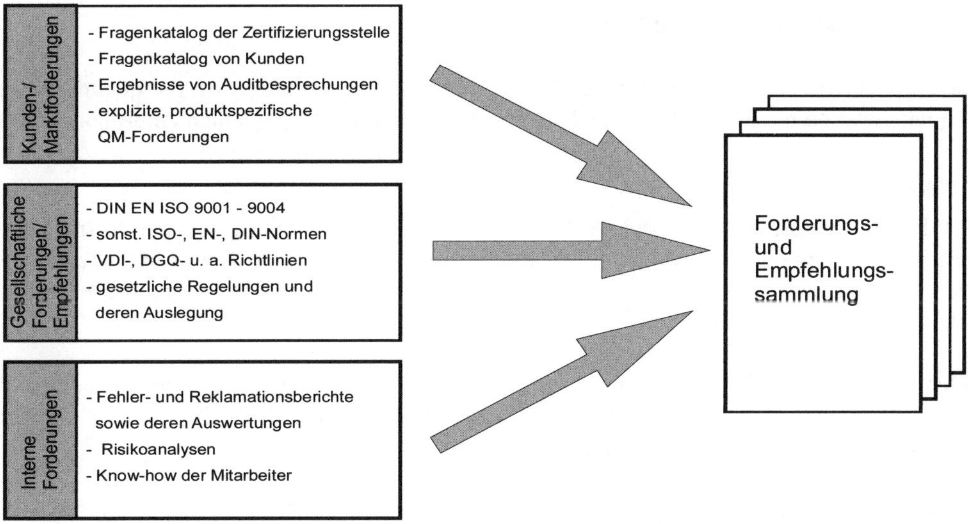

Bild 5-12 Quellen für Forderungen an das QM-System

- Ermitteln der Erfordernisse und Erwartungen der Kunden und anderer interessierter Parteien. Dabei müssen eine Reihe weiterer Forderungen (s. **Bild 5-12**) berücksichtigt werden.
- Festlegen der Qualitätspolitik und der Qualitätsziele der Organisation,
- Festlegen der erforderlichen Prozesse und Verantwortlichkeiten, um die Qualitätsziele zu erreichen,
- Festlegen und Bereitstellen der erforderlichen Ressourcen, um die Qualitätsziele u erreichen,
- Einführen von Methoden, um die Wirksamkeit und die Effizienz jedes einzelnen Prozesses zu messen,
- Anwenden dieser Messungen zur Ermittlung der aktuellen Wirksamkeit und Effizienz jedes einzelnen Prozesses,
- Festlegen von Mitteln zur Verhinderung von Fehlern und zur Beseitigung ihrer Ursachen,
- Einführen und Anwenden eines Prozesses zur ständigen Verbesserung des QM-Systems.

Ein wichtiges Instrument zur Überprüfung der Wirksamkeit von QM-Maßnahmen sind Qualitätsmanagementaudits.

5.3.4 Qualitätsmanagementaudits

Ein QM-System kann auf Übereinstimmung mit der Norm DIN EN ISO 9000 ff. durch eine Untersuchung – Auditierung - geprüft werden.

Ein **Qualitätsmanagementaudit** ist:

eine systematische und unabhängige Untersuchung, um festzustellen, ob die qualitätsbezogenen Tätigkeiten und die damit zusammenhängenden Ergebnisse den geplanten Anordnungen entsprechen und ob diese Anordnungen wirkungsvoll verwirklicht und geeignet sind, die Ziele zu erreichen.

Auditoren überprüfen dabei den Aufbau und die Übereinstimmung mit der Norm. Überprüft werden: die Organisation, die Abläufe und die Führungselemente. Ein abschließender Bericht zeigt die erkannten Schwachstellen auf und schlägt unter Umständen geeignete Maßnahmen zur Abstellung der Mängel vor.

Qualitätsaudits sind in vielen Unternehmen fester Bestandteil der Unternehmenspolitik, da nur eine regelmäßige Überprüfung des eingesetzten QM-Systems die Fähigkeit zur permanenten Qualitäts- und Kostenverbesserung erhalten kann.

Unterschieden wird zwischen *internen* und *externen* Audits. Die internen Audits werden auf Eigenveranlassung hin durchgeführt und sind in DIN EN ISO 9001 als feste Bestandteile eines Qualitätsmanagementsystems genannt. Externe Audits werden auf Veranlassung von Vertragspartnern oder von Dritten durchgeführt und dienen zur Dokumentation der Qualitätsfähigkeit eines Unternehmens. Je nach Ziel der Beurteilung kann zwischen verschiedenen Arten von Qualitätsaudits unterschieden werden (**Bild 5-13**).

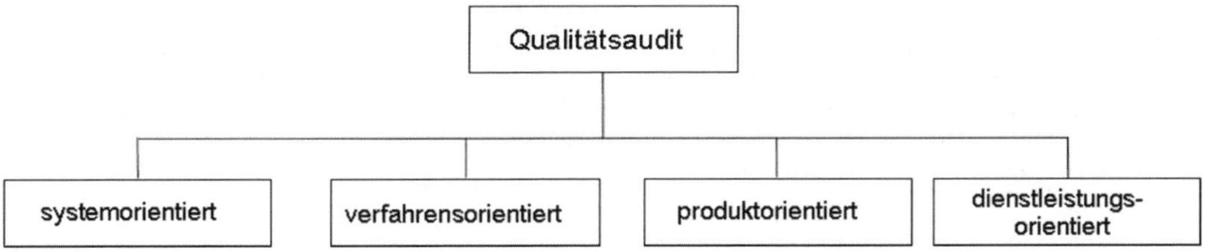

Bild 5-13 Arten von Qualitätsaudits

Bei Systemaudits wird das Unternehmen als Ganzes auditiert. Systemsaudits sind die Grundlage für eine Zertifizierung. Produkt- und Verfahrensaudits können durch externe Kunden oder innerbetrieblich durchgeführt werden. Sie sind in der Regel nicht mit einer Zertifizierung verbunden. Bei Dienstleistungsaudits werden Dienstleistungsbereiche in einem Unternehmen auditiert. Beispielsweise könnte der Bereich der Instandhaltung auditiert werden. Ein Dienstleistungsaudit ist in der Regel auch nicht mit einer Zertifizierung verbunden.

Auditierungen kann jeder/ jedes Unternehmen durchführen. Wenn Studierende andere Studierende zur Prüfungsvorbereitung abfragen, dann ist dies nichts anderes als eine Auditierung. Nur können die Studierenden bei richtiger Beantwortung der Fragen kein Zertifikat vergeben.

5.4 Zertifizierung und Akkreditierung von QM-Systemen

Wird nach einer Auditierung und Feststellung der Konformität mit vorgegebenen Forderungen ein Zertifikat vergeben, dann spricht man von „Zertifizierung".

Zertifizierung ist das Überprüfen und Bestätigen der Konformität (Übereinstimmung) der Abläufe/ Produkte eines Unternehmens mit vorgegebenen Anforderungen einer Norm.

Unter einem Zertifikat versteht man allgemein eine Bescheinigung über den Zustand einer Sache oder eines Systems nach erfolgter Prüfung durch eine dafür qualifizierte, unabhängige Instanz. Es geht dabei um ein Zertifikat über den ordnungsgemäßen Zustand des Qualitätsmanagements im Unternehmen. Geprüft wird nicht das einzelne Produkt oder die Produktionsweise, sondern das System des Qualitätsmanagements. Vorgegangen wird nach den Richtlinien der DIN EN ISO 9000 ff..

5.4.1 Ablauf der Zertifizierung

Eine Zertifizierung wird abschnittsweise durchgeführt (s. **Bild 5-14**). Das Unternehmen hat so die Möglichkeit nach jedem erfolgten Abschnitt zu entscheiden, ob der nächste Vertragsabschnitt begonnen werden soll.

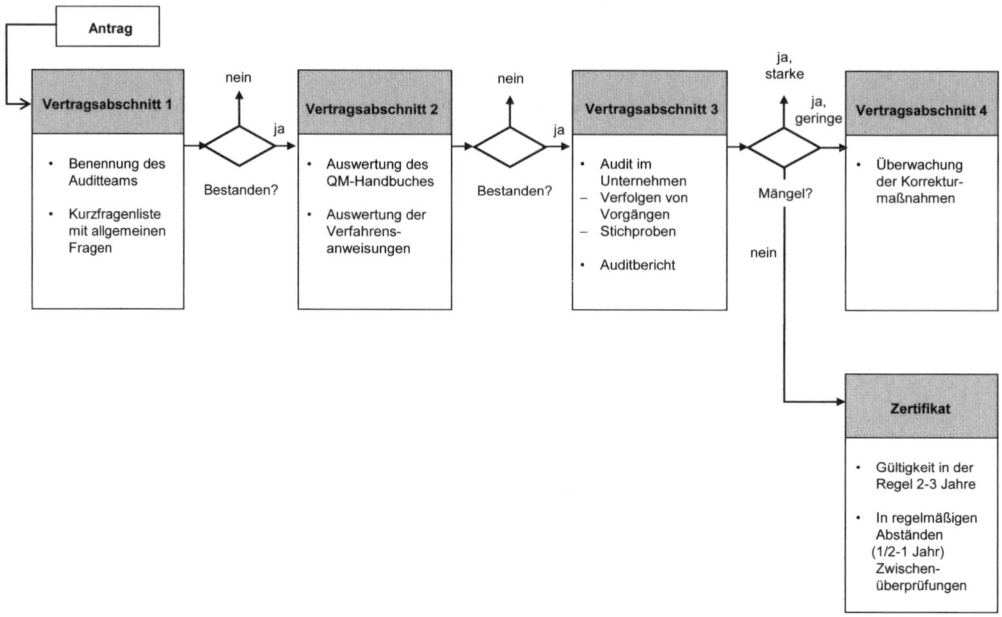

Bild 5-14 Ablauf eines Zertifizierungsaudits

Auditvorbereitung (1. Vertragsabschnitt)

Im diesem Abschnitt führt das zu zertifizierende Unternehmen eine Selbstbeurteilung durch. Anhand der Antworten entscheidet die Zertifizierungsgesellschaft, ob das Qualitätsmanagement-System der zu zertifizierenden Organisation soweit ausgereift ist, dass es einem Audit unterzogen werden kann. Nach Auswertung durch einen Auditor der Zertifizierungsgesellschaft erhält der Kunde einen Bericht, in dem die Fortführung des Zertifizierungsverfahrens empfohlen oder auf noch zu erledigende Mängel im QM-System hingewiesen wird.

Prüfung des QM-Handbuches (2. Vertragsabschnitt)

Der zweite Abschnitt dient der Prüfung der QM-Dokumentation. Der Kunde übergibt eine festgelegte Anzahl von QM-Handbüchern, QM-Verfahrens- und -Arbeitsanweisungen an die Zertifizierungsgesellschaft, wo sie durch den Auditteamleiter geprüft werden. Diese Prüfung erfolgt nach den in der DIN EN ISO Norm festgelegten Forderungen. Lässt das Ergebnis dieser Prüfung ein erfolgreiches Zertifizierungsaudit erwarten, so unterbreitet die Zertifizierungsgesellschaft dafür ein Angebot.

Zertifizierungsaudit im Unternehmen (3. Vertragsabschnitt)

Im dritten Abschnitt wird geprüft, ob die in der QM-Dokumentation beschriebenen Abläufe auch im Unternehmen wie beschrieben durchgeführt werden und die Durchführung den Vorgaben der DIN EN ISO Norm entspricht. Nach Auftragserteilung und Terminabstimmung wird das Zertifizierungsaudit durch ein Auditteam im Unternehmen auf der Grundlage der DIN EN ISO Norm durchgeführt. Die Auditoren benutzen dazu einen umfangreichen Fragenkatalog als Protokoll. Dieser Fragenkatalog wird dem zu zertifizierenden Unternehmen bereits im 2. Vertragsabschnitt zur Vorbereitung auf das Zertifizierungsaudit zur Verfügung gestellt. Das Zertifizierungsaudit besteht aus einer stichprobenartigen Prüfung aller für das Qualitätsmanagement relevanten Prozesse. Es dauert, je nach Größe des Unternehmens, drei bis fünf Tage. Als erstes erfolgt ein Einführungsgespräch mit dem Management, das dann an den Arbeitsplätzen fortgesetzt wird.

Eventuelle Schwachstellen werden von den Auditoren in Abweichungsberichten aufgelistet und mit dem Auditbeauftragten des Unternehmens ausführlich besprochen. Hierbei unterscheidet man zwischen kritischen und nicht kritischen Abweichungen. Die kritischen Abweichungen bedingen einen Haltepunkt, d. h., die Korrekturmaßnahme muss vor der Zertifikatserteilung durchgeführt werden. Alle aufgrund der Abweichungen erforderlichen Korrekturmaßnahmen werden von dem Unternehmen schriftlich dokumentiert und der Zertifizierungsgesellschaft mitgeteilt. Ein Schlussgespräch mit dem Management beendet das Zertifizierungsaudit. Die Auditoren tragen dazu vor Ort ihr zusammenfassendes Ergebnis aller Untersuchungen vor. Eventuell erforderliche Nachaudits zur Prüfung von Korrekturmaßnahmen können vereinbart werden. Später wird durch den Auditteamleiter ein mit allen weiteren Auditoren abgestimmter, umfassender und bewertender Auditbericht erstellt und dem Unternehmen zugeschickt.

Erteilung des QM-Zertifikats (4. Vertragsabschnitt)

Der vierte Abschnitt beinhaltet die Zertifikatserteilung durch die Zertifizierungsgesellschaft und die Festlegung der mindestens einmal jährlich durchzuführenden Überwachungsaudits. So wird, falls das Unternehmen einen Antrag auf Zertifikatserteilung stellt, ein entsprechender Vertrag zwischen dem Zertifizierer und dem Unternehmen geschlossen. Das QM-Zertifikat hat dann eine Gültigkeit von drei Jahren, vorausgesetzt die alljährlichen Überwachungsaudits führen zu positiven Ergebnissen.

Nun kann auf Antrag ein Re-Audit zur Erneuerung des Zertifikats durchgeführt werden, welches auch den Charakter eines Überwachungsaudits hat. Das Unternehmen kann das QM-Zertifikat für gewerbliche Zwecke verwenden. Des Weiteren darf nun auch das Zertifizierungszeichen, welches die erfolgreiche Prüfung des QM-Systems (nach DIN EN ISO 9000 ff.) ausweist, von der zertifizierten Organisation genutzt werden.

Mit dem Erhalt eines Zertifikats sind die Qualitätsmanagementaktivitäten eines Unternehmens nicht abgeschlossen. Das wesentlichste Beurteilungskriterium für das Funktionieren eines QM-Systems ist der Nachweis einer ständigen Qualitätsverbesserung. Dieser Nachweis bezieht sich sowohl auf Mitarbeiter und Einrichtungen, als auch auf die Anwendung moderner Qualitätstechniken, wie beispielsweise statistische Prozesslenkung, Fehlerursachenanalyse und statistische Versuchsplanung. So bildet die Phase der Umsetzung mit der Phase der ständigen Verbesserung einen fortwährenden Kreislauf, der, wenn er richtig gelenkt wird, dem Unternehmen eine Qualitätskostenreduktion bringt [Fisc92].

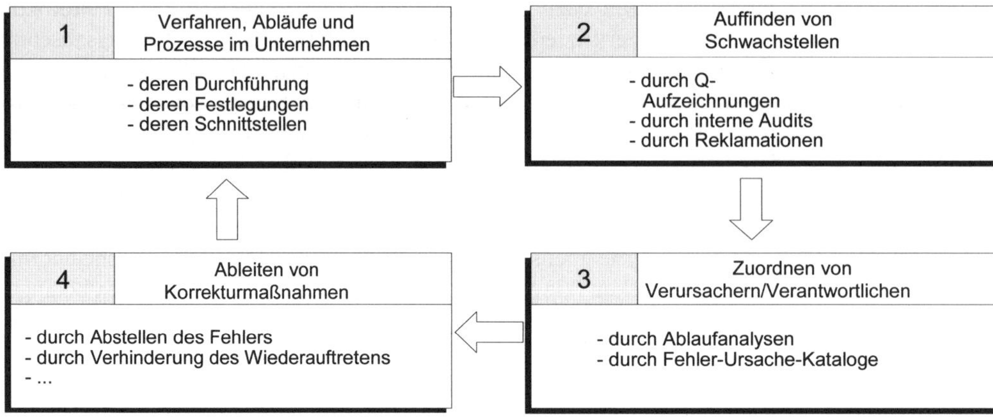

Bild 5-15 Korrekturmaßnahmen als Regelkreis [Jüko93]

Die Korrekturmaßnahmen (**Bild 5-15**) sind, neben den internen Audits, ein zentrales Element im ständigen Verbesserungsprozess des QM-Systems. Unter Korrekturmaßnahmen werden alle Verfahren verstanden, die umfassende

- Fehlerursachenanalysen und
- Fehlervermeidungsstrategien

zum Ziel haben. Der Ablauf und die Verantwortung für die Beantragung, Genehmigung und Durchführung solcher Korrekturmaßnahmen sind in den Unternehmen festzulegen und einzuführen. Die Anstöße zu den Korrekturmaßnahmen ergeben sich sowohl aus einem zweckmäßigen Fehlermeldesystem für kurzfristige Maßnahmen als auch aus Qualitätsanalysen und Auditergebnissen für langfristigere, präventive Maßnahmen. Die Wirksamkeit eingeleiteter Korrekturmaßnahmen ist, beispielsweise durch Nachfolgeaudits, zu überwachen [Jüko93].

5.4.2 Akkreditierungs- und Zertifizierungssystem

Im Markt bietet eine Reihe von Zertifizierungsgesellschaften die Durchführung von Zertifizierungen des QM-Systems an (s. **Bild 5-16**).

Arbeitsgemeinschaft Qualitätssicherung e.V.	NIS Ingenieurgesellschaft mbH, NIS-Zert
ASCERT Deutschland GmbH	ÖHMI EuroCert e.V.
Bureau Veritas Quality International Ltd (BVQI)	Prüf- und Forschungsinstitut für die Schuhherstellung e.V.
CETECOM GmbH	Güteschutz Beton- und Fertigteilwerke Baden-Württemberg
Dekra Certification Services	Q-Zert Zertifizierungsgesellschaft für QS-Systeme mbH
Det Norske Veritas Qualitätssicherungsservice GmbH	RWTÜV Anlagentechnik GmbH
Deutsche Aerospace AG Dasa-Zert	SGS - ICS Gesellschaft für Zertifizierungen mbH
Deutsche Gesellschaft zur Zertifizierung von Qualitätsmanagementsystemen mbH (DQS)	SOCOTEC Industrie
Dr. Adams und Partner Unternehmensberatung GmbH	Süddeutsches Kunststoff-Zentrum Zertifizierung und Warenzeichenkennung e.V.
DVS Zert e. V.	SVG Zertifizierungsdienst GmbH
Europäisches Institut zur Zertifizierung von Qualitätsmanagementsystemen EQ Zert	TÜV Bay ern-Sachsen
FQM Fachgesellschaft für Qualitätsmanagement mbH	TÜV-Cert e.V.
Germanisch er Lloyd QS-Zertifizierungsgesellschaft mbH	TÜV Product Service GmbH
GlobalCert GmbH	TÜV-Rheinland
Institut für Fenstertechnik e.V.	VDE-Prüf- und Zertifizierungsinstitut
Institut für Holztechnik Dresden GmbH	Verband der Sachversicherer e.V. (VdS),
Ifta-Cert, Institut für Tiergesundheit und Agrarökonomie	Verein des Schienenfahrzeugbaus zur Zertifizierung und Warenzeichenkennung e.V.
Landesgewerbeanstalt Bayern (LGA)	ZER-QMS Zertifizierungsstelle der Recycling- und Entsorgungswirtschaft für QM-Systeme e.V.
Lloyd's Register Quality Assurance (LRQA)	
Materialprüfanstalt für das Bauwesen der TU München	

Bild 5-16 Zertifizierungsgesellschaften für QM-Systeme

Grundsätzlich kann ein Unternehmen sich die Zertifizierungsgesellschaft aussuchen, so wie sich ein Autobesitzer auch aussuchen kann, ob er zur Hauptuntersuchung beispielsweise zum TÜV oder zur Dekra geht. Allerdings geben häufig (wichtige) Kunden vor, welche Zertifizierungsgesellschaft sie sich von ihren Zulieferern wünschen.

Um eine Zertifizierung durchführen zu können, müssen die Zertifizierungsgesellschaften dafür zugelassen/ akkreditiert werden.

Akkreditierung bedeutet die formale Feststellung der Kompetenz durch eine dafür autorisierte Stelle.

Hier ist damit die Feststellung der Kompetenz für die Überprüfung der Übereinstimmung des QM-Systems eines Unternehmens gemeint. Mit Wirkung vom 01. Januar 2010 forderte die EU, dass es in jedem Mitgliedsland nur eine einzige Akkreditierungsstelle gibt. In der Bundesrepublik Deutschland ist für die Feststellung dieser Kompetenz die Deutsche Akkreditierungsstelle (**DAkks**) zuständig. Die DAkks ist von der Gesellschaftsform eine GmbH, die dem Bundeswirtschaftsministerium unterstellt ist.

In **Bild 5-17** ist der hierarchische Aufbau des Zertifizierungs- und Akkreditierungswesens in Deutschland dargestellt.

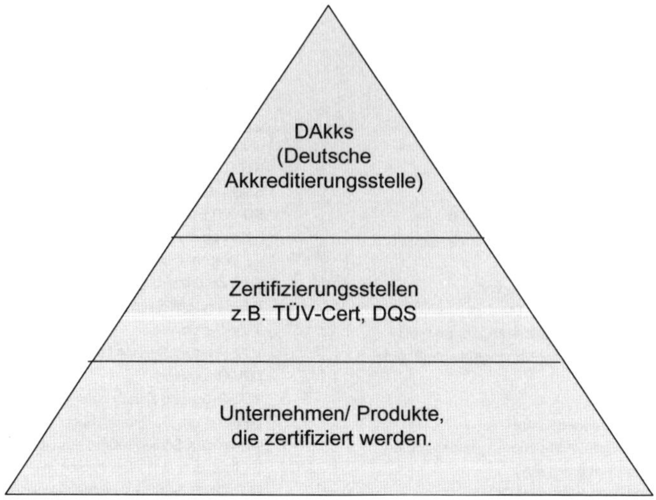

Bild 5-17 Akkreditierungs- und Zertifizierungswesen für QM-Systeme in Deutschland

Zum Vergleich wird in **Bild 5-18** das Akkreditierungs- und Zertifizierungswesens im Bereich des Qualitätsmanagements mit dem Bereich „Automobil" verglichen.

	Bereich	
	Auto	**Qualitätsmanagement**
Autorisierte Stelle	KBA (Kraftfahrtbundesamt)	DAkks (Deutsche Akkreditierungsstelle)
		Akkreditierung
Zertifizierungsstellen	TÜV, Dekra	TÜV Cert, DQS
		Zertifizierung
Objekt	Auto	Unternehmen
Zertifikat	„TÜV-Plakette"	Zertifikat nach DIN EN ISO 9001

Bild 5-18 Akkreditierungs- und Zertifizierungssystem für Autos und QM-Systeme

5.5 Branchenspezifische QM-Systeme

Die Normenreihe DIN EN ISO 9000-9004 stellt die Grundlage für ein Qualitätsmanagementsystem dar, das branchenunabhängig für jede Art eines Unternehmens eingesetzt werden kann. Einige Branchen, wie z. B. die Automobilindustrie, haben jedoch branchenspezifische Forderungen aufgestellt, die über die allgemein gehaltenen Forderungen der DIN EN ISO 9000 hinausgehen. Dies führte zur Ausprägung und Anwendung weiterer, an der DIN EN ISO 9000 angelehnter oder diese ergänzender Normen, wie die QS 9000 (**Bild 5-19**) und den VDA-Band 6 (**Bild 5-20**).

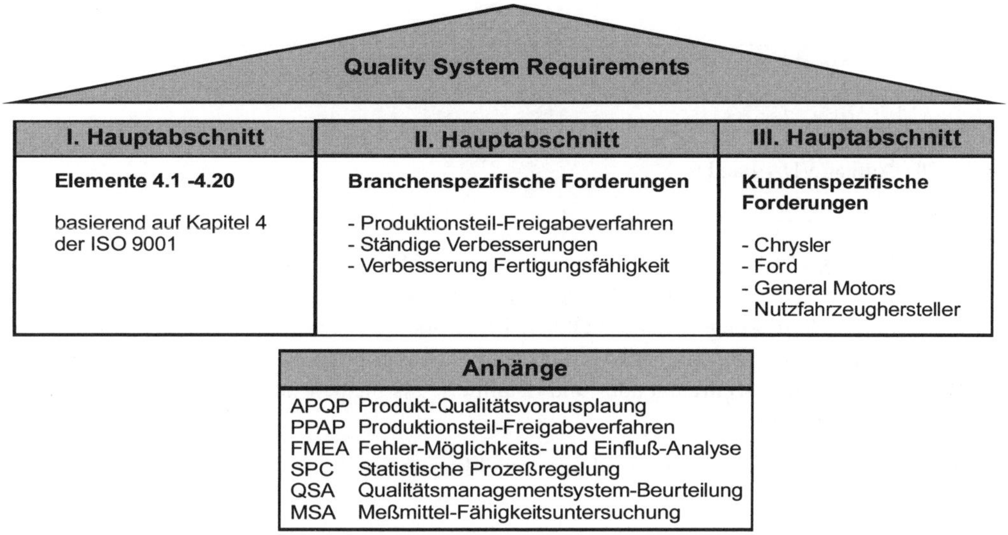

Bild 5-19 Struktur und Inhalt der QS 9000

Die **QS 9000** ist eine Qualitätsmanagementnorm, die von der amerikanischen Automobilindustrie herausgegeben wurde. Alle Lieferanten und Sublieferanten dieser Herstellerunternehmen müssen die QS 9000 einführen. Da ein Großteil der deutschen Automobilzulieferer international tätig ist und auch amerikanische Hersteller beliefert, ist die QS 9000 auch in Deutschland verbreitet. Die QS 9000 baut auf der DIN EN ISO 9001 auf, hat darüber hinaus aber weitergehende Forderungen. Im 2. Hauptabschnitt dieser Norm werden branchenspezifische Forderungen gestellt; im 3. Hauptabschnitt wurden Forderungen einzelner amerikanischer Automobilhersteller aufgeführt. Mit den branchenspezifischen Forderungen und den Anhängen, die es zur QS 9000 gibt, hat diese Norm weitere Normen geprägt.

Die deutsche Automobilindustrie hat ihre Forderungen an QM-Systeme im VDA Band 6 dargelegt (**Bild 5-20**).

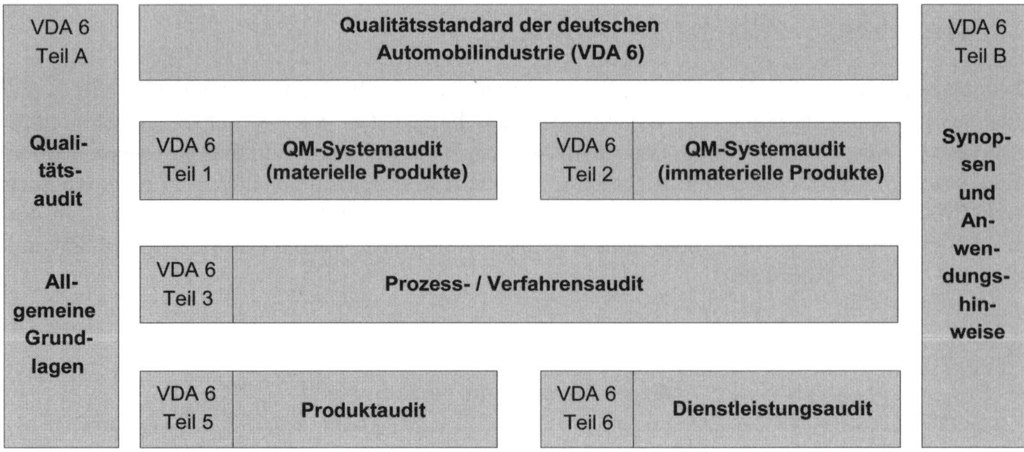

Bild 5-20 Aufbau VDA Band 6

Der **VDA Band 6** gliedert sich in mehrere Teile auf. Teil 1 beschreibt das QM-Systemaudit, was die Grundlage von Unternehmensaudits ist. Der VDA Band 6 basiert auch auf der DIN EN ISO 9001, ergänzt um Forderungen aus der DIN EN ISO 9004 und durch Forderungen aus der Praxis der Automobilindustrie. Beispielhaft werden im Folgenden Forderungen aus dem VDA Band 6 aufgelistet, die deutlich weitreichender und detaillierte als die sehr allgemeinen Forderungen der DIN EN ISO 9001 sind:

- Projektmanagement und Produktentwicklungsplan
- Maßnahmen zur Förderung von Qualitätstechniken und zum Qualitätsbewusstsein
- Nachweis interner und externer Qualitätskosten
- Strategischer Geschäftsplan
- Messung der Mitarbeiterzufriedenheit
- Forderung nach Prozessentwicklungsplan
- Fähigkeitsuntersuchungen an neuen Maschinen
- Werkzeugmanagement und geplante Instandhaltung
- Überwachung und Lenkung relevanter Prozessparameter
- Verfahren zur Analyse von Fehlerursachen
- Verfahren zur Beobachtung und Analyse von Ausfällen in der Gebrauchsphase
- Einsatz statistischer Methoden
- Benchmarking

Die Entwicklung branchenspezifischer und sogar länderspezifischer Normen führte zu einem großen Aufwand für die Auditierung und Zertifizierung von Zulieferern in der Automobilindustrie. Um diesen Aufwand zu reduzieren, wurde versucht, die unterschiedlichen Anforderungen zu harmonisieren. Herausgekommen ist die TS 16494.

Die **TS 16949** ist eine Technische Spezifikation, eine Ergänzung zur DIN EN ISO 9001. Die TS 16949 dient der Vermeidung mehrfacher Zertifizierungsaudits und bietet einen gemeinsamen, weltweit gültigen Ansatz für ein Qualitätsmanagementsystem für die Serien- und Ersatzteil-Produktion in der Automobilindustrie. Ziel dieser Technischen Spezifikation ist die Entwicklung eines Qualitätsmanagementsystems, das ständige Verbesserung vorsieht, unter Betonung von Fehlervermeidung und von Verringerung von Streuung und Verschwendung in der Lieferkette. Die TS 16949 basiert auf dem Prozessmodell der DIN EN ISO 9001, ergänzt um die zusätzlichen Forderungen, die in der QS 9000 und im VDA Band 6 dargelegt sind.

Andere Branchen sind der Automobilindustrie gefolgt und haben eigene branchenspezifische Normen aufgestellt. Für die Schienenfahrzeugindustrie ist dies die **IRIS** (International Railway Industry Standard). Sie orientiert sich an der TS 16949. Themen wie Projektmanagement oder Risikobewertungen sind entsprechend der Notwendigkeit der Schienenfahrzeugindustrie stärker ausgeprägt als in der TS 16949. Ein anderes Beispiel ist die **DIN EN 9100**. In ihr sind die branchenspezifischen Forderungen der Flugzeug- und Raumfahrtindustrie aufgeführt.

5.6 Integrierte Managementsysteme

Nicht nur im Bereich Qualität haben sich Normen für Managementsysteme durchgesetzt. Wesentliche andere Bereiche sind:

- Umweltmanagement, DIN EN ISO 14001
- Energiemanagement, DIN EN 16001
- Arbeitssicherheits- und Gesundheitsmanagement, OHSAS 18001.

Umweltmanagementsystem

Die DIN EN 14001 ist eng an die DIN EN ISO 9001 angelegt. Sie folgt einem PDCA-Zyklus mit den folgenden Grundsätzen:

- Formulierung einer angemessenen Umweltunternehmenspolitik mit der Verpflichtung des Unternehmens, diese zu erfüllen.
- Aufstellung eines Plans zur Erfüllung der Umweltunternehmenspolitik.
- Implementierung der Umweltpolitik/ des Umweltmanagementsystems.
- Messung, Überwachung und Bewertung der umweltorientierten Leistungen.
- Systembewertung und kontinuierliche Verbesserung.

Energiemanagementsystem

Die DIN EN 16001 (ISO 50001) orientiert sich auch an der DIN EN ISO 9001 und an der DIN EN ISO 14001. Ziel der DIN EN 16001 ist es, Unternehmen beim Aufbau von Systemen und Prozessen der Energieeffizienz zu unterstützen.

Die DIN EN 16001 stellt Forderungen bezüglich:

- der Energiepolitik und den Energiezielen im Unternehmen
- zur Ermittlung und Überprüfung von Energieaspekten, dazu gehören:
  - Messung der Energieverbräuche
  - Ermittlung der wesentlichen Energieverbraucher
  - Abschätzung des zu erwarteten Energieverbrauchs
- zur Kommunikation und Mitarbeiterschulung
- zur Dokumentation und Auditierung und
- zur kontinuierlichen Verbesserung des Energiemanagementsystems.

Arbeitssicherheitsmanagementsystem

Bislang gibt es im Bereich Arbeitssicherheitsmanagement noch keine weltweit anerkannte Norm. Der bekannteste Standard ist die OHSAS 18001 (Occupational Health and Safety Assessment), der auch weitestgehend kompatibel mit der DIN EN ISO 9001 ist.

Mit einem Zertifikat wird belegt, dass interne Unternehmensabläufe geprüft wurden und dem internationalen Standard für Arbeitsschutz entsprechen. Ein Zertifikat dokumentiert den Mitarbeitern und den Kunden, dass Arbeits- und Gesundheitsschutz proaktiv in den Mittelpunkt des unternehmerischen Handels gestellt worden.

Im OHSAS 18001 „Occupational health and safety management system – Specification" sind die Mindestanforderungen an das Arbeitsschutzmanagementsystem spezifiziert.

Das OHSAS 18002 "Occupational health and safety management system – Guideline for the implementation of OHSAS 18001" ist der Leitfaden mit Interpretationshinweisen.

Integrierte Managementsysteme

Wenn Managementsysteme zu verschiedenen Themenbereichen existieren, aber nicht mit einander verknüpft sind, bestehen die folgenden Probleme [DGQ12-02]:

- doppelte beziehungsweise umfangreiche Dokumentationen
- doppelte beziehungsweise unklare Verantwortlichkeiten
- Schnittstellenprobleme und Informationsverluste
- Mehrfachaudits und nicht abgestimmte Auditzyklen und -termine

Um diese Probleme zu vermeiden führen Unternehmen diese thematisch unterschiedlichen, aber vom Aufbau doch sehr ähnlichen Managementsysteme in einem Managementsystem zusammen: dem Integrierten Managementsystem.

Ein **Integriertes Managementsystem** ist die Gesamtheit aller Regelungen, Vorgaben, Strukturen, Maßnahmen, Verfahren und Methoden zur systematischen, integrierten Umsetzung mehrerer themenspezifischer Managementansätze [DGQ12-02].

In vielen Unternehmen werden die oben aufgeführten Managementsysteme in einem Integrierten Managementsystem zusammengeführt. Diese könnten aber auch um weitere Managementsysteme (z. B. Risikomanagement) ergänzt werden.

Der Nutzen, der mit einem Integrierten Managementsystem verbunden ist, lässt sich wie folgt darstellen [DGQ12-02]:

- Höhere Transparenz
- Vermeidung/ Beseitigung von Überschneidungen
- Identifikation und Optimierung von Schnittstellen zur Vermeidung von Doppelarbeiten
- Bessere Zusammenarbeit zuständiger Abteilungen und Stellen
- Effizienzsteigerung
- Zeit- und Kostenersparnisse
- Harmonisierung von Widersprüchen und Zielkonflikten
- Höhere Akzeptanz und Motivation der Mitarbeiter
- Vereinheitlichung von Regelungen.

5.7 Verständnisfragen und Aufgaben zu Kapitel 5

Aufgabe 5-1

Skizzieren Sie das grundlegende Prozessmodell, welches der DIN EN ISO 9001 und der TS 16949 zugrunde liegt.

Aufgabe 5-2

Nennen Sie drei verschiedene Arten von Qualitätsaudits.

Aufgabe 5-3

Beschreiben Sie den Ablauf der Zertifizierung eines Unternehmens.

Aufgabe 5-4

Wie lange gilt ein Zertifikat nach DIN EN ISO 9001?

Aufgabe 5-5

Warum kann die interne Qualitätssicherungsabteilung nach einem durchgeführten Audit diese Zertifizierung nicht vornehmen?

Aufgabe 5-6

Was ist der Unterschied zwischen einer Zertifizierung und einer Akkreditierung?

Aufgabe 5-7

Nennen Sie zwei Beispiele von branchenspezifischen Qualitätsnormen.

Aufgabe 5-8

Kreuzen Sie die richtigen Antworten an:

Jedes Unternehmen kann Akkreditierungen durchführen.	
Jedes Unternehmen kann Auditierungen durchführen.	
Jedes Unternehmen kann Zertifizierungen durchführen.	
Um eine Auditierung durchzuführen, muss ein Unternehmen nach DIN EN ISO 9001 zertifiziert sein.	
Um eine Akkreditierung durchzuführen, muss ein Unternehmen nach DIN EN ISO 9001 zertifiziert sein.	
Um eine Zertifizierung nach DIN EIN ISO 9000 durchzuführen, muss ein Unternehmen akkreditiert sein.	

Zum Prozessmanagement gehören die folgenden klassischen Prozessarten:

Unterstützungsprozesse	
Informationsprozesse	
Dienstleistungsprozesse	
Managementprozesse	

Aufgabe 5-9

Welche Dokumente werden zur Dokumentation eines Qualitätsmanagement-Systems eingesetzt? Beschreiben Sie kurz den Inhalt und den Bereich, in dem diese zur Anwendung kommen.

Aufgabe 5-10

Welche weiteren Managementsysteme (neben dem QM) umfasst in der Regel ein Integriertes Managementsystem?

6 Qualitätsmanagement im Produktrealisierungsprozess

6.1 Produktrealisierungsprozess

Einer der Kernprozesse des Prozessmodells der DIN EN ISO 9001 und der TS 16949 ist der Produktrealisierungsprozess (**Bild 6-1**). Dieser wird in der TS 16949 in die folgenden Phasen unterteilt:

- Kundenbezogene Prozesse
- Entwicklung
- Beschaffung
- Produktion und Dienstleistungserbringung
- Lenkung von Überwachungs- und Messmitteln.

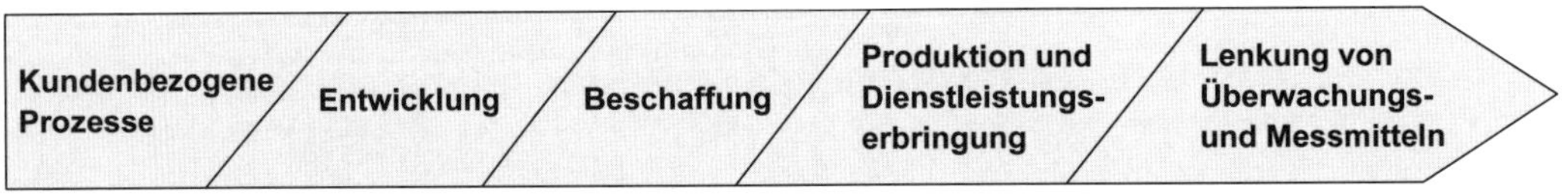

Bild 6-1 Produktrealisierungsprozess

Neben den in Kapitel 3 und 4 beschriebenen Qualitätsmethoden, werden zur Absicherung des Produktrealisierungsprozesse eine Reihe von Verfahren und Maßnahmen eingesetzt, die in diesem Kapitel beschrieben werden.

6.2 Qualitätsvorausplanung

Die Qualität eines Produktes ist maßgeblich von der Qualität der Zulieferteile abhängig. Daher müssen beim Qualitätsabsicherungsprozess nicht nur unternehmensinterne Abläufe berücksichtigt werden, sondern auch die Abläufe und die Zusammenarbeit mit Lieferanten. Viele Unternehmen geben daher Regeln und Vorgaben zum Qualitätsabsicherungsprozess ihren Lieferanten vor. In der Automobilindustrie, in der ein ausgeprägtes Lieferantennetzwerk besteht, wurden diese Regeln in der amerikanischen Qualitätsnorm QS 9000 und im deutschen VDA Band 2 formuliert. Da die Qualitätsnormen und Vorgaben aus dem Bereich der Automobilindustrie einen starken Einfluss auf andere Branchen haben, werden im folgenden Abschnitt die wesentlichen Forderungen beschrieben.

6.2.1 Qualitätsvorausplanung/ APQP

Die amerikanische Automobilindustrie hat ihre Anforderungen an Lieferanten in dem Anhang **APQP** (**A**dvanced **P**roduct **Q**uality **P**lanning) zur QS 9000 beschrieben [QS9000]. Das deutsche Pendant ist der VDA Band 2 „Sicherung der Qualität von Lieferungen" [VDA2]. Beide dienen zur Vereinheitlichung von Richtlinien und Anforderungen zur Qualität von Lieferungen vor dem Serienanlauf. Diese Dokumente umfassen:

- Richtlinien für externe und interne Lieferanten
- Sicherstellung der Kommunikation zwischen Kunden und Lieferanten
- Verfahrensbeschreibungen für die Produktqualitätsvorausplanung
- Richtlinien zur Dokumentation des Produktentstehungsprozesses
- Strukturiertes Vorgehen
- Einsatz von intelligenten Methoden und analytischen Techniken

Grundlage in beiden Dokumenten ist eine Darstellung des Produktentstehungsprozesses mit Einbindung des Lieferanten (**Bild 6-2**).

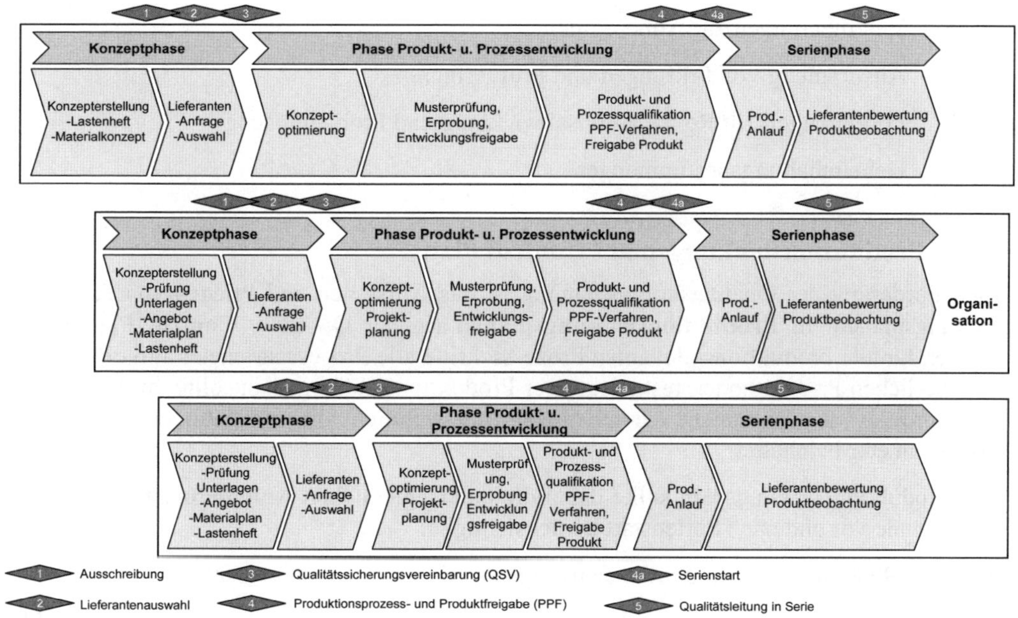

Bild 6-2 Produktentstehungsprozess mit Einbindung der Lieferanten [VDA2]

6.2.2 Lieferantenauswahl und Qualitätssicherungsvereinbarung

Je höher der Anteil an Zulieferteilen in einem Produkt ist, desto größer ist auch die Bedeutung der Auswahl der Lieferanten. Die Auswahl der Lieferanten sollte dabei möglichst so früh erfolgen, dass die Zusammenarbeit in einem frühen Stadium der Entwicklung starten kann. Neben den technischen, wirtschaftlichen und logistischen Kriterien ist dabei die Qualitätsfähigkeit des Lieferanten das wesentliche Auswahlkriterium [VDA2].

Die Festlegung von gemeinsamen Regeln für unternehmensübergreifende Qualitätssicherungsmaßnahmen sollte in einer **Qualitätssicherungsvereinbarung** (**QSV**) stattfinden. Die Qualitätssicherungsvereinbarung hat zum Ziel, „die vom Kunden geforderte Qualität – schon von der Planung des Produktes an – sicherzustellen, indem sie insbesondere Schnittstellen definiert und die intensive und reibungslose Zusammenarbeit fördert“ [VDA2].

Festlegungen in einer Qualitätssicherungsvereinbarung können u.a. sein [VDA2]:

- Anforderungen an Managementsysteme des Lieferanten
- Abgrenzung der qualitätsbezogenen Verantwortlichkeiten und Festlegung gemeinsamer Qualitätsregelkreise
- Vereinbarungen zur Dokumentation und zur Informationspflicht
- Vereinbarungen zur Anlieferqualität
- Abstimmung von Prüfungen und Prüfverfahren
- Festlegungen zur Reklamationsabwicklung und Problemlösung
- Geheimhaltungsbestimmungen.

6.2.3 Produktionslenkungsplan/ Control Plan

Eine Forderung der Qualitätsvorausplanung ist das Aufstellen und Pflegen von Produktionslenkungsplänen. In **Produktionslenkungsplänen** (in der QS 9000 **Control Plan** genannt) werden für alle produktionsrelevanten Prozessschritte alle Prozessparameter aufgeführt und die erforderlichen Prüfmethoden festgelegt. Der Produktionslenkungsplan sollte im Produktentstehungsprozess das Dokument darstellen, das übersichtlich alle maßgeblichen Prozess- und Prüfparameter beinhaltet!

Der Produktionslenkungsplan sollte dabei die unterschiedlichen Anforderungen und Entwicklungsstände vor und nach Serienstart berücksichtigen.

Nach QS 9000 muss ein Produktionslenkungsplan drei Phasen aufweisen:

a) Prototyp – eine Beschreibung der Maßprüfungen sowie der Materialerprobungen und Leistungstests, die im Prototypenbau anfallen.

b) Vorserie – eine Beschreibung der Prüfungen, die nach der Prototypenphase und vor der Serienphase anfallen.

c) Serie – Dokumentation der Produkt- und Prozessmerkmale, Lenkung des Produktionsprozesses, Prüfungen und Messsysteme, die in der Serienfertigung zum Einsatz kommen.

Der Inhalt eines Produktionslenkungsplans umfasst nach QS 9000 die folgenden Daten:

a) Allgemeine Daten

- Nummer des Produktionslenkungsplans
- Ausgabe- und Änderungsdatum
- Kundeninformationen
- Teilenummern und -bezeichnungen
- Konstruktionsänderungsstand
- Anwendung in welcher Phase
- Baustufe oder Arbeitsgangs-Nr.
- Prozessbeschreibung

b) Produktlenkung

- Produktbezogene besondere Merkmale
- Spezifikationen und Toleranzen

c) Produktionsprozesslenkung

- Prozessparameter
- Prozessbezogen besondere Merkmale
- Maschinen, Vorrichtungen und Werkzeuge für die Produktion

d) Methoden

- Prüfmethode
- Fehlersicherheit
- Stichprobengröße und Häufigkeit

e) Reaktionspläne und Korrekturmaßnahmen

Basis für die Erstellung eines Produktionslenkungsplans kann die Prozess-FMEA sein. In dieser sind alle Prozessschritte mit vorgesehenen Prüfungen dargestellt.

6.2.4 Produktionsprozess- und Produktionsteilfreigabeverfahren

Um Zulieferteile für eine Serienfertigung zu liefern, müssen diese ein Freigabeverfahren durchlaufen. In der Automobilindustrie regeln das **Produktionsprozess-** und **Produktionsteil-Freigabeverfahren – PPF** (nach VDA Band 2) beziehungsweise der **Production Part Approval Process – PPAP** (nach QS 9000) diesen Freigabeprozess. In diesen werden grundlegende Forderungen für die Freigabe aller Produktions- und Ersatzteile einschließlich Schüttgütern im Produktenstehungsprozess beschrieben.

Die Produktionsteil-Freigabeverfahren müssen intern vom Fahrzeughersteller und extern für von Lieferanten hergestellte Produkte angewendet werden.

Die Notwendigkeit des Produktionsprozess- und Produktionsteilfreigabeverfahren besteht bei:

- Neuteilen
- Produktänderungen
- Änderung des Fertigungsortes oder -prozesses (Verfahren, Werkzeug)
- Wechsel der Zulieferer von Teilen, Materialien oder Dienstleistungen (z. B. Wärmebehandlung, Beschichtung)
- Nach Sperrung der Lieferung aufgrund von Qualitätsproblemen

Die Prüfung und Freigabe von Produktionsteilen vor Lieferungen in großen Mengen wird durch diesen Standard für jedes Teil gefordert. Die als Erstmuster vorgelegten Funktionsteile müssen einem repräsentativen Produktionslauf entnommen sein. Als typischer Produktionslauf wird eine Schicht mit einer spezifischen Produktionsmenge von mindestens 300 Teilen definiert.

Die Forderungen, die an diesen Freigabeprozess gestellt werden, werden im PPAP-Handbuch (nach QS 9000) beziehungsweise im Erstmusterprüfbericht (nach VDA Band 2) aufgeführt. Im PPAP-Handbuch werden die folgenden Forderungen an den Freigabeprozess aufgeführt:

1. Designaufzeichnungen und Dokumente über technische Änderungen
2. Technische Freigabe
3. Design-FMEA und Prozess-FMEA
4. Prozessflussdiagramme
5. Messergebnisse sowie Aufzeichnungen über Material- und Leistungstests
6. Untersuchung der Kurzzeitfähigkeit der Prozesse
7. Analyse von Messsystemen (MSA, Measurement System Analysis)
8. Dokumentation eines qualifizierten Labors
9. Kontroll- und Prüfplan
10. Teilevorlage-Bestätigung (Part Submission Warrant)
11. Bericht zur Freigabe des Aussehens (Appearance Approval Report –AAR)
12. Checkliste „Forderungen an verfahrenstechnische Produkte“
13. Muster-Serienteile und Referenzmuster
14. Spezifische Prüfmittel
15. Kundenspezifische Forderungen

Der PPF nach VDA Band 2 stellt ähnliche Anforderungen. Das zentrale Dokument ist hierbei der **Erstmusterprüfbericht**.

Der Kunde bestimmt je nach Situation, welche Unterlagen ihm vom Zulieferer vorgelegt werden müssen. Dabei werden unterschiedliche Vorlagestufen unterschieden. Im PPF werden drei Vorlagestufen unterschieden, die folgend dargestellt werden [VDA2]:

Vorlagestufe 1:

- Lieferant bekannt, keine Probleme bei Bemusterung und Serienlieferung
- Einfach herzustellende Produkte bzw. einfache Änderungen
- Interne Lieferanten
- Produktfamilie: eine Sachnummer wird nach Vorlagestufe 2 oder 3, übrige Sachnummern nach Stufe 1 bemustert

Vorlagestufe 2:

- Neuer Lieferant
- Qualitätsprobleme bei bekanntem Lieferanten
- Probleme mit ähnlich hergestellten Produkten
- Neue Produktionsprozesse (neue Produkte)

Vorlagestufe 3:

- Keine geeigneten Messmittel beim Kunden vorhanden
- Neue Produktionsprozesse (Beurteilung der Qualitätsfähigkeit)
- Komplexe, schwierig herzustellende Produkte, schwer beherrschbare Produktionsprozesse
- Dokumente (Teile) mit besonderer Archivierung

Der Kunde bewertet die Musterteile sowie die übermittelten Unterlagen und vergibt je nach Ergebnis seiner Prüfung einen Freigabestatus:

- Frei (Lieferungen werden freigegeben)
- Frei mit Auflagen (Auslieferung von Produkten nur für eine begrenzte Zeit oder Stückzahl)
- Abgelehnt (eine Auslieferung der Produkte findet nicht statt)

Die Ergebnisse des Produktionsprozess- und Produktteilfreigabeverfahrens können mit in die Lieferantenbewertung einfließen.

6.3 Lieferantenbewertung

Um nach dem Serienstart nachhaltig die Qualität der gelieferten Teile aufrecht zu erhalten, ist eine kontinuierliche Bewertung der Lieferanten erforderlich. Die DIN EN ISO 9001 fordert, dass ein Unternehmen „Lieferanten auf Grund von deren Fähigkeit beurteilen und auswählen muss, Produkte entsprechend den Anforderungen der Organisation zu liefern. Es müssen Kriterien für die Auswahl, Beurteilung und Neubeurteilung aufgestellt werden. Aufzeichnungen über die Ergebnisse von Beurteilungen und über notwendige Maßnahmen müssen geführt werden" [DIN EN ISO 9001].

Für die Dokumentation der Lieferantenbeurteilungen nutzen die meisten Unternehmen ein Lieferantenbewertungssystem. Dieses Lieferantenbewertungssystem „soll eine Beurteilung der Qualitätsfähigkeit und der Qualitätsleistung des Gesamtspektrums aller Geschäftsprozesse erlauben, die sich direkt oder indirekt auf die Produktqualität auswirken" [VDA2].

Maßgebliche Ziele der Lieferantenbewertung sind [in Anlehnung an VDA2]:

- Eine transparente und vergleichbare Darstellung der Qualitätsfähigkeit des Lieferanten. Dies kann Basis für weitere Auftragsvergaben oder die Festlegung von Lieferanteilen sein.
- Das Aufzeigen von Schwachstellen, um gute Lieferanten zu fördern und leistungsschwache zu qualifizieren oder auszuschließen.

Die TS 16949 macht Vorgaben, mit welchen Indikatoren die Leistung der Lieferanten überwacht werden muss [TS16949]:

- Qualität der gelieferten Produkte
- Störungen beim Kunden einschließlich Rücklieferungen aus dem Feld
- Liefertreue (einschließlich der mit Zusatzfrachtkosten verbundenen Vorfälle)
- Sonderstatus-Mitteilungen von Kunden über Qualitäts- oder Lieferangelegenheiten.

Die Kriterien für die Lieferantenbewertung werden in der Regel gewichtet. Eine mögliche Auswahl von Bewertungskriterien und Gewichtungsfaktoren zeigt **Bild 6-3**.

<table>
<tr><th></th><th>R</th><th>W</th><th>T</th><th>S</th><th>QM</th><th>Summe</th></tr>
<tr><td>Wichtungs-faktor</td><td>20</td><td>20</td><td>30</td><td>20</td><td>10</td><td rowspan="2">100</td></tr>
<tr><td>Kriterien</td><td colspan="2">Produkt-qualität</td><td>Termintreue</td><td>Service</td><td>Management-system</td></tr>
</table>

Legende:
R - Reklamationsquote = Anteil der Reklamationen an Anzahl der Lieferungen [%]
W - Warenwert der Reklamationen [T€]
T - Liefertermineinhaltung
S - Service – Realisierung von Sonderwünschen auf Anfrage
QM - QM-System

Bild 6-3 Kriterien und Gewichtungsfaktoren einer Lieferantenbewertung

Bei der Reklamationsquote kommen die Daten aus der Wareneingangsprüfung. Bei dieser kann der Anteil der Reklamationen auf die Anzahl der Lieferungen betrachtet werden. Allerdings werden bei dieser Bewertung alle Beanstandungen unabhängig von ihrer Schwere oder dem Warenwert gleich gezählt. Wenn der Wert der beanstandeten Ware mit berücksichtigt werden soll, kann der Warenwert der reklamierten Lieferungen in einem Zeitraum in die Bewertung einfliesen. Weitere Bewertungen, die klassischerweise bei der Lieferantenbewertung durchgeführt werden, sind die Termintreue und der Service. Bei dem Kriterium „Termintreue" wird der Anteil der zum richtigen Zeitpunkt gelieferten Stückzahl bezogen auf die Gesamtstückzahl betrachtet. Bei dem Kriterium „Service" können qualitative Faktoren der Zusammenarbeit berücksichtigt werden, wie z. B. Flexibilität bei Änderungen, Zeitspanne für Antworten bei Anfragen oder Erreichbarkeit. Eine wichtige Beurteilung der Lieferanten ergibt sich auch durch beim Lieferanten durchgeführten Qualitätsaudits. Das Ergebnis dieser Audits kann im Kriterium QM berücksichtigt werden.

Beispielhaft wird die Lieferantenbewertung für mehrere Lieferanten in den **Bildern 6-4** bis **6-6** dargestellt.

Lieferant	Reklamationsquote *R* [%]	Reklamationsumfang *W* [T€]	Überschreitung Liefertermin *T*				Service *S*	QM-System *QM*
			bis 2 Tage	3-5 Tage	6-10 Tage	über 10 Tage		
A	0,1	0,08	0	0	0	0	gut	sehr gut
B	0,2	0	0	5	0	0	gut	sehr gut
C	2,7	5,4	5	0	2	0	mangelhaft	unbefriedigend
D	1,5	1,1	4	1	0	0	gut	gut
E	1,4	1,5	7	2	0	0	mangelhaft	gut
F	0	0	1	0	0	0	gut	sehr gut
G	3,9	3,3	2	5	0	1	befriedigend	gut

Bild 6-4 Beispiel einer Lieferantenbewertung: Bewertung der Lieferanten

Lieferant	*R*	*W*	*T*	*S*	*QM*	Gesamtpunkte (mit Wichtung)
A	4	5	5	4	5	475
B	5	5	2	4	5	415
C	2	1	2	2	1	165
D	3	3	4	4	4	390
E	3	3	2	2	4	320
F	5	5	5	4	5	475
G	1	2	1	3	3	250

Legende:
5 Punkte – sehr gut; 1 Punkt – unbefriedigend

Bild 6-5 Beispiel einer Lieferantenbewertung: Punktevergabe

Die graphische Auswertung der Lieferantenbewertung in geordneter Reihenfolge ist in **Bild 6-6** dargestellt.

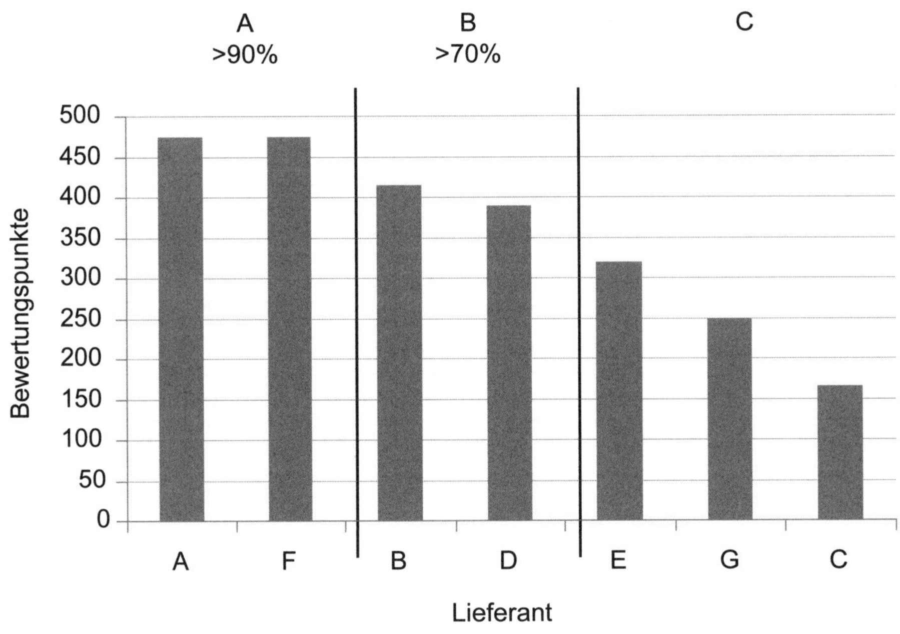

Bild 6-6 Beispiel einer Lieferantenbewertung: Graphische Darstellung

Bei vielen Unternehmen erfolgt eine Einstufung der Lieferanten in A-/ B- und C-Lieferanten. Die A-Lieferanten stellen die Lieferanten dar, mit denen eine langfristige Zusammenarbeit angestrebt wird. Bei C-Lieferanten ist langfristig das Ziel, die Zusammenarbeit zu beenden, sofern die Lieferanten ihre Leistungen nicht verbessern. B-Lieferanten sollen zu A-Lieferanten weiterentwickelt werden.

6.4 Prüfplanung

Damit sichergestellt werden kann, dass ein Produkt oder Prozess den gestellten Anforderungen entspricht, müssen Prüfungen durchgeführt werden. Dies beginnt schon bei der Erstellung von Musterteilen vor der eigentlichen Serienproduktion. Es setzt sich fort über Eingangsprüfungen, Zwischenprüfungen bis hin zu Endprüfungen. Die Festlegungen der notwendigen Prüfungen, die Definition der Prüfungen sowie die Koordination dieser Prüfungen finden in der Prüfplanung statt.

6.4.1 Aufgaben und Ablauf der Prüfplanung

Nach *Linß* ist die Prüfplanung der Prozess der Festlegung des zu prüfenden Qualitätsmerkmals, des Prüfverfahrens, des Prüfmittels, der Prüfhilfsmittel, des Prüfumfangs, der Prüfperson, der Prüfzeit, des Prüfortes, des Ablaufs einer Prüfung und der notwendigen Parameter und Entscheidungsregeln zur Konformitätsermittlung sowie zur Dokumentation [Linß05].

Die Aufgaben der Prüfplanung sind

- Identifikation der erforderlichen Prüfprozesse über den gesamten Produktentstehungsprozess und ihre Anwendung zum Konformitätsnachweis
- Festlegen der Abfolge der Prüfprozesse unter Berücksichtigung von Wechselwirkungen
- Festlegen der erforderlichen Kriterien und Methoden, um die wirksame Durchführung und die Lenkung dieser Prüfprozesse sicherzustellen
- Bereitstellen von Ressourcen und Informationen, die zur Durchführung undÜberwachung der Prüfungen benötigt werden
- Überwachen und Analysieren der Prüfprozesse (Prüfprozess- und Prüfmittelüberwachung)

Der **Ablauf der Prüfplanung** ist mit seinen wesentlichen Schritten in **Bild 6-7** dargestellt.

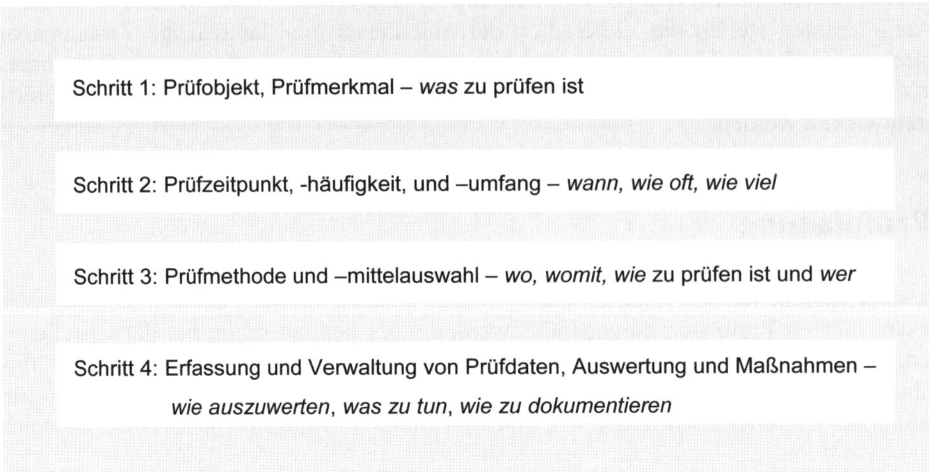

Bild 6-7 Wesentliche Schritte und Fragen der Prüfplanung

Im Schritt 1 sind das Prüfobjekt und die Prüfmerkmale festzulegen. Bei Prüfobjekt ist zu berücksichtigen, ob der Prüfplan für ein bestimmtes Produkt oder für eine Teilefamilie mit möglicherweise mehreren Varianten gilt. Das Vorgehen zur Auswahl der Prüfmerkmale ist in Abschnitt 6.4.2 beschrieben.

Im Schritt 2 werden der Prüfzeitpunkt, die Prüfhäufigkeit und der Prüfumfang definiert. Beim Prüfzeitpunkt muss festgelegt werden, nach welchem Prozessschritt in der Herstellung ein Merkmal geprüft wird. Es muss auch festgelegt werden, ob die Prüfung in der Fertigung integriert oder außerhalb des Fertigungsprozesses (z. B. in einem Feinmessraum) stattfinden soll. Diese Entscheidung hängt wesentlich von der Auswahl und der Verfügbarkeit des notwendigen Prüfmittels ab (siehe Abschnitt 6.4.4).

Die Festlegung der Prüfhäufigkeit und des Prüfumfangs haben wesentlichen Einfluss auf die Wirtschaftlichkeit und die Produktqualität. Die Festlegung der Art der Prüfung (100 % oder Stichprobenprüfung) und des Prüfumfangs wird in Abschnitt 4.4 beschrieben.

Im Schritt 3 wird festgelegt, wie, wo und mit welchen Prüfmitteln geprüft wird. Das Vorgehen zur Auswahl der Prüfmittel wird in Abschnitt 6.4.4 beschrieben. Bei der Festlegung der zu prüfenden Person muss berücksichtigt werden, ob die Prüfung durch Fertigungsmitarbeiter oder durch Mitarbeiter der Qualitätssicherung durchgeführt wird. Dabei muss auch die erforderliche Qualifikation zur Durchführung der Prüfungen beachtet werden.

Im 4. Schritt muss definiert werden, wie die Daten erfasst werden. Zu unterscheiden sind eine automatische oder manuelle Prüfdatenerfassung. Es muss auch festgelegt werden, wie die Daten ausgewertet und dokumentiert werden und welche Maßnahmen angestoßen werden, wenn Messergebnisse außerhalb der Toleranz liegen.

6.4.2 Festlegung von Prüfmerkmalen

Ein Produkt wird durch viele Qualitätsmerkmale beschrieben. Dazu gehören geometrische Maße, wie Länge-, Durchmesser- und Winkelangaben, Werkstoffangaben, z. B. Härtewerte, und viele weitere Angaben. Aus wirtschaftlichen, zeitlichen wie auch organisatorischen Gründen ist es nicht möglich, alle Qualitätsmerkmale in allen Schritten des Herstellungsprozesses zu überprüfen. Daher muss in der Prüfplanung festgelegt werden, welche Merkmale geprüft werden.

Einige Qualitätsmerkmale müssen aufgrund von gesetzlichen Bestimmungen, Richtlinien oder aufgrund von Kundenforderungen geprüft werden. Für diese Merkmale besteht ein Prüfmerkmalszwang. Weitere Merkmale werden im Herstellungsprozess geprüft, um die Funktion des Produktes abzusichern, die Sicherheit zu gewährleisten oder eine wirtschaftliche Herstellung zu garantieren. Beispielsweise kann ein Kunde eine Prüfung eines Maßes einer Baugruppe fordern. Der Lieferant wird in seinem Herstellprozess auch die Maße der zugehörigen Einzelteile überprüfen, um kostenintensive Nacharbeiten oder gegebenenfalls Ausschuss in der Endprüfung der Baugruppe zu vermeiden. Der Ablauf zur Festlegung von Prüfmerkmalen ist in **Bild 6-8** dargestellt.

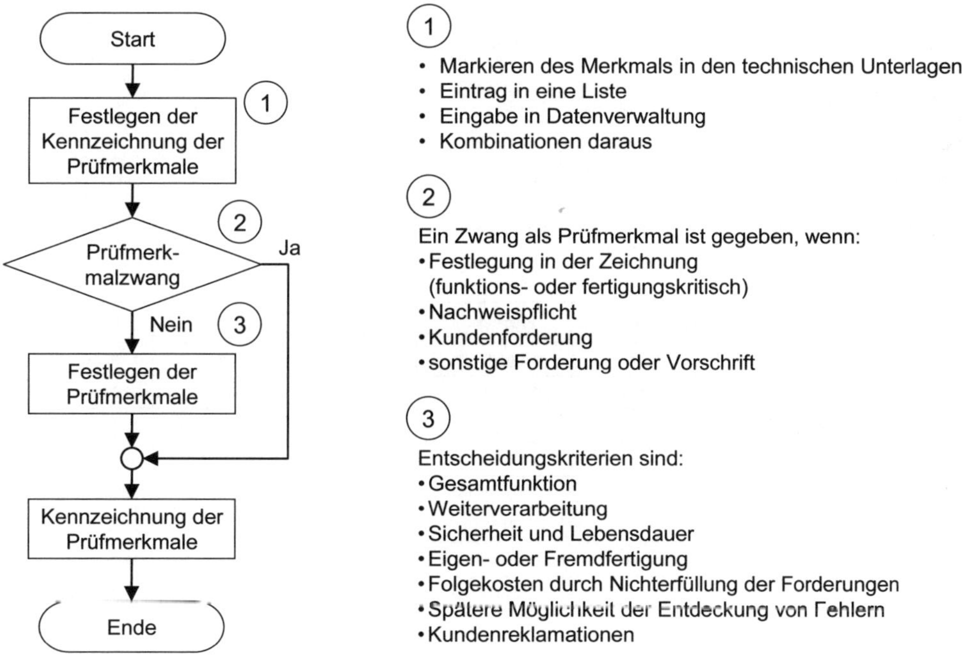

Bild 6-8 Arbeitsschritte zur Auswahl von Prüfmerkmalen [VDI2619]

Bei einer durchgängig digitalen Produktentwicklung unter weitgehender Verwendung von 3D-CAD-Modellen ist das Ziel, das die Prüfmerkmale automatisch aus den 3D-Modellen übernommen werden können. Softwaresysteme unterstützen den Prüfplaner bei der Übernahme von Nennmaßen und Toleranzen sowie Bezugsebenen und -achsen in Tabellen, die für den Prüfplan verwendet werden können.

6.4.3 Der Prüfplan

Der Prüfplan als Ergebnis der Prüfplanung ist ein Dokument, das die Ziele und die experimentelle Gesamtplanung zur Durchführung der Prüfung beschreibt. Gegliedert ist der Prüfplan in **Prüfplankopf** und **Prüfplanrumpf** (**Bild 6-9**). Der Prüfplan enthält Prüfspezifikationen, Prüfanweisungen, und Prüfablaufpläne und muss vor Beginn der Prüfung vorliegen. Die Anforderungen des Prüfplanes sind abhängig von Kunden, Lieferanten und der jeweiligen Produktionsart.

Es ist zu beachten, dass in der Industrie in den verschiedenen Branchen auch andere Bezeichnungen wie Prüfspezifikation, Prüfanweisung oder Prüfablaufplan für Dokumente zur Festlegung zum Ablauf, zur Methode und auch für prüfende Merkmale verwendet werden (nach [DGQ11-04].

Prüfplankopf

Prüfplan			Prüfplannr.: 4213
Bauteil:	**Führungsrolle**	erstellt von:	A. Meyer
Zeichnungs-Nr.:	0500aB	Version:	23.03.2011
		Anzahl zu prüfender Merkmale:	8
		Benötigte Hilfsmittel:	Grenzrachenlehre Messschieber Mikrometerschraube Grenzlehrdorn
Arbeitsfolge:	**AF1, AF2, AF3**		
Maschine:			

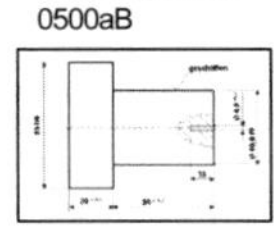

Prüfplanrumpf

Nr.	nach Arbeitsfolge	Prüfmerkmal	Nennwert/ Toleranz	Prüfmittel	Prüfumfang (SPC)
1	AF1: Sägen	Länge: 80 mm	81 mm	Messschieber	1 Teil vom Los
2	AF2: Drehen	Passung 85h6	85 mm	Grenzrachenlehre	SPC, jedes 5. Teil
3		Ø69,9 mm	70+0,1 mm	Mikrometerschraube	100% Prüfung
4		Länge: 80 mm	80 mm	Messschieber	SPC, jedes 5. Teil
5		Länge: 30 mm	30 mm	Messschieber	SPC, jedes 5. Teil
6		Ø4,9 mm	4,9 mm	Grenzdorn	SPC, jedes 5. Teil
7	AF3:Schleifen	Ø69,9 mm	69,9 mm	Mikrometerschraube	100% Prüfung
8		Oberfläche	Rz 25	Stichprobe	100% Prüfung

Bild 6-9 Beispiel eines Prüfplans

Werden für ein Bauteil alle durchzuführenden Prüfungen im Fertigungsprozess in einem Prüfplan aufgeführt, wie in Bild 6-9 dargestellt, so ist dies ein **Integrierter Prüfplan**.

Im Gegensatz dazu werden bei einem **Einzelprüfplan** mehrere Prüfpläne für einzelne Produktionsabschnitte, wie z. B. Wareneingangs-, Zwischen- oder Endprüfungen, angelegt.

Bei **Familienprüfplänen** werden bei Teilefamilien gleiche typisierte Prüfpläne angelegt. Nur für teilspezifische Vorgänge werden gesonderte Prüfungen durchgeführt.

6.4.4 Prüfmittelmanagement

Zur Überprüfung, ob die Qualitätsforderungen an ein Produkt eingehalten werden, müssen die in der Prüfplanung festgelegten Prüfmerkmale mit Prüfmitteln gemessen werden.

Prüfmittel sind Überwachungs- und Messmittel, die zum Nachweis der Konformität (Übereinstimmung) des Produkts mit festgelegten Forderungen und zur Sicherstellung gültiger Ergebnisse erforderlich sind [DGQ13-61].

Zu den Messmitteln gehören Messeinrichtungen, die z. B. aus Sensoren, Wandler, Computer und der zugehörigen Software bestehen können. Messeinrichtungen sind nach DIN ISO 10012 Messmittel, Software, Messnormale Referenzmaterial oder Hilfseinrichtungen oder Kombinationen daraus, die erforderlich sind, um einen Messprozess durchzuführen [DIN ISO 10012].

Die Auswahl der Prüfmittel erfolgt nach den in **Bild 6-10** dargestellten Kriterien.

Technische Kriterien	Organisatorische Kriterien	Wirtschaftliche Kriterien
• Art des Prüfmerkmals	• Bestand an Prüfmitteln	• Prüfkosten:
• Größes des Nennmaßes	• Verfügbarkeit	- Kosten des Prüfmittels
• Toleranz	• Funktionsfähigkeit	- Instandhaltung
• Messbereich	• Qualifikation der Prüfer	- Personalkosten
• Messauflösung und	• Räumliche Gegebenheiten	- Raum-, Energiekosten
• Prüfmittelfähigkeit	• Umgebungsbedingungen	
• Prüfmethode und –art		• Fehlerfolgekosten:
• Geometrie des Prüflings		- interne Fehlerfolgekosten
• mechanische Festigkeit		(Fehler 1. und 2. Art)
des Prüflings		- externe Folgekosten
• Taktzeit der Prüfung		

Bild 6-10 Kriterien zur Auswahl von Prüfmitteln

Grundlegend für die Auswahl eines Prüfmittels sind die Art des Prüfmerkmals (z. B. geometrisches Merkmal oder andere Merkmale) sowie der Messbereich und die Messauflösung. Zu den weiteren technischen Kriterien zählt unter anderem die Prüfmittelfähigkeit.

Daneben sind organisatorische Kriterien, wie die Verfügbarkeit eines Prüfmittels und die notwendige Qualifikation der prüfenden Personen, zu berücksichtigen.

Weiterhin ist die Wirtschaftlichkeit des eingesetzten Prüfmittels sicherzustellen. Dabei sollten auch die auftretenden Fehlerfolgekosten mit betrachtet werden.

6.4.5 Durchführung von Prüfungen

Messmittel, die als Prüfmittel eingesetzt werden, müssen überwacht und verwaltet werden, um die Konformität der Prüfmittel mit den an sie gestellten Forderungen sicherzustellen (**Bild 6-11**).

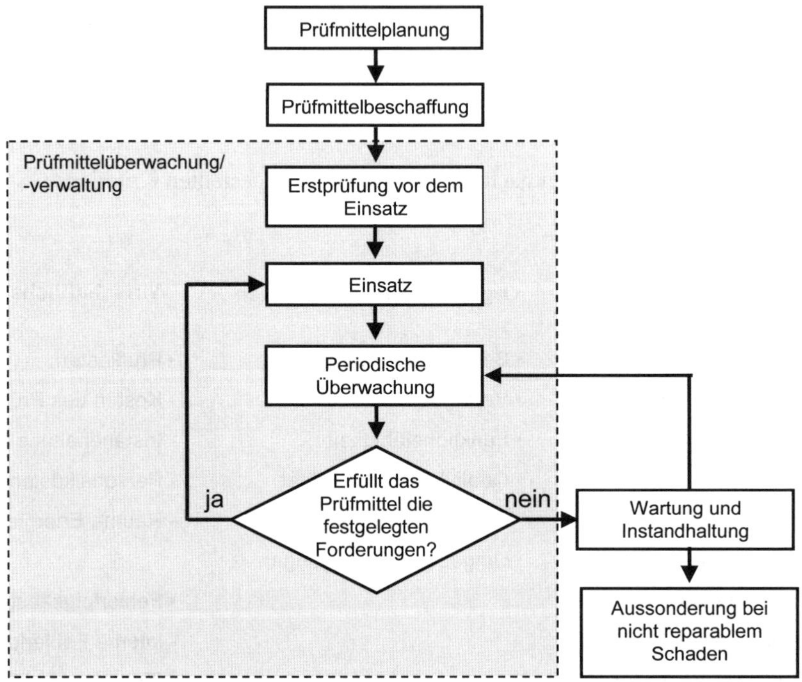

Bild 6-11 Prüfmittelüberwachung und -verwaltung

Die Überwachung folgt dem Grundgedanken, dass nicht nur Merkmale der Produkte, deren Qualität zu sichern ist, zu prüfen sind, sondern auch die für die Prüfung verwendeten Prüfmittel regelmäßig überwacht und kalibriert werden müssen. Nur unter dieser Voraussetzung sind Mess- und Prüfmittel vertrauenswürdig.

Ziel der Prüfmittelüberwachung ist es sicherzustellen, dass die Prüfmittel ihre technischen Spezifikationen einhalten. Dazu muss die Organisation nach DIN EN ISO 9001 Prozesse einführen, um sicherzustellen, das Überwachungen und Messungen durchgeführt werden können und in einer Weise durchgeführt werden, die mit den Anforderungen an die Überwachung und Messung vereinbar sind. Soweit zur Sicherstellung gültiger Ergebnisse erforderlich, müssen Messmittel

- in festgelegten Abständen oder vor dem Gebrauch kalibriert oder verifiziert werden anhand von Messnormalen, die auf internationale oder nationale Messnormale zurückgeführt werden können. Wenn es derartige Messnormale nicht gibt, muss die Grundlage für die Kalibrierung oder Verifizierung aufgezeichnet werden,

- bei Bedarf justiert oder nachjustiert werden,
- gekennzeichnet werden, damit der Kalibrierstatus erkennbar ist,
- gegen Verstellungen gesichert werden, die das Messergebnis ungültig machen würden,
- vor Beschädigung und Verschlechterung während der Handhabung, Instandhaltung und Lagerung geschützt werden [DIN EN ISO 9001].

Die Prüfung der Messmittel erfolgt

- zu Terminen in regelmäßigen Abständen,
- vor und nach jedem Gebrauch, wenn die Forderungen an die Qualität sehr hoch sind,
- vor jedem Gebrauch, wenn der Gebrauch seltener wäre, als eine regelmäßige Überwachung,
- bei Eintritt von Ereignissen, z. B. bei Ende des Prüfprozesses bei Auslauf einer Produktfertigung sowie vor Aussonderung und Verschrottung,
- bei Veränderungen des Prüfmittels, z. B. nach Beschädigung, nach Reparatur, bei konstruktiven Änderungen, bei Komponententausch, nach einer Justierung oder bei auffälligen Verschleiß.

Aufgabe der **Prüfmittelverwaltung** ist die Erfassung der vorhandenen Prüfmittel und ihre Einteilung in überwachungspflichtig und nicht überwachungspflichtig. Sie enthält auch die Vorgaben zur Kennzeichnung der Prüfmittel und die Zuordnung zu den Prüf- bzw. Kalibrieranweisungen sowie der Dokumentation der Überwachungsergebnisse.

Überwachungspflichtig sind Messmittel, wenn diese zur Darlegung der Konformität von Produkten bezüglich festgelegter Qualitätsforderungen genutzt werden (**Bild 6-12**)[DGQ13-61].

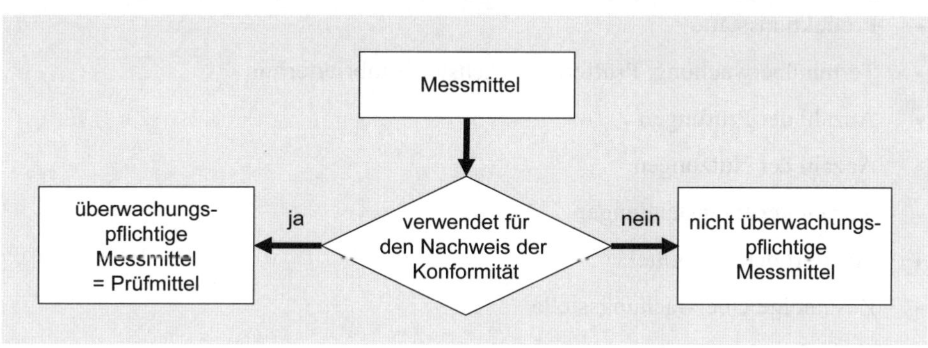

Bild 6-12 Überwachungspflicht von Messmitteln [DGQ13-61]

Wird beispielsweise ein Durchflussmessgerät zur Dosierung der dem Kunden zugesicherten Produktmenge eingesetzt, dann ist es ein überwachungspflichtiges Messmittel = Prüfmittel. Würde die zugesicherte Produktmenge nach der Dosierung durch eine Waage geprüft, so ist die Waage das Prüfmittel. Das Durchflussmessgerät, welches möglicherweise für die Grobdosierung eingesetzt wird, kann als nicht-überwachungspflichtiges Messmittel geführt werden (Beispiel nach [DQG13-61]).

Der Kalibrierstatus des Prüfmittels sollte direkt am Prüfmittel erkenntlich sein. Dabei sollte mindestens der Termin der nächsten Überwachung zu erkennen sein. In vielen Unternehmen werden Prüfplaketten zur Kennzeichnung der Prüfmittel eingesetzt (**Bild 6-13**).

Bild 6-13 Prüfplakette

Wenn das Prüfmittel nicht direkt gekennzeichnet werden kann, muss eine geeignete Nachweisaufzeichnung geführt werden.

Zur Verfolgung und Überwachung der Prüfmittel werden in der Prüfmittelverwaltung die folgenden Stammdaten erfasst:

- Bezeichnung der Prüfmittel
- Laufende Nummer
- Einteilung der Prüfmittel, Prüfmittelgruppe
- Produktionsstätte
- Terminüberwachung, Prüftermin, nächster Kalibriertermin
- Anzahl der Prüfungen
- Anzahl der Nutzungen
- Anzahl der Beanstandungen
- Standort der Prüfmittel
- Zuständige Überwachungsstelle
- Hersteller, Lieferant

Die Überwachung der Prüfmittel kann intern im Unternehmen zentral oder auch dezentral organisiert sein. Die Aufgabe kann aber auch an Dienstleister vergeben werden, die die Verwaltung der Prüfmittel, erforderliche Kalibrierungen und den Austausch der Prüfmittel durchführen.

6.5 Verständnisfragen und Aufgaben zu Kapitel 6

Aufgabe 6-1

Was ist der wesentliche Inhalt von „PPAP" (QS9000) und welches ist das zentrale Dokument im deutschsprachigen Pendant PPF (VDA Band 2)?

Aufgabe 6-2

Bei der Montage von Achsen werden Achsbolzen verbaut. Diese werden in den folgenden Fertigungsschritten hergestellt:

1. Sägen vom Stangenmaterial auf Länge
2. Drehen auf Durchmesser
3. Härten

Erstellen Sie für den Fertigungsprozess einen beispielhaften tabellarischen Produktionslenkungsplan.

Aufgabe 6-3

Beschreiben Sie die Hauptschritte, die bei der Prüfplanung durchgeführt werden müssen.

Aufgabe 6-4

Auf Basis welcher Kriterien werden Prüfmerkmale festgelegt?

Aufgabe 6-5

Stellen Sie für das folgende Drehteil den Prüfplanrumpf eines Prüfplanes mit beispielhaften Inhalten auf!

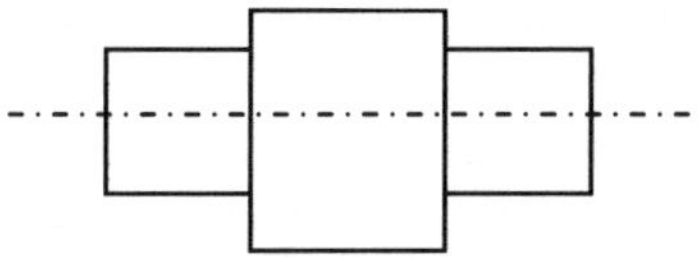

Aufgabe 6-6

Welche Arten (Typen) von Prüfplänen gibt es? Beschreiben Sie kurz, wann diese eingesetzt werden.

7 Qualitätsmanagement in Projekten

In den Medien sind Projekte allgegenwärtig. Häufig mit den beeindruckenden Leistungen, die erreicht werden, noch häufiger aber mit Berichten über die Fehlentwicklungen. So ist die erfolgreiche Mondlandung 1969 als Pioniertat der Menschheit eigentlich der markante Endpunkt einer langen Reihe von erfolgreichen, aber auch von vielen weniger bekannten, gescheiterten Vorläuferprojekten [NASA 2011]. Die letztlich auch erfolgreiche Einführung des Lkw-Mautsystems in Deutschland ist dagegen immer noch eher durch den gesprengten Kosten- und Zeitrahmen des Projektes in der Erinnerung präsent.

Bei Fehlentwicklungen in Projekten sind zwei Effekte häufig gleichzeitig zu beobachten: Das offensichtliche Scheitern des Projektes als Ergebnis eines Erosionsprozess bei der Umsetzung der Qualitätsforderung, aber trotzdem ein im Scheitern immer noch im Detail beeindruckendes Projektmanagement. *Benet* hat dies anhand des berühmten Gemäldes von Pieter Brueghel, welches den Turmbau zu Babel darstellt, so beschrieben: *"[...] von weitem ein unvollendetes Bauwerk, zur Ruine bestimmt, von nahem ein Bienenstock, wo jeder einzelne seine besondere Arbeit innerhalb einer strengen und vollständig aufzugliedernden Ordnung ausführt; im ganzen die Größe eines Planungsfehlers, der es verhinderte, ein solch stolzes Werk zum Abschluß zu bringen, und im einzelnen die Vollkommenheit des ursprünglichen Entwurfs und die Treue, mit welcher der Baumeister versuchte, das ursprüngliche Vorhaben zu verwirklichen [...]"* [Bene94].

Eine grundsätzliche Herausforderung, in komplexen Projekten die Qualitätsziele zu erreichen, scheint die Integration einzelner Elemente, welche jedes für sich beherrscht sind, zu einem Gesamtsystem im vorgegebenen Projektrahmen zu sein. So fasst *Mangold* für das Konsortium *Toll Collect* die Probleme bei der Einführung der Lkw-Maut in Deutschland zusammen: „*Alle Beteiligten haben die zeitlichen Anforderungen dieses sehr komplexen Systems in ihrer Gesamtheit unterschätzt. Wir ziehen jetzt daraus die Konsequenzen. Der Zeitrahmen war viel zu knapp bemessen, da die Komplexität der Technik ihren Tribut forderte. Erst beim Zusammenspiel der einzelnen Technologien hat sich gezeigt, wo die Schwierigkeiten liegen. Wir haben nicht unsere Fähigkeiten überschätzt, sondern die zeitliche Dimension des Projektes unterschätzt*“ [Toll03]. Das Ganze ist offensichtlich mehr als die Summe der Teile.

In diesem Kapitel werden zunächst Projekte und der Qualitätsbegriff in Projekten betrachtet. Anschließend werden Qualitätsmanagement und Projektmanagement in ihrem projektbezogenen Zusammenwirken analysiert und daraus ein projektbezogenes Qualitätsmanagement-Konzept abgeleitet.

7.1 Projekte und Qualität

„Projekt“ ist ein Modewort. Alles, was aus der Routine der täglichen Arbeit herausfällt, wird zum Projekt und längst haben Projekte auch Einzug in die private Lebenswelt gefunden. Entsprechend gibt es neben den „echten“ Projekten jede Menge „Alibi-Projekte“ [Prei06]. Ein Projekt ist ein „*Vorhaben, das im Wesentlichen durch die Einmaligkeit der Bedingungen in ihrer Gesamtheit gekennzeichnet ist, wie z. B. Zielvorgabe, zeitliche, finanzielle, personelle und andere Begrenzungen*“ [ISO 10006]. Die unscharfe Formulierung „Einmaligkeit der Bedingungen in ihrer Gesamtheit“ macht eine begriffliche Klärung schwer. Dies gelingt nur über

Kriterien, die ein Vorhaben alle erfüllen sollte, damit man von einem Projekt sprechen kann. Diese Kriterien sind [Zing09, ISO 10006]:

- Komplexität
- Zeitliche Befristung
- Limitierung von Ressourcen
- Spezifische Zielvorgabe
- Neuartigkeit
- Unsicherheit und Risiko

Projekte können in *Leistungsprojekte* und *Wandlungsprojekte* kategorisiert werden. In Leistungsprojekten werden materielle (z. B. eine Industrieanlage) oder immaterielle Objekte (z. B. ein Softwaresystem) hergestellt. In Wandlungsprojekten (z. B. Einführung der Kosten- und Leistungsrechnung in einer Behörde) werden die Strukturen eines sozialen Systems verändert [Balc96]. Diese Projekttypen hängen eng zusammen, da Leistungsprojekte Wandlungsprojekte nach sich ziehen können.

Projekte können aus drei Blickwinkeln betrachtet werden (**Bild 7-1**).

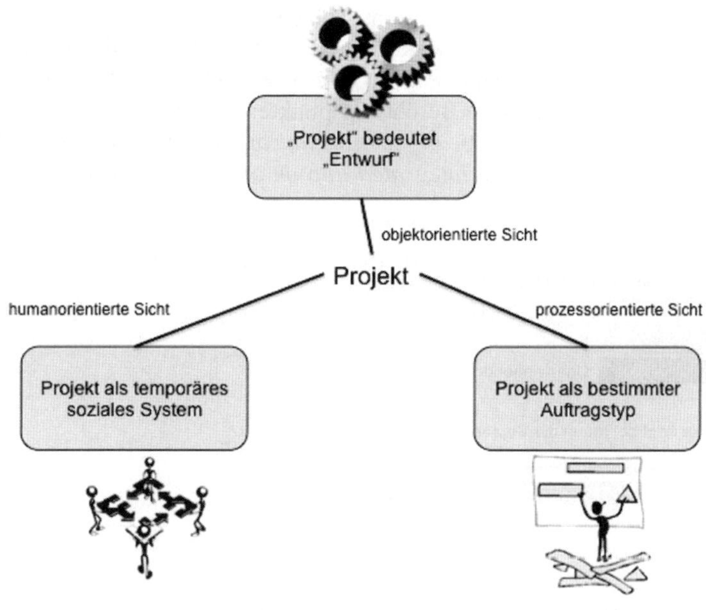

Bild 7-1 Drei Sichtweisen eines Projektes

Zum einen ist ein Projekt ein bestimmter Auftragstyp mit den oben genannten besonderen Kennzeichen (prozessorientierte Dimension). Allerdings ist dieser Ablauf vom Projektgegenstand abhängig. Der *Duden* nennt Projekt als Synonym für „Entwurf". Dies ist die objektorientierte Sichtweise, welche den Projektgegenstand in den Mittelpunkt stellt. Und Drittens ist ein

Projekt immer auch ein soziales System auf Zeit [Balc96], was der humanorientierten Sichtweise entspricht.

Hier zeigt sich auch eine grundsätzliche Schwierigkeit, bei der Bewertung der Qualität von Projekten. Steht die inhaltliche Dimension im Vordergrund oder ist das Projekt schon gescheitert, weil Kosten- und/oder Terminziele nicht eingehalten wurden [Prei06, Sayn06]? Und es stellt sich die Frage, welche Bedeutung die Zufriedenheit des Projektteams als Qualitätsmerkmal – insbesondere bei internen Projekten – hat.

7.2 Projektmanagement und Qualitätsmanagement

Projektmanagement als Führungskonzept für die Gestaltung und Abwicklung von Projekten hat seinen Ursprung im Anlagen- und Systemgeschäft. Ausgangspunkt der Entwicklung waren die militärischen Großprogramme der 1940er sowie die Luft- und Raumfahrtprogramme der 1950er und 1960er Jahre. Das Qualitätsmanagement hat sich historisch im Umfeld der (Groß-) Serienfertigung entwickelt. Der Ursprung lag in den Kontrollverfahren der Qualitätsprüfung mit dem Ziel der statistischen Überwachung und Beherrschung von Fertigungsprozessen. Die Einführung systematisierter QM-System jedoch entwickelte sich ebenfalls aus dem Anlagen- und Systemgeschäft. Systeme zur QM-Nachweisführung wurden zuerst in der Rüstungsindustrie (US-Militärstandard MIL-Q-9858) und im Anlagenbau für die nukleare Energieerzeugung (ASME Nuclear Code) gefordert und eingeführt [Brem00]. Obwohl sich systematisiertes Qualitätsmanagement und Projektmanagement im selben Branchenumfeld entwickelt haben, gibt es in der weiteren Entwicklung kaum Berührungspunkte: „*In effect, the quality people to quality and the project people do projects. In most organizations, these quality and project initiatives never meet, much less become integrated into an organizationwide focus on the customer*“ [Bark94].

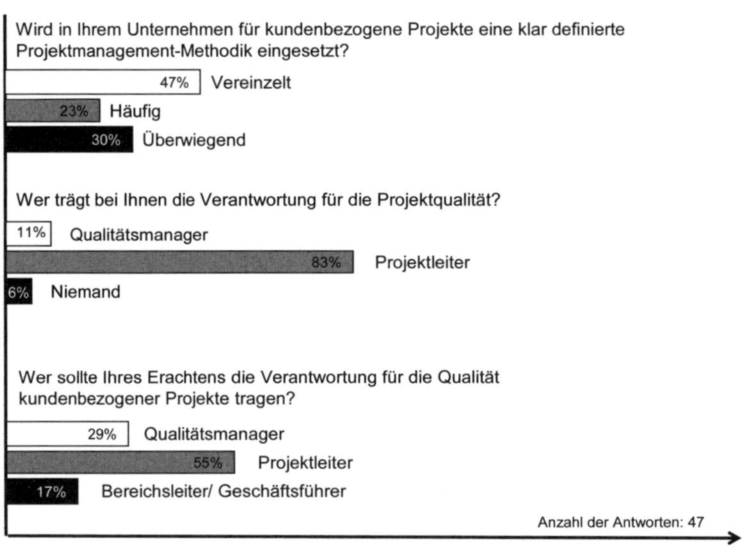

Bild 7-2 Verantwortung für die Projektqualität [NN08]

Da die Frage nach der Verantwortung für die Projektqualität – Projektmanager oder Qualitätsmanager – oft nicht eindeutig beantwortet wird) ist das Zusammenwirken beider Managementkonzepte zu klären. Qualitätsmanagement ist der umfassendere Managementansatz, da die Vorgehensweisen im Projektmanagement – wie alle anderen Tätigkeiten im Unternehmen auch – in den kontinuierlichen Verbesserungsprozess einbezogen werden sollten. Projektmanagement ist ereignisbezogen und konzentriert sich auf die Erreichung der Projektziele im jeweils vorliegenden Projekt. Das Lernen der Organisation, die kontinuierliche Verbesserung über Projekte hinweg, ist im Qualitätsmanagement abgebildet. Dahinter steht die Erwartung, dass sich so die Qualität von Projekten auf ein ähnliches Niveau heben lässt wie die Serienfertigung [Prei06].

Im wirtschaftshistorischen Kontext leitet die Entwicklung des Projektmanagements den Übergang von der Massenproduktion auf die stärkere Orientierung am individuellen Kundenwunsch ein. Einzelne Projekte im Leistungsportfolio der Unternehmen als höchste Entwicklungsstufe kundenorientierter Prozesse sind ein Schritt auf der Entwicklung hin zum projektorientierten Unternehmen [Pete93, Gare90]. Die Integration von Projekten in das Leistungsportfolio provoziert Konflikte mit der bestehenden Aufbau- und Ablauforganisation im Unternehmen, was sich in der Reibung zwischen den Abteilungsinteressen einerseits und den Projektinteressen andererseits manifestiert. Das gilt auch für den Fachbereich Qualitätsmanagement.

7.3 Konzept für das Qualitätsmanagement in Projekten

Dem klassischen Projektmanagementansatz liegt eine instrumentelle, mechanistische Sichtweise zugrunde. Über einen Prozessplan z. B. in Form eines Netzplanes, soll das komplexe Vorhaben durch sorgfältige Planung und Kontrolle beherrschbar gemacht werden – vergleichbar der Fertigungsplanung und -steuerung in einem produzierenden Unternehmen. Diese Vision des Projektablaufs als „*well oiled machine*" [Hofs83] vernachlässigt, dass Projekte lebendige Organisationen auf Zeit sind und deshalb auch irrationale und pathologische Züge haben können [Scho91].

Pseudogenauigkeit und -sicherheit, die durch detaillierte Pläne vermittelt wird, kann den Blick auf die tatsächlichen Risiken im Projekt verstellen. Grundsätzlich muss berücksichtigt werden, dass Planung – auch Qualitätsplanung – in Projekten ihre Grenzen hat. Die Spezifikationen, welche den Bezugspunkt für die Qualitätsplanung bilden, verändern sich im dynamischen Umfeld der Projekte. Der Auftraggeber nimmt während des Projektes inhaltlichen Einfluss [Prei06]. Bei Projektstart sind noch nicht alle Leistungsanforderungen klar formuliert, die Realisierungsspezifikationen entsprechend nicht vollständig. Es besteht eine Informationsasymmetrie [Prei06]. Erst im Problemlösungsprozess, der einen Teil des Projektes darstellt, werden die Anforderungen schrittweise präzisiert, klarer und damit fassbar. Zunächst ist in diesem Klärungsprozess der Auftraggeber mit seinen im Zeitverlauf konkreter werdenden Anforderungen der Schrittmacher, später dann der Auftragnehmer, das Projektteam, mit den im Projekt erbrachten Leistungen. Die Qualität des Gesamtergebnisses kann erst spät im Projekt beurteilt werden. Bis dahin bleibt nur die Orientierung an der Erfüllung der Qualitätsforderungen in Subsystemen bzw. Teilbereichen sowie der Rückbezug auf die formale Absicherung, z. B. durch Zertifikate und Leistungsgarantien, sowie das Vertrauen in das Leistungspotenzial des Projektteams („*credence quality*") [Brem00].

Als Bezugsrahmen für das Qualitätsmanagement ist ein Vorgehensmodell hilfreich, dass sich an den typischen Phasen eines Projektes orientiert, aber besonders die Interaktionen im Projekt betont. Das Phasenmodell besteht aus insgesamt neun Aktionszyklen (**Bild 7-3**). Diesem Phasenmodell können Methoden des Qualitätsmanagements zugeordnet werden: QFD in der Analyse (1→2), FMEA bei der Überprüfung des Entwurfs (3→4) und DoE bei der Überprüfung des Prototyps (4→5). Geringe Chancen zur Risikoentdeckung bestehen in den Aktionszyklen 1 bis 3, da sich dort das Projekt noch in einem frühen Stadium befindet. In den Aktionszyklen 6 bis 8 entstehen kaum Risiken, da dort „nur" vordefinierte Schritte ablaufen. Dagegen kann das Projekt in den Aktionszyklen 3 bis 6, 8 bis 9 sowie 9 bis 1 *„besonders leicht aus der Bahn geworfen werden"* [Coy00].

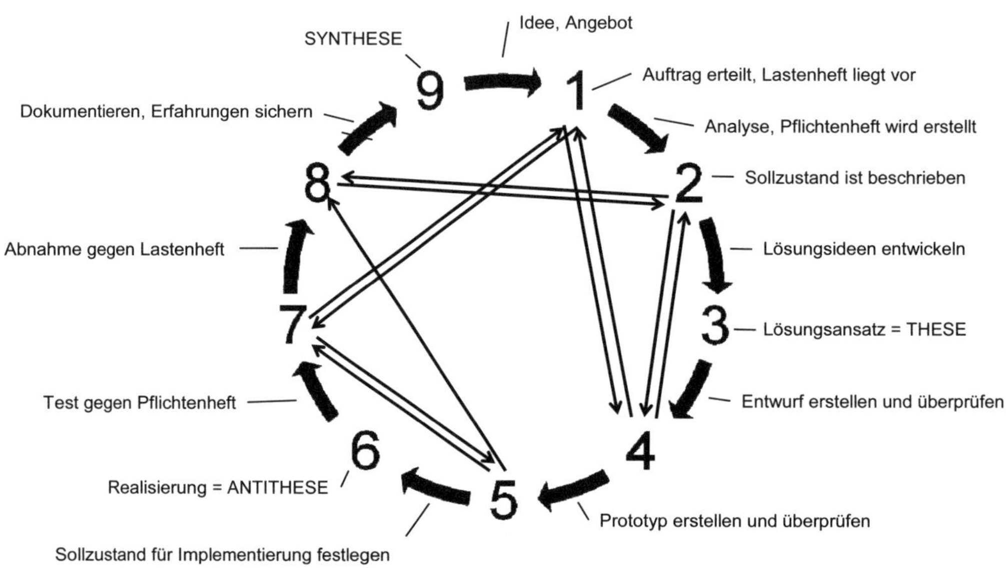

1→7: erstes grobes Verständnis des Ziels
1→4: mulmiges Gefühl beim Blick auf die Schwierigkeiten
2→4: klarer Blick auf Schwierigkeiten und Widerstände
2→8: schwierige Zielorientierung
4→1: Erwartungen nicht erfüllt; Überarbeitung der Zielsetzung
4→2: Fülle der Details verstellt den Blick auf das Ziel
5→8: Weg zum Ziel wird durch Prototyp klarer
5→7: Konsequente, lückenlose Tests gegen den Sollzustand
7→5: Testergebnisse führen zur Präzisierung des Prototyps
7→1: Zielverfehlung (intern) und erneuter Durchlauf
8→2: Zielverfehlung (extern, Kunde) und erneuter Durchlauf

Bild 7-3 Aktionszyklen im Projektablauf (nach [Coy00])

Die Kernrisiken in Bezug auf diese Aktionszyklen sind [Coy00]:

- Ist ein Lösungsansatz vorhanden (3→4), steigt der Druck etwas „Vorzeigbares" in der Hand zu haben. Es besteht das Risiko, die FMEA nicht vollständig oder mit zu optimistischen Annahmen durchzuführen (Risikobereich: Projektgegenstand. Risiko: Projektspezifikation muss wiederholt werden, 4→1→...→4 bzw. nur der interne Prozess 4→2→3→4).

- Der Projektgegenstand ist das erste Mal als Prototyp sichtbar (4→5). Hier kann ein Risiko entstehen, wenn die durch Unsicherheit und Unklarheit charakterisierte bisherige Informationssituation im Projekt nicht berücksichtigt wird und das Projektteam in der Folge unkoordiniert handelt (Risikobereich: Uneinheitlicher Informationsstand der Projektbeteiligten).
- Ist der Konsens über den Projektgegenstand nicht vollständig, wird der Projektgegenstand während der Implementierungsplanung erneut in Frage gestellt (5→6). Die Implementierung wird gefährdet (Risikobereich: Zeitplan, Budget. Risiko: Kompletter Neudurchlauf 7→1→...→7 bzw. nur die interne Realisierung 7→5→6→7 muss wiederholt werden).
- Der Projektgegenstand wird formal zur Abnahme gestellt (Risikobereich: Qualitätsmanagement. Risiko: Bei nicht erteilter Abnahme wird ein Neudurchlauf 8→2→...→8 bzw. eine erneute Realisierung 8→5→...→8 erforderlich). Nach der Abnahme (8→9) wird oft keine Zeit zugestanden, um die Erfahrungen zu sichern und eine projektübergreifende, kontinuierliche Qualitätsverbesserung zu ermöglichen.
- Der Druck in der Akquise von neuen Projekten (9→1) führt zu ungesicherten Zusagen und Brüchen zwischen Verkaufs- und späterem Projektteam. Das Projektteam hat dann Schwierigkeiten, diese Erwartungen im Projekt zu erfüllen.

Risiko und Unsicherheit sind charakteristisch für Projekte. Entsprechend groß ist die Bedeutung eines konsequenten Risikomanagements. Anstatt Risikomanagement nur als eine unter vielen Dimensionen des Projektmanagements zu verstehen, kann es auch in den Fokus rücken, um das Projektgeschehen als System mit komplexen Interaktionen beherrschbar zu machen. Der Ansatz des systemisch-lösungsorientierten Risikomanagements sieht den Projektmanager auf die Analyse der kritischen Risiken und das Verhindern des Risikoeintritts konzentriert [Korn09].

Risiken werden nach Schadenshöhe und Eintrittswahrscheinlichkeit eingeordnet. Gefährlich sind Risiken, die in beiden Dimensionen bedrohlich und damit für das Projekt existentiell sind. Katastrophale Risiken haben eine geringe Eintrittswahrscheinlichkeit, dafür aber dramatische Folgen, wenn sie eintreten. Risiken mit geringer Schadenshöhe, aber hoher Eintrittswahrscheinlichkeit sind jedes für sich genommen unproblematisch, wirken aber als störender „Sand im Getriebe“, der oft Termin- und/oder Budgetüberschreitungen verursacht und in Summe zum Scheitern des Projektes führen kann. Für das Qualitätsmanagement in Projekten ist das „*Verstehen der Zusammenhänge und Spannungsfelder der Projektsituation*“ und der jeweiligen Kernrisiken erforderlich [Coy00].

An die Stelle der stringenten Planung als Vorwegnahme des Projektablaufs tritt ein Planungsansatz, der zunächst die wesentlichen Strukturen, Vernetzungen und Abhängigkeiten erfasst, und dessen vordringliches Ziel die Absicherung der inhaltlichen Meilensteine ist. Die klassischen Methoden der Projektplanung werden dabei durch neue Vorgehensmodelle nicht überflüssig, sondern eher ergänzt. Mit den stetig steigenden Anforderungen durch immer komplexere Projekte kommen neue Paradigmen für das Projektmanagement in das Blickfeld: Expansionismus (jedes Objekt ist als Teil eines nächsthöheren Ganzen zu sehen) ergänzt den Reduktionismus (aus der Analyse der Teile ist das Ganze zu begreifen) und Evolutionismus (komplexe Ursache-Wirkungs-Mechanismen) löst den Mechanismus (monokausale Ursache-Wirkungsbeziehungen) zunehmend ab [Patz94].

In Projekten entsteht oft ein immens hoher Aufwand für die Erstellung und Aktualisierung der Projekt- und Qualitätsplanung. Ein genauerer Blick auf die Anpassungserfordernisse in der Planung zeigt jedoch ein zweigeteiltes Bild: Eine relativ hohe Stabilität, soweit es die Struktur betrifft, das Prozessbild des Projektes mit seinen inhaltlichen Zielen und Meilensteinen des Projektes, und gleichzeitig eine große Menge von Planungsdetails im Projektmanagement, in denen ein Anpassung erforderlich ist. Oder, um es anders auszudrücken: Oft ist der Aufwand in der Nachführung der Projektplanung deutlich höher als die Steuerung der fachlich-inhaltlichen Projektergebnisse. Der Steuerungsansatz im Projektmanagement ist vom Projektgegenstand auf die Projektabwicklung abstrahiert [Brem00]. Letztlich ist die Qualität des Projektgegenstandes entscheidend, solange der Projektrahmen (Zeit, Budget etc.) nicht so gravierend überschritten ist, dass der Kunde das Projektergebnis nicht mehr nutzen will oder kann. Aus dieser Überlegung ergibt sich eine Rückbesinnung auf den Projektgegenstand, aus Sicht des Projektmanagements also ein *„produktzentriertes Projektmanagement“* in dem das Konfigurationsmanagement die zentrale Steuerungsfunktion übernimmt, vgl. **Bild 7-4** [Sayn06].

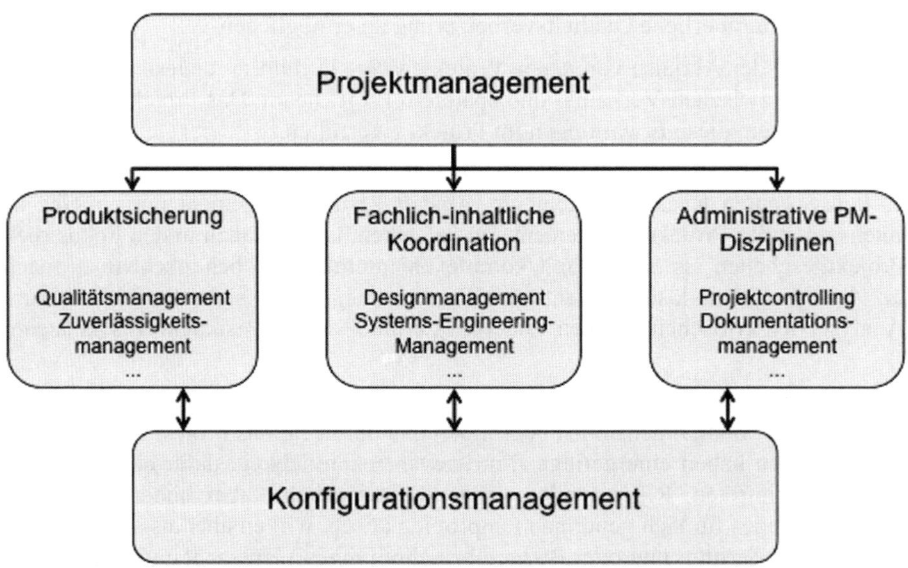

Bild 7-4 Konfigurationsmanagement als zentrale Steuerungsinstanz [Sayn06]

Konfigurationsmanagement ist die Disziplin, die Qualitätsmanagement und Projektmanagement integriert. Dabei ist eine Konfiguration *„die vollständige, in Dokumenten niedergelegte Beschreibung eines Produktes/ Systems, die benötigt wird, um das Produkt/ System über seine gesamte Lebenszeit zu fertigen, zu testen, zu betreiben und zu warten“* [Sayn96]. Konfigurationen sind Änderungen unterworfen. Eine Konfiguration beschreibt also den momentanen Zustand eines Systems. Konfigurationsmanagement bringt Transparenz in das schrittweise Entstehen eines Systems, in dem geplante Veränderungen (Präzisierungen und Detaillierungen) sowie (ungeplante) Änderungen systematisiert werden. Der Prozess der Leistungserstellung im Projekt wird so zu einer Folge geplanter, fachlich-inhaltlich exakt definierter Zwischenergebnisse, sogenannter *Referenzkonfigurationen.* In einer Referenzkonfiguration ist ein bestimmter

Stand „eingefroren" (in **Bild 7-3** entspricht jeder Aktionszyklus einer Referenzkonfiguration). Dieser Stand kann nur durch eine formale gelenkte Änderung verändert werden. Präzisierung bzw. Detaillierung sind der geplante Weg von einer Referenzkonfiguration zur nächsten, wobei diese Schritte sehr weitgehend zu interpretieren sind. Auch die Fertigung oder Beschaffung einer Komponente ist darunter zu verstehen; da ja so ein weiterer Schritt in Richtung Projektziel getan wird, vgl. **Bild 7-5** [Brem00].

Eine Analyse der Prozessschritte aus objektorientierter Sicht zeigt die folgenden Basisprozesse [Brem00]:

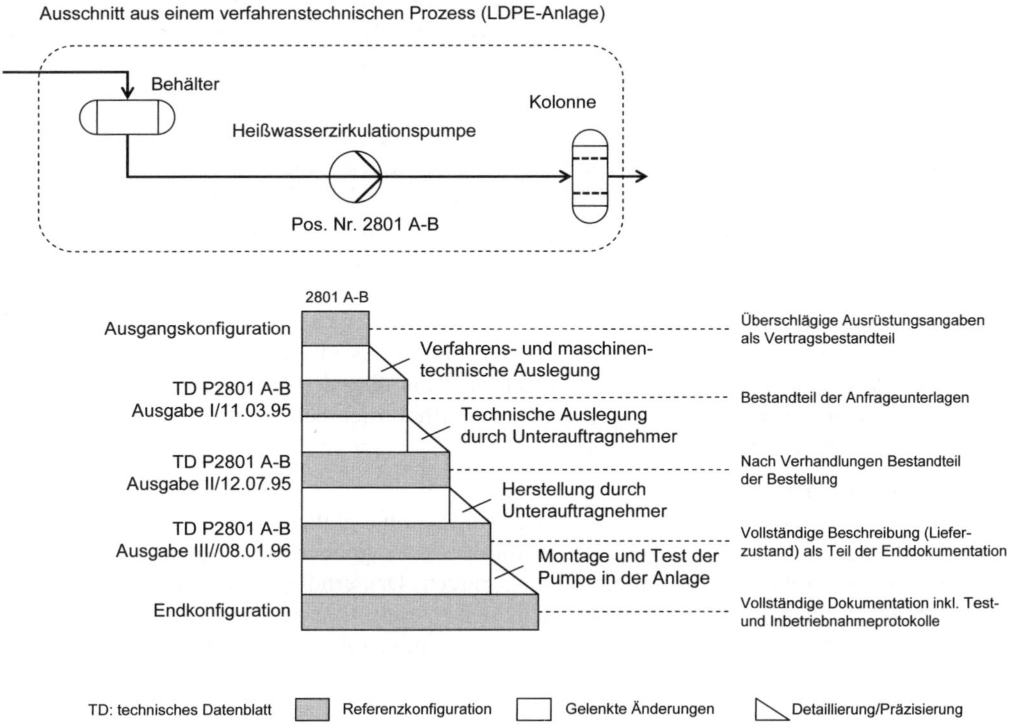

Bild 7-5 Referenzkonfigurationen am Beispiel [Brem00]

- **Dekomposition/Zerlegung**
  Ein Teilsystem wird in mehrere Objekte untergliedert, die getrennt bearbeitet werden können. Das Qualitätsmanagement muss gewährleisten, dass die Qualitätsforderung an die einzelnen Objekte weitergegeben und die systemische Verantwortung für das zergliederte System wahrgenommen wird. Alle Verifizierungen müssen auch im Systemzusammenhang stattfinden.

- **Komposition/Integration**
  Mehrere Objekte werden zu einem System zusammengeführt und dann (wieder) als Einheit betrachtet. Nach der Integration muss das entstehende System die Qualitätsfor-

derung erfüllen. Die Integration ist immer auch eine Gelegenheit, die Erfahrungen, die bei der Bearbeitung der einzelnen Teilaufgaben gemacht worden sind, im Systemzusammenhang zu bewerten und zu dokumentieren.

- **Detaillierung/Präzisierung**
  Ausgehend von einer Referenzkonfiguration Weiterentwicklung eines Objektes zur nächsten Referenzkonfiguration. Dieser Prozess lässt sich standardisieren, indem die Referenzkonfigurationen als obligatorische Zwischenschritte definiert und auch die Verfahren der Detaillierung/Präzisierung (z. B. Verwendung vorgegebener Berechnungsblätter oder Simulationsmodelle) festgeschrieben werden. Alle Zwischenergebnisse, die in diesem Schritt entstehen, sind vorläufig und berechtigen andere Projektbeteiligte nicht, darauf aufbauend Festlegungen zu treffen. Erst wenn der Stand in einer Referenzkonfiguration abgesichert ist, ist dieser verbindlich.
- **Änderung**
  Änderung eines Sachverhaltes, der in einer Referenzkonfiguration vorgefunden wurde. Hier muss zunächst geprüft werden, welche Konsequenzen die beabsichtigte Änderung hat. Erst wenn die Folgen bekannt, in ihrer Tragweite abgeschätzt und vor allem auch in Bezug auf Projekttermine und Budget bewertet sind, kann über eine Änderung entschieden werden. Die Referenzkonfigurationen dienen als fachlich-inhaltliche Bezugspunkte, an denen sich das Projektteam ausrichten kann. Auf Basis einer Referenzkonfiguration können Teilaufgaben unabhängig voneinander bearbeitet werden. Besteht ein Änderungsbedarf an einer Eigenschaft, welche bereits in einer Referenzkonfiguration abgesichert („eingefroren“) wurde, so geht dies nur über den Weg einer formalen Änderungslenkung. Damit wird sichergestellt, dass alle Projektbeteiligten koordiniert und auf dem gleichen Kenntnisstand arbeiten.
- **Abstimmung/Kooperation**
  Klärung und Festlegung der Beziehungen und Abhängigkeiten zwischen zwei Objekten. Das Projekt ist so auszurichten, dass der Auftraggeber die Möglichkeit hat, seine Sichtweise in das laufende Projekt einzubringen. Das erhöht zwar einerseits die Komplexität im Projekt, hat aber andererseits den Vorteil, dass nicht erst bei der Abnahme implizite Erwartungen und unterschätzte Forderungen des Auftraggebers deutlich werden. Es ist wichtig, dieser Kooperation eine Struktur zu geben, da sonst die Einflüsse auf das Projektteam von außen unkoordiniert sind. Es hat sich bewährt, in der Abstimmung drei Regelkreise miteinander zu verknüpfen: Der erste wird von den Fachverantwortlichen auf beiden Seiten gebildet, der zweite von den Projektverantwortlichen und der dritte von einem gemeinsam von Auftraggeber und Auftragnehmer besetzten Lenkungsausschuss.

Die Aufgabe des Qualitätsmanagements in Projekten ist es, ausgehend vom Basismodell des Konfigurationsmanagements, diese Prozesse abzusichern (Bezug zum aktuellen Projekt) und die entstehenden Erfahrungen auf Folgeprojekte zu übertragen (Bezug zum kontinuierlichen Verbesserungsprozess).

7.4 Verständnisfragen und Aufgaben zu Kapitel 7

Aufgabe 7-1
Erläutern Sie die verschiedenen Dimensionen des Qualitätsbegriffes für Projekte.

Aufgabe 7-2
In diesem Kapitel ist ein Vorgehensmodell für Projekte beschreiben, das sich am Entstehungsprozess des Projektgegenstandes orientiert. Ordnen Sie den neun Aktionszyklen des Vorgehensmodells Referenzkonfigurationen zu.

Aufgabe 7-3
Beschreiben Sie den Prozess der Änderungslenkung mit Bezug auf die Referenzkonfigurationen.

8 Total Quality Management (TQM)

8.1 Einleitung TQM

Total Quality Management ist Anfang der 1970er Jahre als Weiterentwicklung der klassischen – auf die Produkte und die Produktion beschränkten – Qualitätssicherung entstanden. Dies war eine Antwort der Amerikaner und Europäer auf ähnliche Strategien, die vor allem den fernöstlichen Industrien zu bemerkenswerten Wettbewerbsvorteilen im Kampf um die internationalen Märkte verholfen haben.

Bei der Beschäftigung mit TQM stellt sich sehr bald heraus, dass darin keine revolutionären oder bisher gänzlich unbekannten Elemente enthalten sind. Es handelt sich vielmehr um die systematische und konsequente Anwendung einiger Methoden innerhalb einer klar auf Qualität und Kundenzufriedenheit ausgerichteten Unternehmenskultur.

8.2 Grundgedanken des TQM

Total Quality Management ist eine integrierte, das gesamte Unternehmen mit allen Aktivitäten und Mitarbeitern sowie die Unternehmensumwelt einbeziehende Führungsstrategie, mit deren Hilfe aus Kundenanforderungen abgeleitete Qualitätsziele vorgegeben und erfüllt werden.

Total Quality Management (Umfassendes Qualitätsmanagement) wird wie folgt definiert:

Auf der Mitwirkung aller ihrer Mitglieder basierende Führungsmethode einer Organisation, die Qualität in den Mittelpunkt stellt und durch Zufriedenstellung der Kunden auf langfristigen Geschäftserfolg sowie auf Nutzen für die Mitglieder der Organisation und für die Gesellschaft zielt.

Aus der obigen Definition lassen sich Zielkriterien ableiten, die die charakteristischen Merkmale von TQM darstellen:

- Kundenzufriedenheit,
- Mitarbeiterzufriedenheit,
- Nutzen für die Gesellschaft,
- Qualität,
- Zeit und
- Kosten.

Die TQM-Zielkriterien sind umfassend: sie berücksichtigen die Zufriedenheit aller Anspruchsgruppen (Kunde, Mitarbeiter und Gesellschaft) sowie die Aspekte Qualität, Zeit und Kosten.

Damit kann Total Quality Management als die umfassendste (Qualitäts-)Strategie angesehen werden, die für ein Unternehmen denkbar ist. Vom Kunden über die eigenen Mitarbeiter bis hin zum Zulieferanten werden alle Bereiche vollständig erfasst und integriert. In den folgenden Bildern werden Grundgedanken und die wesentlichen Grundprinzipien von TQM dargestellt. In **Bild 8-1** sind Übersetzungen von „TQM“ nach *Kamiske* dargestellt

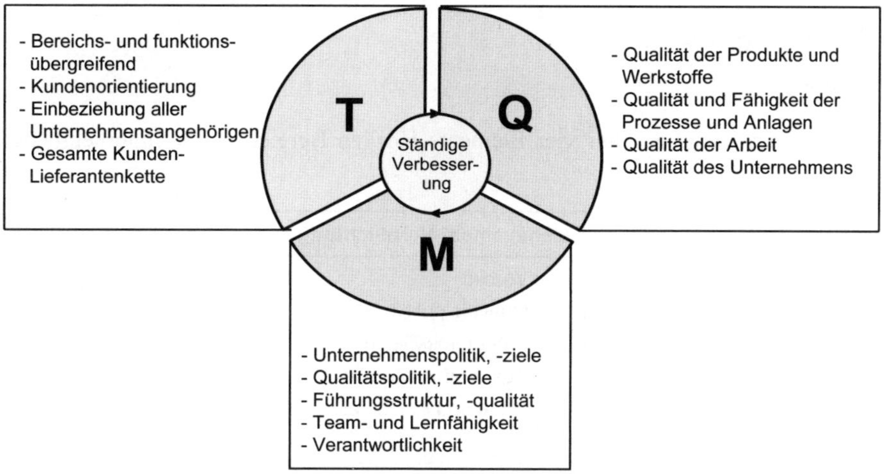

Bild 8-1 Grundgedanken des Total Quality Management [Kami93]

In **Bild 8-2** sind die Grundprinzipien TQM aufgeführt.

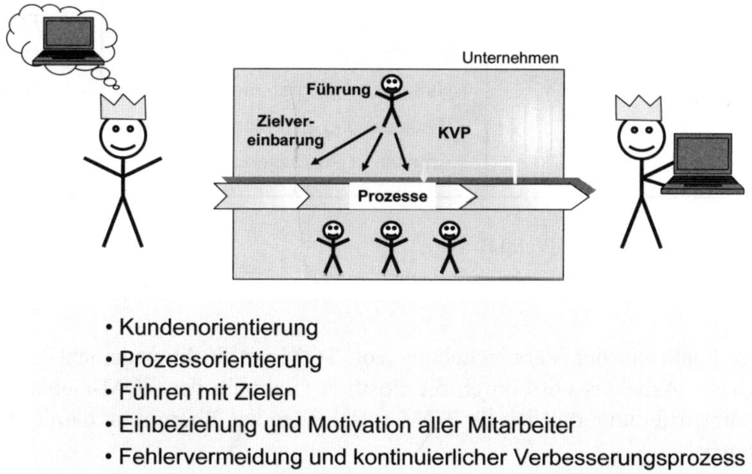

Bild 8-2 Grundprinzipien von Total Quality Management

8.3 Das TQM-Gebäude

Das Total-Quality-Management baut auf vier großen Elementen auf (**Bild 8-3**):

- Managementverpflichtung und Vorbildfunktion,
- Qualitätsmanagementsystem,
- Qualitätswerkzeuge und
- TQM-Bausteine.

Das richtige Zusammenwirken aller vier Elemente in allen Bereichen des Unternehmens ergibt ein wirkungsvolles TQM.

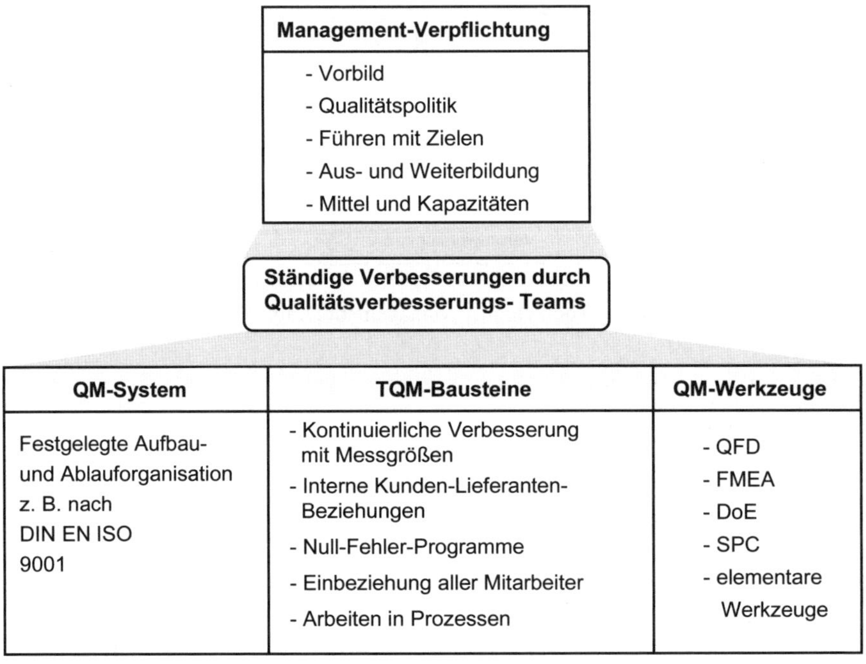

Bild 8-3 Das TQM-Gebäude [Freh94]

Ein wichtiger Punkt bei der Verwirklichung von TQM ist die Management-Verpflichtung. Die Bedeutung dieses Aspektes wird durch die Position innerhalb des TQM-Gebäudes verdeutlicht. Eine Unternehmensleitung, die sich für TQM entschieden hat, übernimmt damit automatisch zwei Verpflichtungen:

- Ständige, fördernde Begleitung des TQM-Prozesses im Unternehmen
- Vorleben der kontinuierlichen Qualitätsverbesserung im täglichen, persönlichen Auftreten und Handeln.

Die Unternehmensleitung muss dementsprechend eine Vorbildfunktion übernehmen. Dies schließt eine Teilnahme an TQM-Schulungen in gleichen Umfang und Dauer wie die anderen Führungskräfte und die Bereitstellung von Mitteln und Kapazitäten, um TQM ein- und durchführen zu können, ein. Die gesamte Qualitätspolitik des Unternehmens muss auf TQM ausgerichtet und den Mitarbeitern erläutert werden [Freh94].

8.4 Bausteine des TQM

8.4.1 Interne Kunden-Lieferanten-Beziehungen

Bei externen Kundenbeziehungen wird dem Kunden eine hohe Aufmerksamkeit geschenkt. Forderungen werden in Verträgen und Lastenheften festgehalten, Abweichungen verfolgt und alles getan, um ein Produkt nach Vorstellung des Kunden zu liefern. TQM hat diesen Kundengedanken auf die interne Kunden-Lieferanten-Beziehungen übertragen. Ziel der internen Kunden-Lieferanten-Beziehung ist die kundenorientierte Gestaltung und betriebsinterne Verbesserung von internen Leistungen und Abläufen. Sie werden nach folgendem Modell (**Bild 8-4**) organisiert [Freh94]:

- Jede Tätigkeit ist ein Prozess, der als Ergebnis ein „Produkt" hat.
- Der Empfänger dieses Produktes ist der interne „Kunde".
- Zu jeder Tätigkeit sind Zulieferungen erforderlich, die von einem „Lieferanten" kommen.
- Zwischen Kunden und Lieferanten besteht ein Informationsaustausch über Anforderungen und Ergebnisse.
- Die Tätigkeit wird zusätzlich durch Anweisungen und das Umfeld beeinflusst.
- Die meisten Kunden-Lieferanten-Beziehungen verlaufen in beide Richtungen.

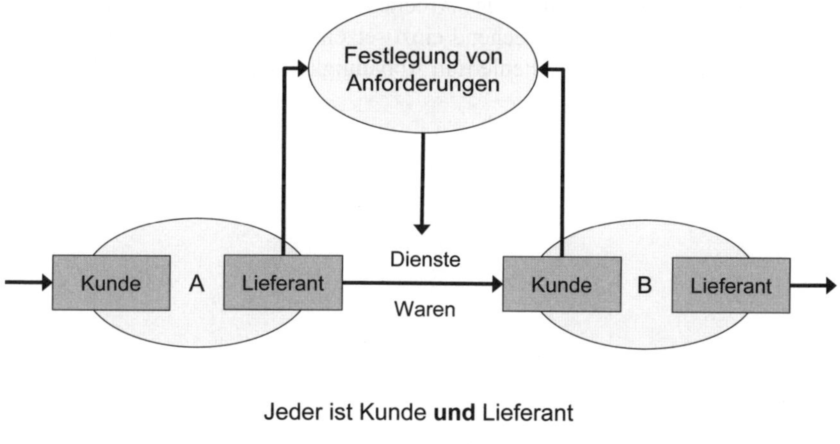

Bild 8-4 Interne Kunden-Lieferanten-Beziehung

Die Grundidee dieses Modells ist einfach. Schwierig ist es, diese Idee komplett im Unternehmen umzusetzen. Wenn ein Unternehmen mit dem Aufbau von Kunden-Lieferanten-Ketten beim externen Kunden starten, dann werden bei konsequenter Umsetzung von internen Kunden-Lieferanten-Beziehungen alle Abläufe im Unternehmen auf die Forderungen des externen Kunden ausgerichtet.

8.4.2 Null-Fehler-Programme

Eine stetige Verminderung des Fehlerniveaus in allen Bereichen des Unternehmens zählt neben der Steigerung der Kundenzufriedenheit zu den großen Zielen des Total-Quality-Managements.

Die unternehmensweite Umsetzung zur Realisierung dieser Zielsetzung heißt Null-Fehler-Progamm. Hierunter ist eine Vorgehensweise zu verstehen, die durch geeignete Verhaltensweisen und den konsequenten Einsatz von QM-Werkzeugen (QFD, FMEA, FTA, DOE, …– siehe Kapitel 2,3 und 4) eine stetige Reduzierung von Fehlern bewirkt.

Null-Fehler ist ein idealisiertes Ziel, welches in der Praxis nie erreichbar ist. Aber wenn dieses Ziel nicht verfolgt wird, bedeutet dies, dass Fehler als gegeben hingenommen werden und nicht versucht wird, diese zu beseitigen. Durch systematische und konsequente Vermeidung erreichen einzelne Unternehmen Fehlerraten im einstelligen ppm-Bereich[3] – also sehr dicht an dem Null-Fehler-Ziel.

Ein Null-Fehler-Programm setzt sich aus vier Komponenten zusammen:

- Voraussetzungen für fehlerfreie Arbeit schaffen
- Verfahren zur Fehlervermeidung einführen
- eingetretene Fehler systematisch abstellen und
- besonders gute Arbeitsergebnisse untersuchen.

Um die Voraussetzungen für ein fehlerfreies Arbeiten zu schaffen, ist darauf zu achten, die Mitarbeiter ihrer Leistungsfähigkeit entsprechend einzusetzen. In **Bild 8-5** sind die Ergebnisse einer Studie dargestellt, die die Anzahl von Fehlern in Abhängigkeit einer Belastung darstellt.

[3] ppm – parts per million: fehlerhafte Teile bezogen auf eine Million produzierte Teile.

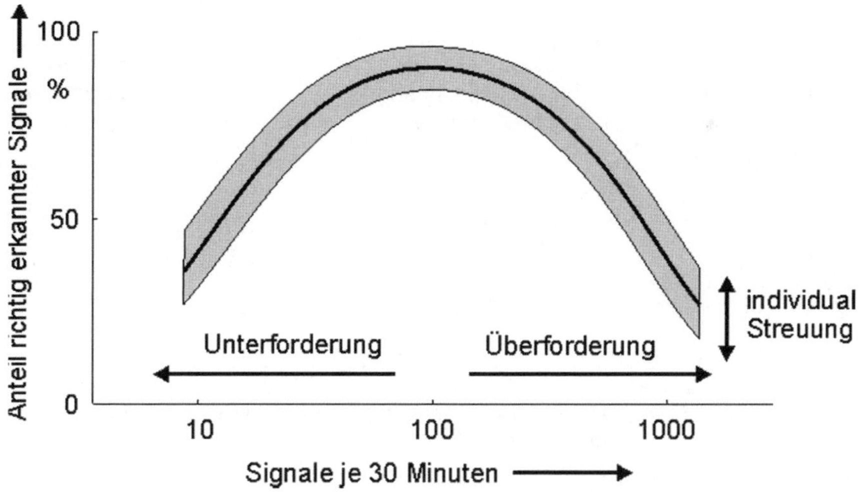

Bild 8-5 Grenzen menschlicher Leistungsfähigkeit [Freh94]

Hier wird nachgewiesen, dass sowohl eine Überforderung als auch eine Unterforderung zu erhöhter Fehlerzahl führen. Das Bild zeigt weiterhin, dass eine völlige Fehlerfreiheit (=100 % richtig erkannte Signale) nicht zu erreichen ist. Damit werden auch von Menschen vorgenommene Prüfungen nicht zu vollständiger Fehlerfreiheit führen, auch wenn man sie hintereinander vornimmt. Grundsätzlich muss die Möglichkeit des Entstehens von Fehlern vermieden werden. Die Produkte und Prozesse müssen so gestaltet sein, dass Fehler nicht auftreten können. Der Ansatz zur Vermeidung von zufälligen Fehlern ist Poka-Yoke (siehe Abschnitt 3.4).

In **Bild 8-6** wird der bisherige Zustand, in dem die Mehrzahl der Fehler erst während der Realisierungsphase entdeckt wird, beschrieben. Ziel eines Null-Fehler-Programms ist es, die Fehlervermeidung durch den präventiven Einsatz von Qualitätsmethoden in frühere Phasen des Produktenstehungsprozesses zu verlagern. Dafür ist auch der Begriff „Frontloading" verbreitet. Unter Berücksichtigung der 10er-Regel der Fehlerkosten[4], ist es wirtschaftlicher, Fehler möglichst früh im Produktenstehungsprozess zu beseitigen.

Aus dieser Tatsache heraus ist ein Grundsatz des Null-Fehler-Programms: *Fehler vermeiden ist wirtschaftlicher als Fehler beseitigen.*

---

[4] Mit jeder Phase, die ein Fehler später im Produktentstehungsprozess behoben wird, steigen die Kosten zur Fehlerbeseitigung um eine 10er Potenz (siehe Kapitel 3, Bild 3-1).

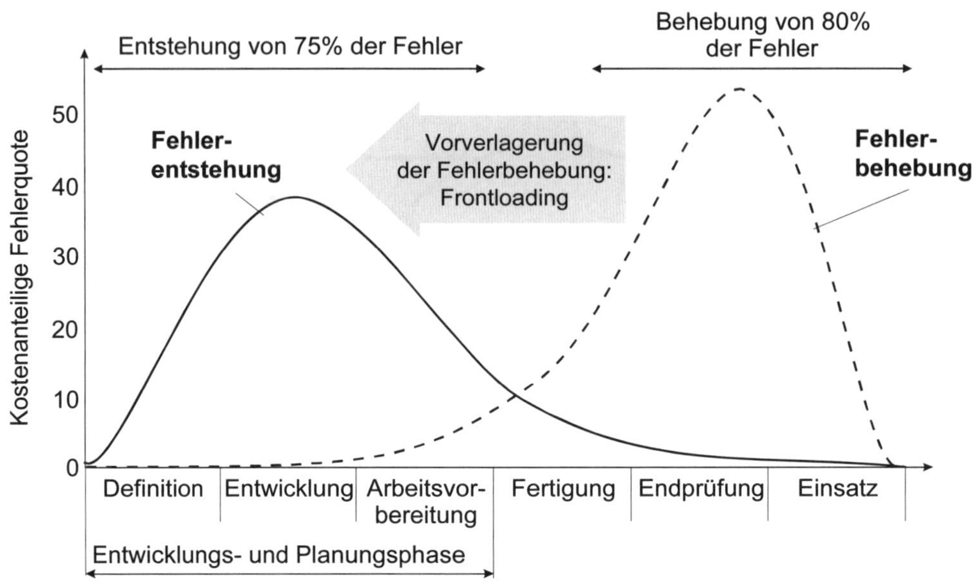

Bild 8-6 Fehlerentstehung und -behebung im Produktentstehungsprozess

Zur Fehlervermeidung sind in allen Phasen des Produktentstehungsprozesses Qualitätsmethoden und elementare Qualitätstools, wie sie in den Kapiteln 2-4 beschrieben wurden, einzusetzen.

Auch mit dem umfassenden Einsatz von präventiven Qualitätsmethoden lassen sich nicht alle Fehler vermeiden. Wenn aber ein Fehler aufgetreten ist, so hat der Grundsatz zu gelten: *Jeder Fehler darf nur einmal auftreten.*

8.4.3 Kontinuierliche Verbesserung (Kaizen)

Der japanische Begriff „Kaizen“ bedeutet „Veränderung zum Besseren“ und drückt das Streben nach kontinuierlicher Verbesserung aus. Dies ist jedoch nicht als Methode zu betrachten, die bei Bedarf auf ein Problem angewendet werden kann. Kaizen ist vielmehr eine Philosophie oder eine kundenorientierte Verbesserungsstrategie, die davon ausgeht, dass alle Aktivitäten aller Mitarbeiter im Unternehmen schließlich zu einer Steigerung der Kundenzufriedenheit führen sollen [Imai92].

Kaizen ist die Philosophie, das kontinuierliche Verbesserungen in allen Bereichen unter Einbeziehung aller beteiligten Menschen anzustreben sind.

Die Kaizen-Philosophie kam Anfang der 1990er Jahre aus Japan über die USA nach Deutschland. Die Amerikaner nannten diesen Ansatz **Continuous Improvement Process (CIP)**. Auf Druck der großen amerikanischen Automobilhersteller führten auch viele deutsche Automobilzulieferer CIP ein. Der Name „CIP“ ist bei einigen Unternehmen (z. B. Bosch) bis heute geblieben. Andere deutsche Unternehmen haben den Kaizen-Ansatz unter der deutschen Übersetzung „**kontinuierlicher Verbesserungsprozess (KVP)**“ eingeführt (z. B. Volkswagen).

Bild 8-7 Kaizen [Imai92]

Masaki Imai, dessen Veröffentlichungen Kaizen im Westen bekannt gemacht haben, hat den in **Bild 8-7** dargestellt „Kaizen-Schirm" publiziert, der alle Elemente darstellt, die er zu Kaizen zählt. Allerdings hat er sehr viele Methoden und Ansätze gesammelt, die er einfach Kaizen zugeordnet hat. Dabei hängen viele dieser Punkte nur indirekt mit Kaizen zusammen. Beispielsweise entspringen „Kanban" und „Just-in-time" dem Toyota Produktionssystem und sind nur indirekt durch den Kaizen-Gedanken geprägt.

Bild 8-8 stellt die Vorgehensweise von Kaizen einer westlich geprägten Vorgehensweise gegenüber.

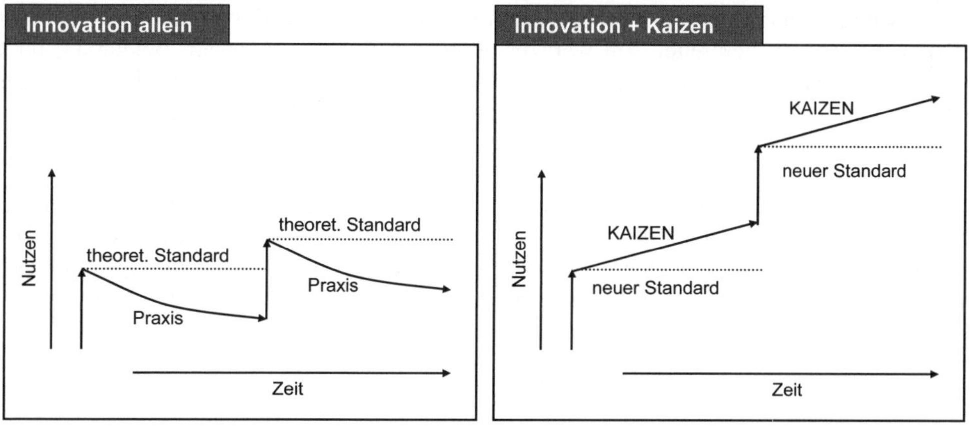

Bild 8-8 Kaizen und Innovation [Imai92]

Nach *Imai* setzen westliche Industrieländer vor allem auf Innovation. Beispielsweise wird eine neue Maschine gekauft (in Bild 8-8 im linken Teil: Nutzen steigt). Diese verschleißt über die Betriebsdauer und wird irgendwann durch eine neue Maschine ersetzt, die – da die Technologie fortgeschritten ist – einen höheren Nutzen bringt. Japanische Unternehmen (Bild 8-8, rechter Teil) kaufen eine neue Maschine. Diese wird im Betrieb kontinuierlich weiterentwickelt und immer besser an die speziellen Anforderungen des Anwendungsfalles angepasst. Wird eine neue Maschine gekauft, dann fließen die Erfahrungen aus der Maschinenverbesserung in die neue Maschine ein.

Vorschlagswesen und Qualitätszirkel

Das Vorschlagswesen wurde in den westlichen Industrieländern vor allem etabliert, um ökonomische Verbesserungen an Fertigungsprozessen, Produkten und Vorgängen zu erwirken. Es ist üblich, die Verbesserungsvorschläge nach ihrer Wirtschaftlichkeit zu bewerten und an die Mitarbeiter eine entsprechend abgestufte Prämie zu zahlen.

Das betriebliche Vorschlagswesen wurde erstmals 1872 von *Alfred Krupp* eingeführt [Mich53]. Die japanischen Unternehmen entdeckten bei der durch amerikanische Berater angeregten Einführung von Verbesserungsprogrammen in den Nachkriegsjahren das enorme Potential des betrieblichen Vorschlagswesens. Anregungen von Mitarbeitern werden gezielt gefördert und umgesetzt, teilweise auch unabhängig von ihrem wirtschaftlichen Nutzen. Die Mitarbeiter und ihre Vorgesetzten werden nach der Zahl und Güte der Verbesserungsvorschläge beurteilt und zur weiteren Motivation werden erfolgreiche Vorschläge unter Nennung des Namens bekannt gemacht. Zum Teil werden Namensschilder und Ehrungen an den verbesserten Maschinen angebracht (Hitachi). Auch in Deutschland gibt es zahlreiche innovative Ansätze für das betriebliche Vorschlagswesen. In vielen Unternehmen wird für das betriebliche Vorschlagswesen der modernere Begriff „Ideenmanagement“ geführt.

Im Ideenmanagement/ betrieblichen Vorschlagswesen können Vorschläge als Einzel- oder als Gruppenvorschläge eingereicht werden. Ein oder mehrere Mitarbeiter machen einen Verbesserungsvorschlag, wenn ihnen ein Problem ins Auge fällt. Diese Art des Vorschlagswesens ist in Europa am weitesten verbreitet. Ein weiterer Grund ist, dass die monetäre Belohnung für den Einzelnen bei einem erfolgreich eingereichten Vorschlag wesentlich höher ausfällt, als bei einem Vorschlag aus der Gruppe. Einzelvorschläge werden auf speziell dazu ausgelegten Formularen in Vorschlagsboxen eingereicht.

Die Beteiligung am betrieblichen Vorschlagswesen ist in Deutschland in den Unternehmen sehr unterschiedlich. **Bild 8-9** gibt einen Überblick über Kennzahlen des betrieblichen Vorschlagswesens. Im Mittel wird ein Vorschlag pro Mitarbeiter und Jahr eingereicht. Die Spitzenreiter der Unternehmen kommen allerdings auf bis über 10 Vorschläge pro Mitarbeiter und Jahr.

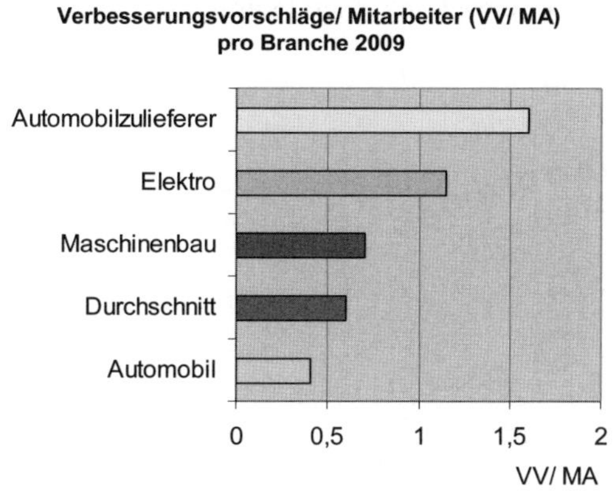

Kennzahlen 2008:

Verbesserungsvorschläge:	1,4 Mio.
Einsparung:	1,55 Mrd. €
Prämien:	162 Mio. €
Realisierungsgrad:	64 %
Beteiligungsgrad:	24,2 %

Bild 8-9 Kennzahlen des betrieblichen Vorschlagswesens

Die Hauptthemen sind [Imai92]:

- Verbesserung der eigenen Arbeit,
- Einsparung von Ressourcen (Energie und Material),
- Verbesserung des Arbeitsumfeldes,
- Verbesserung von Maschinen und Prozessen,
- Verbesserung von Werkzeugen und Geräten,
- Verbesserung von administrativer Arbeit,
- Verbesserung der Produktqualität,
- Ideen für neue Produkte,
- Verbesserung von Kundendienst und Kundenbeziehungen.

Qualitätszirkel sind kleine, institutionalisierte Gruppen von ca. fünf bis zwölf Mitarbeitern, die regelmäßig zusammentreffen, um in ihrem Arbeitsbereich auftretende Probleme freiwillig und selbstständig zu bearbeiten.

Die Sitzungen werden von einem Kollegen oder Vorgesetzten geleitet bzw. moderiert, dauern etwa ein bis zwei Stunden und finden in der Regel wöchentlich während der Arbeitszeit statt. Von den Gruppenmitgliedern selbst ausgewählte, arbeitsbezogene Schwachstellen oder Probleme werden diskutiert und systematisch untersucht. Zur Bearbeitung der Problemstellungen werden die QZ-Mitglieder in der Anwendung einfacher Qualitätswerkzeuge wie z. B. Brainstorming, Fehlersammelliste, ABC-Analyse und Ishikawa-Diagramm geschult. Die Umsetzung von Lösungen bzw. Verbesserungsvorschlägen erfolgt nach Genehmigung des Entscheidungsträgers eigenverantwortlich durch die Gruppe, sofern sie keine externe Unterstützung benötigt. Auch der bei der Umsetzung erzielte Erfolg wird durch die Gruppe selbst kontrolliert [Kami93].

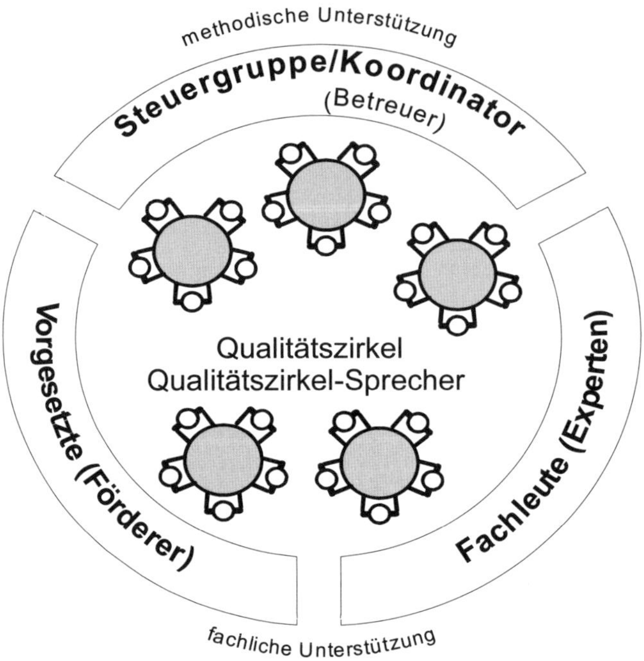

Bild 8-10 Organisatorische Elemente der Qualitätszirkel

In vielen deutschen Unternehmen existierte bis Ende der 1980er Jahre eine intensive Arbeit von Qualitätszirkeln. Mit Einführung von Kaizen in den deutschen Unternehmen wurde die „Zirkelarbeit" von Kaizen-Workshops verdrängt, obwohl die Qualitätszirkel Kaizen sehr gut unterstützt hätten. Dennoch sind Qualitätszirkel in den meisten deutschen Unternehmen bekannt und zum Teil immer noch verbreitet.

8.4.4 Motivation

Der Mitarbeiter steht bei allen Bestrebungen zur Qualitätsverbesserung in Tätigkeiten und Dienstleistungen im Mittelpunkt. Ein zentraler Punkt ist dabei die Motivation zur Qualitätsarbeit. Daher soll im Folgenden eine kurze Einführung in das Thema „Motivationstheorie" gegeben werden.

Begriffsbestimmung [Masi94]:

- Motiv ist der Beweggrund für ein Verhalten,
- Motivation ist das Zusammenspiel aller Motive in einer konkreten Situation. Es sind also meist viele Motive, die ein bestimmtes Verhalten hervorbringen,
- Motivieren kommt von „movere", in Bewegung setzen und bedeutet, Einfluss nehmen auf die Motivation, d. h. bereits bestehende Motive aktivieren.

Theorien zur Motivation sind seit *Maslow* (1943) allgemein bekannt.

Tabelle 8-1 gibt einen Überblick über die in den verschiedenen Theorien aufgeführten Auslöser für Motivation.

Dass sich Unternehmen Gedanken machen, wie sie die Motivation ihrer Mitarbeiter steigern könne, ist kein Selbstzweck. Die Unternehmen wollen letztendlich mehr Leistung von ihren Mitarbeitern erhalten. Das Leistungsverhalten eines Mitarbeiters ergibt sich aus seinen Fähigkeiten und Fertigkeiten und seiner Motivation als Multiplikator [Rose76]:

Leistungsverhalten = Motivation x (Fähigkeiten + Fertigkeiten)

Für die Qualitätsarbeit gilt dieser Zusammenhang in besonderem Maße und in allen Abteilungen und Funktionen.

Tabelle 8-1: Motivationstheorien [Hais89]

Maslow (1943)	Hierarchie von Bedürfnissen (physiologische Bedürfnisse, Sicherheitsbedürfnisse, soziale Bedürfnisse, Wertschätzungsbedürfnisse, Selbstverwirklichungsbedürfnisse). Motivationswirkung haben diejenigen Bedürfnisse, die noch nicht befriedigt sind.
Mayo (1945)	Soziale Bedürfnisse der Mitarbeiter sind so wichtig wie Sicherheit und gute Bezahlung. Die Bildung informaler Gruppen sollte nicht verhindert, sondern angeregt werden. Besondere Aufmerksamkeit gegenüber Gruppen wirkt leistungsfördernd (Hawthorne-Effekt).
Argyris (1957)	Theorie der Persönlichkeit und Organisation, behandelt den Konflikt zwischen persönlicher Freiheit und Kontrolle. Zu starke Einschränkungen führen zur Frustration.
Herzberg (1959)	Motivation und Umgebungsfaktoren (Hygienefaktoren). Umgebungsfaktoren verhindern Unzufriedenheit, Motivatoren tragen besonders zur Zufriedenheit bei.
McGregor (1960)	Theorie X und Theorie Y stellen gegensätzliche Einstellungen des Managements zu den Mitarbeitern dar. Theorie X beschreibt einen traditionellen, überholten Führungsstil, dem Theorie Y gegenübergestellt wird.
Likert (1961)	Erkennt den Konflikt zwischen strikter Arbeitsteilung und Motivation der Mitarbeiter. Unternehmen werden klassifiziert in System 1 bis System 4. Nur im System 4 sind Kooperation und Partizipation verwirklicht.
Locke (1967)	Zielsetzungstheorie. Wenn einem Mitarbeiter konkrete Ziele gesetzt werden, wird seine Leistung besser sein, als wenn diese Ziele fehlen. Ziele müssen erreichbar sein, Partizipation in der Zielsetzung erhöht die Motivation.
McClelland (1976)	Motivation durch Streben nach Macht, Erfolg und Zugehörigkeit. Die Menschen streben in unterschiedlichem Grad nach deren Erfüllung

In **Bild 8-11** ist die Hierarchie der Bedürfnisse nach *Maslow* graphisch dargestellt. Die Hygienefaktoren (im Deutschen auch Umgebungsfaktoren; z. B. Arbeitsumfeld, Arbeitssicherheit) sind ein unverzichtbarer Beitrag zur Gestaltung der Arbeit. Ihre vollständige Beachtung verhindert eine Unzufriedenheit des Arbeitnehmers und stellt damit die Mindestanforderung für einen Arbeitsplatz dar. Sind sie vorhanden, werden sie als Selbstverständlichkeit betrachtet.

Motivatoren sind übergeordnete Bedürfnisse, deren Erfüllung zu besonderer Zufriedenheit und erhöhter Arbeitsleistung führen. Zu den Motivatoren gehören z. B. Anerkennung, Herausforderung, Verantwortung, Beförderung und Selbstverwirklichung. Die Wirkung der Motivatoren kann aber erst einsetzen, wenn das durch die Hygienefaktoren definierte Mindestarbeitsumfeld vorhanden ist.

Bild 8-11 Motivationspyramide von *Maslow*

Demotivatoren sind nicht erfüllte Hygienefaktoren oder auch mangelnde erwartete Motivatoren. Hierzu gehört z. B. das Fehlen von Arbeitsmitteln, Gefahren für den Arbeiter oder Negativerlebnisse (ungerechte Behandlung ...).

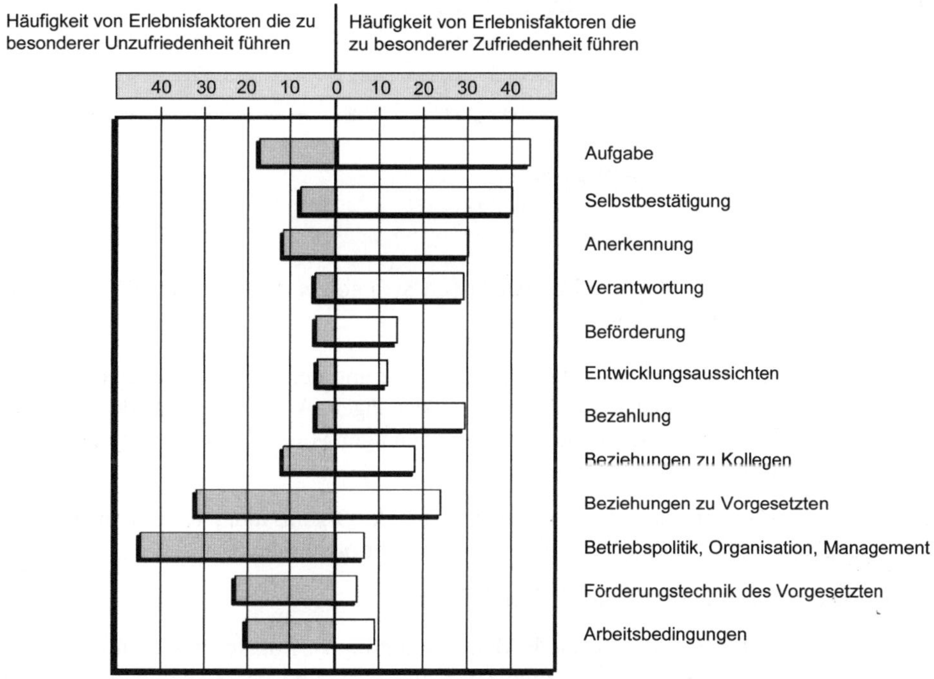

Bild 8-12 Ursachen besonderer (Un-)Zufriedenheit bei der Arbeit nach [Herz68]

Herzberg hat grundlegend in der Pittsburgh-Studie 1968 [Herz68] durch Mitarbeiterbefragungen die Gründe für Zufriedenheit und Unzufriedenheit untersucht (**Bild 8-12**) und dabei auch die Wirkdauer verschiedener Faktoren ermittelt (**Bild 8-13**).

Diese Untersuchungen und auch eigene Mitarbeiterbefragungen können für Führungskräfte in Unternehmen wichtige Erkenntnisse über Fehler im Verhältnis zu den Mitarbeitern und Gründe für Qualitätsmängel oder unwirksame Qualitätsarbeit liefern.

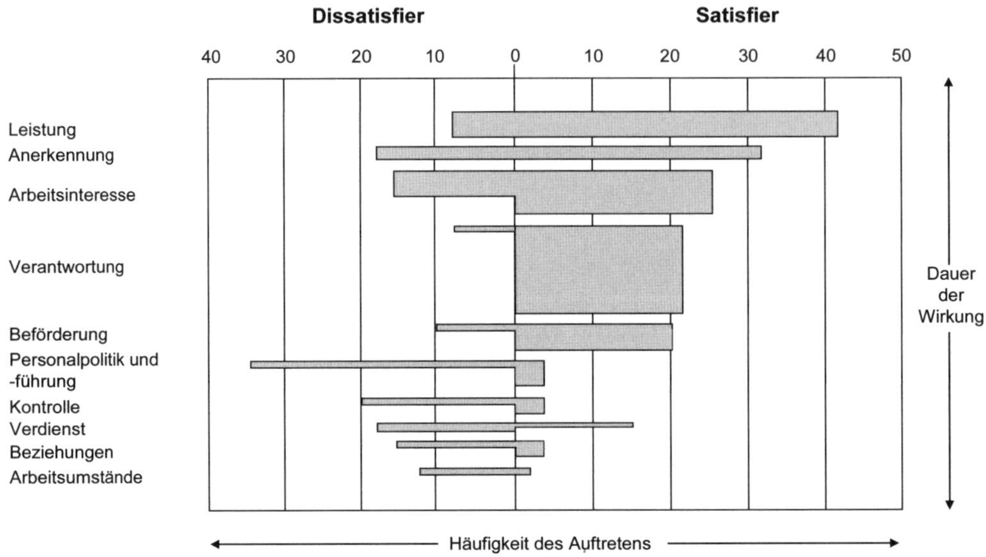

Bild 8-13 Satisfier und Dissatisfier [Wien89]

Aus der Untersuchung der Hygienefaktoren lassen sich folgende Aufgaben für ein Unternehmensmanagement ableiten [Hais89]:

- Leistungs- und arbeitsgerechte Gestaltung und Sicherung der Arbeit durch eine angemessene und attraktive Lohn- und Gehaltsstruktur, Sozialleistungen, Arbeitsplatzsicherheit, eine ansprechende Arbeitsumgebung, die Bereitstellung notwendiger Mittel und Werkzeuge, klare Richtlinien, Regeln, Normen und Programme,
- Förderung der Zusammenarbeit durch entsprechende Organisation, Kommunikationskanäle, Aufgabenplanung und -teilung, Koordination und Kontrollverfahren,
- Förderung des Teamgeistes und der Teameffektivität,
- aktive Pflege des Betriebsklimas durch Meinungsumfragen, Kanäle für Beschwerden und zur Konfliktbereinigung, spezielle Programme für die Förderung der Kommunikation zwischen Management und Mitarbeitern,
- Pflege des Images eines soliden und gut geführten, zukunftsorientierten und progressiven Unternehmens (Corporate Identity).

Die Aktivierung der Motivatoren erfordert folgendes Arbeitsprogramm [Hais89]:

- Leistungsgerechtes und faires Personalförderungssystem mit Laufbahnkonzept, Förderungs- und Beförderungsverfahren, Leistungszulagen, Prämien und Auszeichnungen für besondere Leistungen,
- Entwicklung und Bereicherung der Arbeit für größere organisatorische Einheiten und Be[illegible]tigungsgruppen,
- Entfaltung der Fähigkeiten der Mitarbeiter und Führungskräfte durch Aus- und Weiterbi[illegible],
- Organisation des Verbesserungsvorschlagswesens und der betrieblichen Mitbestimmung,
- Bekannt- und Bewusstmachung der im Unternehmen angebotenen Mittel der Mitarbeiterförderung,
- Schaffung von Herausforderungen (Zielsetzung und Aufgabe), Delegation von Verantwor[illegible]lichkeiten, Handlungsfreiheit, Erfolgsmöglichkeiten, Selbstverwirklichung, Berücksichtigung individueller Anlagen ...

Verschiedene Organisationsformen üben einen Einfluss auf die Motivation der Mitarbeiter und damit auf die Qualität ihrer Arbeit aus. Beispiele hierfür sind z. B. die tayloristische Arbeitsteilung, die seit *Likert* (1961) als motivationshemmend bekannt ist oder die strikte (organisatorische und personelle) Trennung zwischen Fertigung und Qualitätsprüfung, die sich als nicht qualitätsförderlich und demotivierend erwiesen hat.

Jede Fertigung besteht aus einer großen Anzahl von Regelkreisen, die in sich und in ihrem Zusammenwirken geplant werden müssen. Die Qualitätsregelkreise bestehen jeweils aus der Ausführung einer Tätigkeit, der anschließenden Feststellung der Qualität durch die Erfassung der Merkmalswerte der produzierten Einheit und der Auslösung von Korrekturmaßnahmen bezüglich der Tätigkeit und dem Umfeld.

Kleine, schnell reagierende Regelkreise bewirken eine effektive Qualitätssicherung. Dieser Zusammenhang und die stark motivierende Wirkung von Verantwortung, Leistung und Selbstbestätigung sprechen für die Einführung des Prinzips der Selbstprüfung.

In handwerklichen Fertigungsstrukturen ist die Selbstprüfung eine Selbstverständlichkeit. Die tayloristische Arbeitsteilung in der industriellen Produktion kann durch die mangelnde Rückkopplung der Qualitätsinformation über die eigene Arbeit zu Unzufriedenheit und Gleichgültigkeit führen.

Wird die Prüfung der eigenen Tätigkeit von einer anderen Stelle durchgeführt, so erreichen nur die demotivierenden Meldungen über aufgetretene Mängel und Fehler den Bearbeiter. Er empfindet die Qualitätsprüfung als Kontrolle (so hieß auch die klassische Prüfabteilung) und an die Stelle der Motivatoren Leistung und Erfolg treten die Demotivatoren Zwang und Überwachung (**Bild 8-14** und **Bild 8-15**).

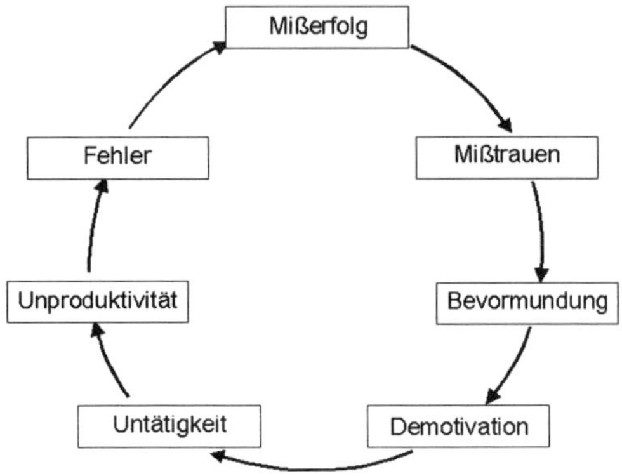

Bild 8-14 Misstrauenskreislauf

Bild 8-15 Vertrauenskreislauf

Selbstprüfung erfordert eine geänderte Arbeitsorganisation und in vielen Fällen auch Weiterbildungsmaßnahmen für die Werker. Im Gegenzug können Prüfer eingespart werden und die Einstellung der Mitarbeiter zu ihrer Tätigkeit wird entsprechend verbessert.

Eine Umstrukturierung der Arbeitsorganisation in Richtung zur Gruppenarbeit kann die Qualität der Arbeitsergebnisse verbessern. Gruppen sollten selbstverantwortlich und mit einem erweiterten Planungshorizont operieren.

Die Unternehmensorganisation muss die Erkenntnisse der Motivationsforschung und der Qualitätssicherung in die betriebliche Praxis umsetzen. Dazu ist auch die Einrichtung und Pflege von qualitätsförderlichen, innerbetrieblichen Strukturen und Organisationen zu verstehen.

8.5 Kundenorientierung

Oberstes Ziel von TQM ist die Ausrichtung des Unternehmens an den Kundenwünschen. Dazu müssen die Unternehmensbereiche Marktforschung und Konstruktion und Entwicklung die Kundenanforderungen ermitteln und in Produkte umsetzen. Als Methode kann QFD diesen Prozess unterstützen (Abschnitt 3.1). Zur Erfolgskontrolle dienen die Ergebnisse aus den Erprobungen der Produkte, aus Umfragen, Marktanalysen und ähnlichem. In **Bild 8-16** sind die wichtigsten Aspekte der Messung der Kundenzufriedenheit dargestellt.

Ein häufig vernachlässigter Bereich ist die Betreuung des Kunden nach Auslieferung des Produktes, also Wartung, Instandhaltung und Reklamationsbearbeitung. Wartung und Reparatur werden oft nicht im Stammwerk durchgeführt oder das Produkt ist Teil einer komplexeren Einheit (Zuliefierersituation, OEM-Markt), was den Informationsrückfluss behindert.

Der Einsatz beim Kunden stellt das ideale Prüffeld mit 100%-Prüfung und den entsprechenden realen Umgebungsbedingungen dar, in dem sich das Produkt zu bewähren hat. Gerade die Daten über die Qualität des Produktes in der Hand des Kunden sind also eine wichtige Informationsquelle und sollten zur Qualitätsverbesserung in Konstruktion und Fertigung herangezogen werden [Masi94].

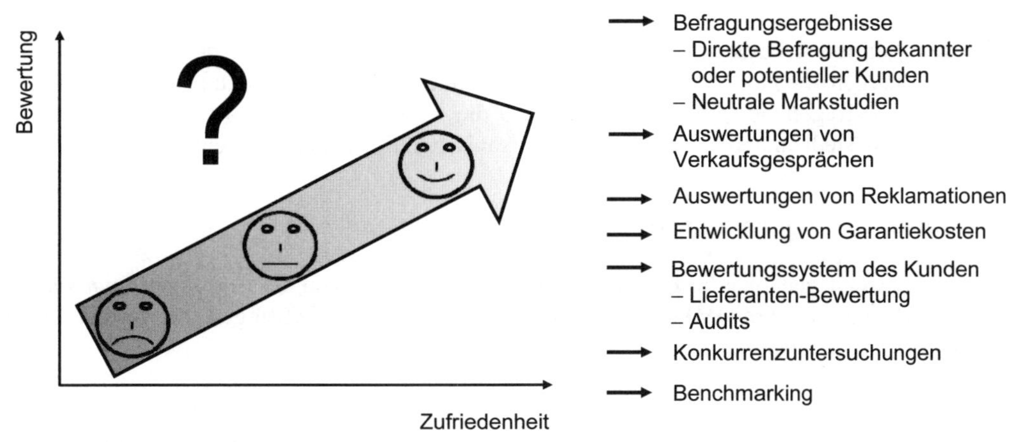

Bild 8-16 Messung der Kundenzufriedenheit

Die dazu aufzubauende Organisation erfordert ein partnerschaftliches Zusammenwirken von Verkauf, Reklamationsbearbeitung und Kundenbetreuung mit den an der Produkterstellung beteiligten Bereichen im Unternehmen. Zusätzlich muss eine schnelle Verbindung vom Service über das liefernde Unternehmen und die gesamte Zulieferkette aufgebaut werden, die die Qualität und Aktualität der Daten sicherstellt.

8.6 Business Excellence-Modelle

Zur Bewertung von Qualitätsmanagementsystemen lassen sich unterschiedliche Beurteilungsinstrumentarien heranziehen. Neben den Kriterienkatalogen, die auf der DIN EN ISO 9001 basieren und eher operativ ausgerichtet sind, lassen sich auch die eher strategisch ausgerichteten Kriterienkataloge von Excellence-Modellen anwenden. Diese sind die Basis für Qualitäts-/ Excellence-Preisen, die im Folgenden dargestellt werden.

Deming Application Prize

Japan war das erste Land, das die Qualitätsbemühungen der japanischen Unternehmen durch Vergabe eines Preises fördern wollte. Seit 1951 wird der „Deming Application Prize" vergeben, der in Japan einen hohen gesellschaftlichen Status genießt.

Malcolm Baldrige National Award

Der Malcolm Baldrige National Award wurde 1987 von der National Advisory Council for Quality (NAQC) ins Leben gerufen. Sowohl die Anforderungen an sich, als auch die organisatorische Durchführung lehnen sich dabei stark an den japanischen Deming Prize an.

Ziel des Baldrige Awards ist es das Bewusstsein für Qualität als entscheidendem Wettbewerbsfaktor zu stärken, die Notwendigkeit für hervorragende Qualität bewusst zu machen und Informationen über erfolgreiche Qualitätskonzepte und die Vorteile publik zu machen. Der Preis wird unter großem Medieninteresse durch den amerikanischen Präsidenten vergeben.

European Excellence Award

Um den Qualitätsgedanken in Europa zu fördern wurde 1992 von der *European Foundation for Quality Management* (EFQM) der *European Quality Award* ins Leben gerufen worden, der später in *European Excellence Award* (EEA) umbenannt wurde.

Der European Excellence Award wird in verschiedenen Kategorien vergeben, die abhängig von der Unternehmensgröße sind. Die Bewertung erfolgt nach dem in **Bild 8-17** dargestellten Kriterienmodell.

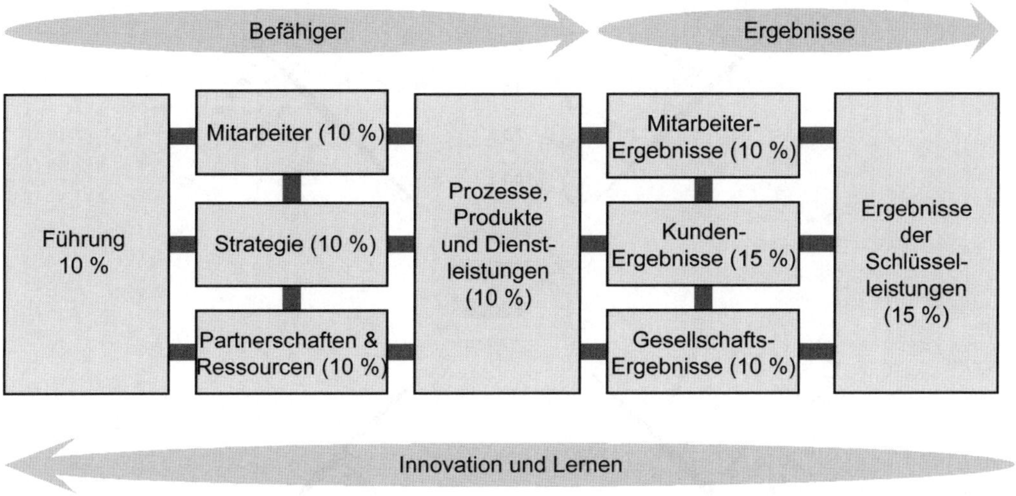

Bild 8-17 Kriterienmodell des European Excellence Awards

Das Modell ist in zwei grundlegende Bereiche unterteilt:

- Befähiger(-prozesse), das sind die Abläufe, die zu einem Ergebnis führen
- Ergebnisse des Unternehmens.

Durch die Berücksichtigung von Unternehmenskennzahlen, wie Umsatz, Gewinn usw. in den Ergebniskriterien, geht das Modell des European Excellence Awards weit über ein Qualitätsmodell hinaus. Es bewertet Unternehmen nach Kriterien einer exzellenten Unternehmensführung.

Bei der Bewertung der Unternehmen können insgesamt maximal 1000 Punkte vergeben werden, davon 500 Punkte durch die „Befähiger-Kriterien“ und 500 Punkte durch die „Ergebnis-Kriterien“. Die Gewichtung der einzelnen Bereiche des EEA ist in Bild 8-17 dargestellt.

Wie bei einer Zertifizierung nach DIN EN ISO 9001 existiert ein Fragenkatalog für den European Excellence Award. Die Bewertung der Fragen erfolgt mittels der RADAR-Systematik (**Bild 8-18**).

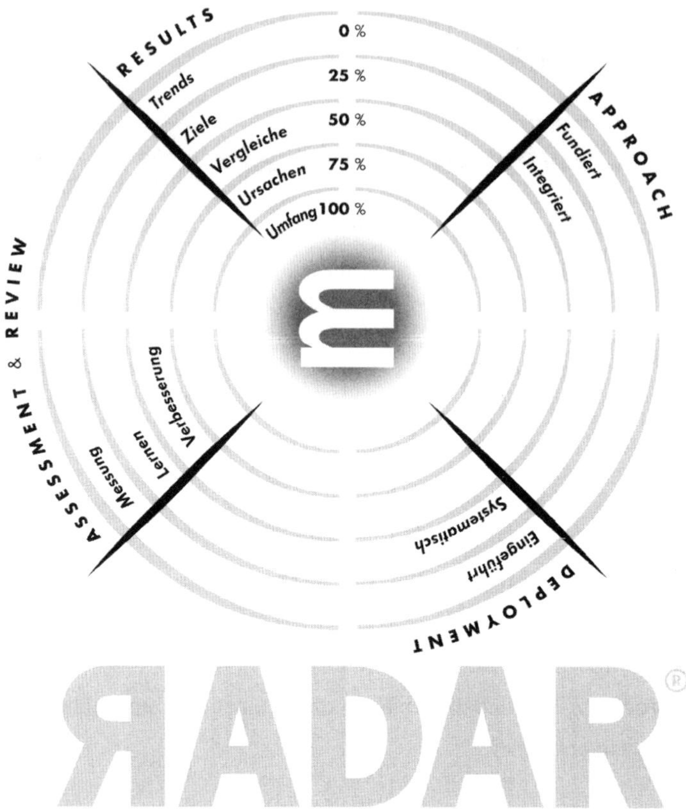

Bild 8-18 RADAR-Systematik des European Excellence Awards [EFQM]

RADAR ist ein Bewertungsraster, welches nicht nur bewertet, ob eine Vorgabe vorhanden ist oder nicht, sondern weitere Bewertungskriterien berücksichtigt:

- **R**esults (Ergebnisse)
- **A**pproach (Vorgehen),
- **D**eployment (Umsetzung),
- **A**ssessment and **R**eview (Bewertung und Überprüfung).

Ludwig-Erhard-Preis

Als Pendant zum European Excellence Award wurde 1997 in Deutschland der Ludwig-Erhard-Preis eingeführt. Dieser Preis basiert auf dem gleichen Modell wie der EEA.

Der Bewertungsprozess des Ludwig-Erhard-Preises ist in **Bild 8-19** dargestellt. Bei den Excellence-Modellen hat sich die Bezeichnung „Assessor“ für die Auditoren verbreitet.

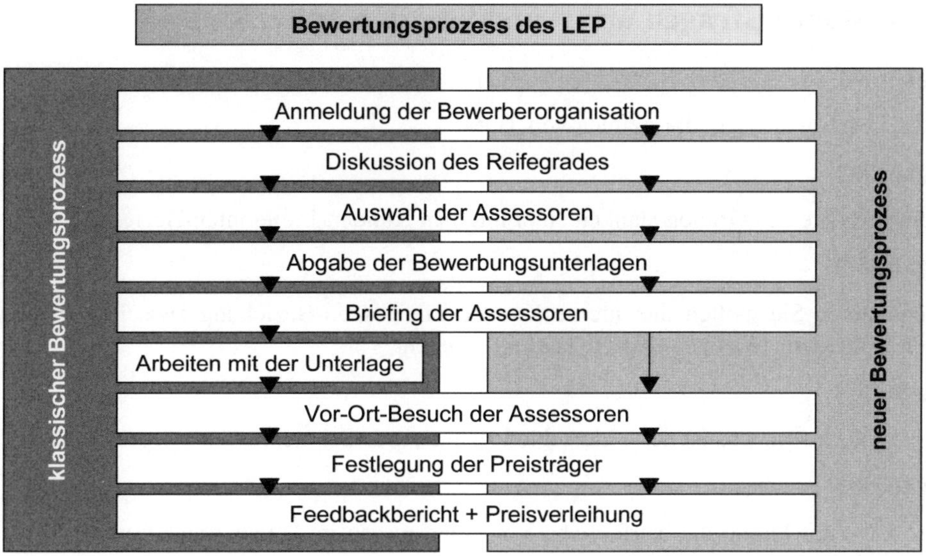

Bild 8-19 Bewertungsprozess des Ludwig-Erhard-Preises

Um den Qualitäts-/ Exzellenzgedanken auch regional zu stärken, haben einige Bundesländer, wie Bayern, Berlin-Brandenburg, Nordrhein-Westfalen, Thüringen, Sachsen-Anhalt und Schleswig-Holstein, eigene Qualitätspreise eingeführt. Diese orientieren sich meist auch an dem Modell des Ludwig-Erhard-Preises und damit an dem Modell des European Excellence Awards.

Die Teilnahme an einem der aufgeführten Excellence-Preisen hat für die Unternehmen die folgenden Vorteile:

- Teilnahme lohnt sich auch, wenn ein Unternehmen nicht sofort zu den Preisträgern gehören sollte.
- Durch die Teilnahme am Bewerbungsverfahren unterzieht sich die gesamte Organisation einer grundlegenden Analyse.
- Schwachstellen werden aufgedeckt, Verbesserungspotentiale erkannt und die Wettbewerbsposition der Organisation verbessert.
- Die Teilnahme an einem Wettbewerb erhöht die Motivation der Mitarbeiter.
- Durch die Umsetzung des Exzellenz-Gedankens wird die Produktivität des Unternehmens in nahezu allen Bereichen gesteigert.

8.7 Verständnisfragen und Aufgaben zu Kapitel 8

Aufgabe 8-1

Beschreiben Sie die Grundprinzipien von TQM.

Aufgabe 8-2

Beschreiben Sie den Grundgedanken einer internen Kunden-Lieferanten-Beziehung.

Aufgabe 8-3

Angenommen, Sie wollen die interne Kunden-Lieferanten-Beziehung zwischen zwei Abteilungen verbessern. Was könnten Sie konkret machen?

Aufgabe 8-4

Was ist Kaizen und was ist der Unterschied zu einer westlich geprägten Vorgehensweise?

Aufgabe 8-5

Wieso kann das klassische betriebliche Vorschlagswesen im Widerspruch zum Gedanken der kontinuierlichen Verbesserung (Kaizen) stehen?

Aufgabe 8-6

Welche Konsequenzen ergeben sich aus der Maslow`schen Bedürfnispyramide für die Einführung eines Kaizen-Programm?

Aufgabe 8-7

Welche Möglichkeiten gibt es

- die interne Kundenzufriedenheit
- die externe Kundenzufriedenheit

zu messen?

Aufgabe 8-8

Nennen Sie zwei Qualitäts-/ Excellence-Preise, die auf dem TQM-Ansatz basieren.

Aufgabe 8-9

Das EFQM-Modell geht über ein Qualitätsmanagement-Modell bzw. TQM-Modell hinaus.

a) Wie wird dieses Modell bezeichnet?

b) Welches ist das wesentliche Kriterium in der Bewertung, das über ein TQM-Modell hinaus geht?

9 Qualitätsbezogene Kosten

Was kostet Qualität? Was kostet der Einsatz von Qualitätsmethoden wie die Durchführung von FMEAs oder Schulungsmaßnahmen zur Qualität? Lohnt sich dieser Aufwand überhaupt? Diese Fragen werden gestellt, wenn es um die betriebswirtschaftliche Optimierung von Unternehmen geht. In wirtschaftlich schwierigen Zeiten ist der Druck, Kosten zu sparen, noch größer. Daher müssen Kosten, die im Bezug zur Qualität stehen, erfasst und bewertet werden. Dazu gehören nicht nur Kosten, die intern im Unternehmen entstehen, zum Beispiel um die Qualität der Produkte durch vorbeugende Maßnahmen zu verbessern, sondern auch externe Kosten.

Zu diesen externen Kosten zählen auch Kosten für Rückrufaktionen, die aufgrund von Produktfehlern durchgeführt werden müssen. Wer die Zehnerregel der Fehlerkosten vor Augen hat (siehe Bild 3-1 in Kapitel 3), der weiß, dass die Fehlerbehebung durch Rückrufaktionen mit sehr hohen Kosten verbunden ist. Konkrete Kosten zu Rückrufaktionen werden selten veröffentlicht. Man kann aber davon ausgehen, dass eine Rückrufaktion in der Automobilindustrie je nach Fehler zwischen 100 und 1000 Euro je Fahrzeug verursacht. 2009 musste Toyota, über viele Jahre der Branchenprimus im Bereich Produktqualität, Rückrufaktionen bekannt geben, bei denen weltweit 8 Millionen Fahrzeuge zurückgerufen wurden [NN10]. Diese Aktionen dürften Toyota Kosten im Bereich von 1 Milliarde Euro verursacht haben, von dem Imageverlust ganz abgesehen. Von diesen Rückrufaktionen ist aber nicht nur Toyota, sondern sind alle Automobilhersteller betroffen. Fast täglich werden Rückrufaktionen bekannt gegeben, die in der Regel aber nicht so Medienwirksam wie im Fall von Toyota ausgeschlachtet werden. Die Rückrufaktionen beschränken sich auch nicht nur auf die Automobilindustrie, sondern kommen in allen Branchen vor. Hat ein Fehler, der durch einen Zulieferer verursacht wurde, zu einer Rückrufaktion geführt, kann dieser dafür haftbar gemacht werden. Bei den hohen Kosten, die mit Rückrufaktionen verbunden sind, kann dies direkt zum Konkurs des Zulieferunternehmens führen.

Die Darstellung der Kosten für Rückrufaktionen zeigt auch, dass Qualitätskosten im erheblichen Maße durch die Nichteinhaltung von Qualität verursacht werden. *Crosby* hat diesen Standpunkt sehr schön mit seiner Formulierung „Qualität kostet weniger“ herausgestellt [Cros79].

9.1 Begriff der Qualitätskosten

Zur Bestimmung des wirtschaftlichen Optimums müssen alle Kosten, die einen Bezug zur Qualität haben, berücksichtigt werden. In der Literatur hat sich daher der Begriff „qualitätsbezogene Kosten“ durchgesetzt, der auch in diesem Buch verwendet werden soll. Mit dieser Sichtweise soll verdeutlicht werden, dass Qualität kein eigentlicher mit Kosten zu bewertender Produktionsfaktor wie z. B. Personal und Material ist. Demzufolge kann auch kein unmittelbarer Zusammenhang von eingesetzten Mitteln (Kosten) und Qualität bestehen [Herb02].

Nach DIN 55350 Teil 11 versteht man unter qualitätsbezogene Kosten die „im Rahmen des Qualitätsmanagements entstehenden Fehlerverhütungs- Prüf- und Fehlerkosten“ [DIN 55350-11]. Ähnlich werden die qualitätsbezogenen Kosten durch die DGQ definiert: „... als Kosten, die vorwiegend eine Folge vorgegebener Qualitätsanforderungen sind, das heißt alle Kosten, die durch Maßnahmen der Fehlerverhütung der planmäßigen Qualitätsprüfung sowie durch intern und extern festgestellte Fehler verursacht werden.“ [DGQ14-17]

Ein weiterer Ansatz der Qualitätskostendefinition definiert diese als „ ... generelle Kosten, die entstehen, um Qualität zu managen“ [Regi02]. Qualitätsbezogene Kosten sind nach diesem Ansatz alle qualitätsbezogenen Aufwendungen von der Anforderungsdefinition über die Produktentwicklung bis zur Herstellung des Produktes, um dem Kunden die geforderte Qualität zur Verfügung zu stellen.

9.2 Qualitätskostenmodelle

Wie bereits gezeigt wird der Begriff der qualitätsbezogenen Kosten unterschiedlich definiert. Diese unterschiedliche Interpretation des Qualitätskostenbegriffes führt zu unterschiedlichen Qualitätskostenmodellen zur Analyse, Gliederung und Quantifizierung von qualitätsbezogenen Kosten. Alle Qualitätskostenmodelle basieren auf den zentralen Fragestellungen: „Welche Kosten sind zu erfassen und den qualitätsrelevanten Ausgaben zuzuordnen?“ beziehungsweise „Wann und wo entstehen diese Kosten?“.

Im Wesentlichen existieren derzeitig folgende Qualitätskostenmodelle (**Bild 9-1**):

- das ***traditionelle Qualitätskostenmodell*** mit tätigkeitsorientierter Gliederung der qualitätsbezogenen Kosten in Fehlerverhütungskosten, Prüfkosten und Fehlerkosten (klassischer Ansatz mit Dreiteilung der qualitätsbezogenen Kosten),
- das ***moderne Qualitätskostenmodell*** mit wirkungsorientierter Gliederung der qualitätsbezogenen Kosten in Konformitätskosten und Nichtkonformitätskosten (moderner Ansatz mit Zweiteilung der qualitätsbezogenen Kosten).

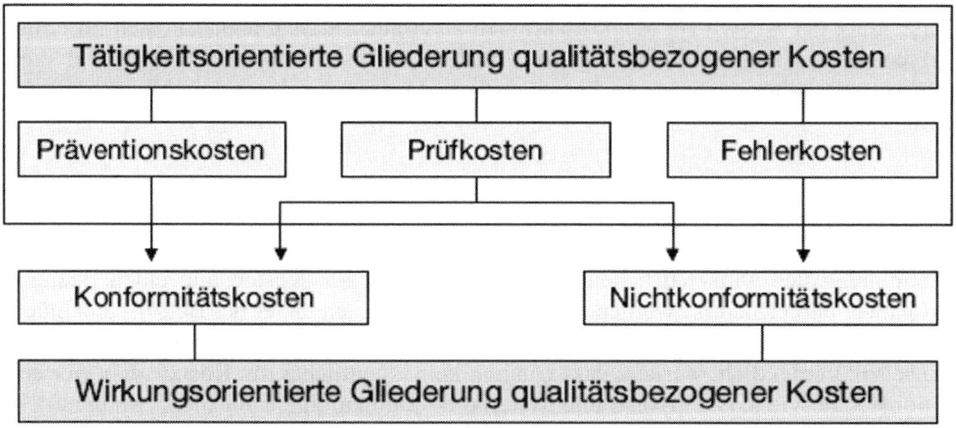

Bild 9-1 Gegenüberstellung der Qualitätskostenmodelle [Bruh08]

9.2.1 Traditionelles dreigeteiltes Qualitätskostenmodell

Das traditionelle Qualitätskostenmodell wurde in den 1950er Jahren entwickelt und erstmals bei General Electric praktisch in der Qualitätskostenrechnung umgesetzt. Es ist auch heute noch in der Praxis häufig angewendet und liegt den Qualitätskostenrechnungen vieler Unternehmen zu Grunde.

Das traditionelle Qualitätskostenmodell entspricht der Definition der qualitätsbezogenen Kosten in der DIN 55350 Teil 11. Demzufolge unterscheidet das Modell eine Dreiteilung der qualitätsbezogenen Kosten (vgl. **Bild 9-2**) in:

- Vorbeugende Fehlerverhütungskosten (prevention costs),
- Prüfkosten (appraisal costs),
- und Fehlerkosten (nonconformity costs).

Das traditionelle Qualitätskostenmodell basiert auf der Annahme, dass qualitätsbezogene Kosten während des gesamten Produktentstehungs- und Produktnutzungsprozesses anfallen, insbesondere in den Phasen der Entwicklung, der Fertigung und Nutzung durch den Kunden.

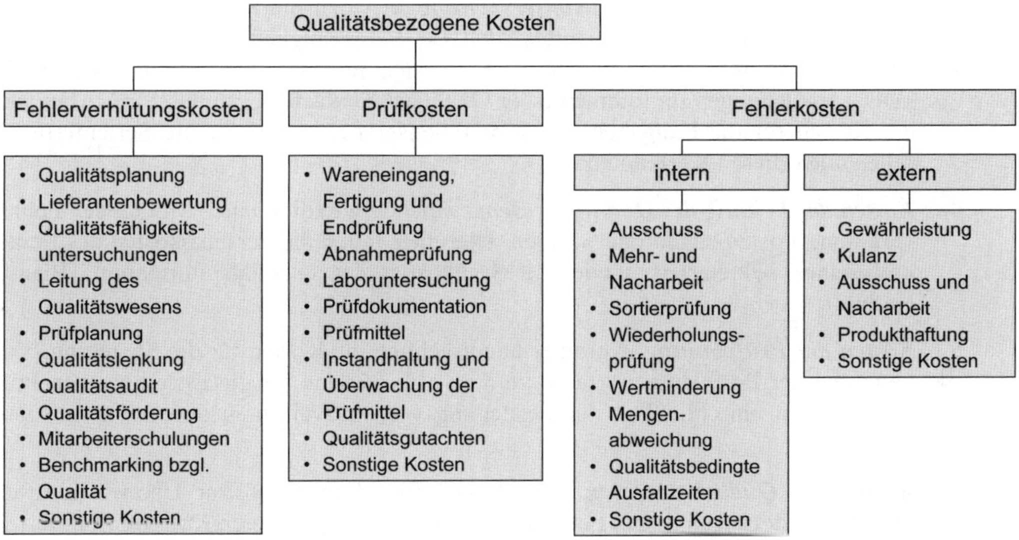

Bild 9-2 Übersicht über das traditionelle qualitätsbezogene Kostenmodell

Die qualitätsbezogenen Kosten sollen transparent gemacht werden, mit dem Ziel [Blan03]:

- die zeitlichen Entwicklung der Fehler-, Prüf- und Fehlerverhütungskosten darzustellen, um Trendverläufe zu erkennen,
- technisch, organisatorische und personelle Schwachstellen bzgl. der Qualität aufzudecken, z. B. im Produktionsablauf durch Vergleich des Nacharbeitaufwandes und Ausschusskosten.

Fehlerverhütungskosten

Unter dem Begriff Fehlerverhütungskosten werden die Kosten zusammengefasst, die im Zuge der Maßnahmen des Qualitätsmanagements zur Fehlerverhütung oder anderen vorbeugenden Maßnahmen der Qualitätssicherung aufgewandt werden [DGQ14-17]. Diese Kosten entstehen nicht nur in den Abteilungen der Qualitätssicherung, sondern in allen Bereichen des Unternehmens z. B. Kosten qualitätssichernder Maßnahmen der Produktentwicklung.

Die Fehlerverhütungskosten gliedern sich in folgende Einzelelemente [Bruh08]:

1. ***Kosten der Qualitätsplanung***, u.a. anfallende Kosten der Qualitätsplanung in der Produktentwicklungsphase bei der anhand der Kundenforderungen, technische Spezifikationen und Qualitätsmerkmale festgelegt werden. Dieses erfolgt z. B. mittels der Methodik des QFD bei der kundenrelevante Qualitätsmerkmale klassifiziert und gewichtet werden.

2. ***Kosten der Lieferantenbeurteilung***, um die Lieferanten eines Unternehmens, im Rahmen des Qualitätsmanagementsystems bzw. der Zertifizierungsforderung nach DIN ISO 9001, hinsichtlich ihrer Qualitätsfähigkeit zu beurteilen. Hierzu zählen weiterführend auch Kosten für Lieferantenaudits sowie Kosten der Überprüfung der gelieferten Produkte [Herb02].

3. ***Kosten für Qualitätsfähigkeitsuntersuchungen***, wozu die Kosten für Untersuchungen zur Bestimmung der Qualitäts- und Leistungsfähigkeit von Fertigungsanlagen und Produktionsprozessen zählen, z. B. Kosten für Maschinen- und Prozessfähigkeitsuntersuchungen im Rahmen einer Qualitätsüberwachung mittels SPC. Aber auch die Kosten für die Freigaben von Produktionseinrichtungen für die Serienfertigung fallen unter diesen Kostenpunkt.

4. ***Kosten der Leitung des Qualitätswesens***, welche im traditionellen Modell den Fehlerverhütungskosten zugeordnet werden. Hierunter fallen die Personalkosten des Leiters und seines Sekretariats sowie die Sachkosten der Qualitätsinformation [Blan03, Herb02].

5. ***Kosten der Prüfplanung***, worunter hauptsächlich die Kosten für die Steuerung, Vorbereitung der Prüfplanung erfasst werden, z. B. Kosten für die Erstellung von Prüfanweisungen einschließlich der Festlegung von Prüfverfahren und Stichprobenumfängen.

6. ***Kosten der Qualitätslenkung***, u.a. Kosten für Maßnahmen zur Überwachung der Qualitätsforderungen in den Fertigungsprozessen und ggf. deren Korrektur bei festgestellten Mängeln, z. B. nach einer Fehlerauswertung.

7. ***Kosten für Qualitätsaudits***, aufgrund von durchgeführten Produkt-, Verfahrens- und Systemaudits. Diese Überprüfungen des Qualitätsmanagementsystems beruhen auf den Vorgaben der DIN ISO 9001 sowie branchenspezifischer Qualitätsnormen und Forderungen.

8. ***Kosten der Qualitätsförderung***, u.a. die Kosten für die Durchführung von Qualitätsschulungsprogrammen für die Mitarbeiter sowie Kosten von Qualitätszirkeln und Programmen zur Förderung des Qualitätsbewusstseins im Unternehmen.

9. ***Sonstige Kosten der Fehlerverhütung***, welche nicht in die zuvor genannten Bereiche eingeordnet werden können. Dazu zählen z. B. Kosten für den versuchsweisen Bau von Mess- und Prüfmitteln aber auch Qualitätsvergleiche mit der Konkurrenz hinsichtlich des Qualitätsniveaus, der Lebensdauer und Zuverlässigkeit von Konkurrenzprodukten.

Prüfkosten

Prüfkosten sind nach DGQ definiert als: „ ...Kosten, die vorwiegend durch Qualitätsprüfungen verursacht sind [DGQ14-17]". Der Begriff Prüfkosten beinhaltet alle Kosten, die durch die routinemäßige Feststellung, Kontrolle und Steuerung der Qualität im Rahmen des Herstellungsprozesses verursacht werden. Die Prüfungen können in Form von Vollprüfungen (Stück-für-Stück-Prüfungen) oder Stichprobenprüfungen erfolgen.

Unter den Prüfkosten werden somit die Kosten für Tätigkeiten, Maßnahmen und Einrichtungen zur routinemäßigen Identifizierung fehlerhafter Produkte oder Leistungen zusammengefasst. Nicht zu den Prüfkosten gehören Kosten für erneute Prüfungen aufgrund fehlerhafter Produkte, wie z. B. für Zählarbeiten, für das Aussortieren sowie für Wiederholungsprüfungen bei beanstandeten Lieferungen und Losen.

Zu den Einzelelementen der Prüfkosten gehören nach [Herb02]:

- Wareneingangskontrolle
  Prüfung der gelieferten Einzelteile, Bauelemente und Werkstoffe
- Fertigungs- und Zwischenprüfungen
  Sichtprüfungen, attributive und messende Prüfungen am noch nicht fertig gestellten Produkt bzw. Bauteil
- Endprüfungen
  Sichtprüfungen, attributive und messende Prüfungen am fertig gestellten Produkt bzw. Bauteil vor Auslieferung an das Fertiglager oder Kunden
- Prüfungen bei eigenen Außenmontagen
  Prüfung vor der endgültigen Übergabe des Produktes an den Kunden
- Kundenabnahme-Prüfungen
  Prüfungen und sonstige Leistungen
- Anschaffung von Prüfmitteln
  Kosten für Anschaffung oder Herstellung der Prüfmittel
- Instandhaltung von Mess- und Prüfgeräten
  Kosten für Routineüberwachung, Wartung und Eichung
- Anfertigen von Qualitätsgutachten
  Grundsätzliche Beurteilung von Produkten, Verfahren oder Prozessen
- Durchführung von Laboruntersuchungen
  Wissenschaftliche Untersuchung von Qualität.

Die Prüfkosten lassen sich in reinen Prüfkostenstellen (z. B. Wareneingangsprüfung oder Messräume) relativ gut erfassen. In den Fertigungsbereichen gestaltet sich die Erfassung der Prüfkosten als schwieriger, da diese oftmals in Fertigungslöhnen oder Rüstkosten enthalten sind und nicht gesondert ausgewiesen werden.

Fehlerkosten

Qualitätsbezogene Kosten in Form von Fehlerkosten werden dadurch verursacht, dass Produkte oder Verfahren zu ihrer Herstellung den festgelegten Qualitätsanforderungen nicht entsprechen [DGQ14-17]. Die Fehlerkosten werden hinsichtlich ihres Entdeckungsortes nochmalig unterschieden in:

- Interne Fehlerkosten,
- Externe Fehlerkosten.

Interne Fehlerkosten sind die Kosten die zur Beseitigung von Fehlern bei Produkten und Verfahren aufzuwenden sind, wenn die Fehler im Unternehmen entdeckt werden (unternehmensinterne Fehlerkosten), das heißt alle Kosten der Fehlerbeseitigung bevor das Produkt in Kontakt mit dem Kunden tritt.

Interne Fehlerkosten sind u.a.:

1. ***Ausschusskosten***, für Produkte, welche die Qualitätsanforderungen nicht erfüllen und weder nachbearbeitet noch anderweitig verwendet werden können.
2. ***Nacharbeitskosten*** für Reparaturen, Mehr- und Nacharbeit damit ein fehlerhaftes Produkt die Qualitätsanforderungen erfüllt
3. ***Kosten für Sortierprüfungen***, um Gutteile von fehlerhaften Produkten zu trennen, z. B. wenn bei festgestellten Fehlern im Wareneingang eine Lieferung nicht zurückgesendet werden kann und eine 100 % Prüfung der Lieferung erfolgen muss
4. ***Kosten für Wiederholungsprüfungen***, bei aufgetretenen Fehlern, wobei oftmals der Prüfumfang bei der Wiederholungsprüfung erhöht wird
5. ***Kosten zur Fehlerursachenfindung***, um Probleme in der Qualitätssicherung zu analysieren u.a. in Form von Untersuchungen der Fehlerursachen
6. ***Kosten der Wertminderungen (Downgrading)*** in Form der entstehenden Mindererlöse, wenn Produkte wegen Qualitätsmängeln zu einem geringeren Preis verkauft werden müssen
7. ***Sonstige interne Fehlerkosten***, z. B. Kosten für Verfahrensabfall und Mengenabweichungen wenn aufgrund von Qualitätsmängeln im Produktionsprozess ein kleinerer Output erfolgt, entweder durch schlechtere Materialausbeute oder qualitätsbedingte Ausfallzeiten.

Externe Fehlerkosten sind Kosten durch fehlerbehaftete Produkte, die entstehen, wenn der Fehler außerhalb des Unternehmens entdeckt wird (unternehmensexterne Fehlerkosten). Das bedeutet, dass im Regelfall zum Zeitpunkt der Fehlererkennung und Fehlerbeseitigung der Kontakt zwischen dem Produkt und dem Kunden erfolgt ist.

Externe Fehlerkosten sind u.a.:

1. ***Kosten der Gewährleistung***, d. h. Kosten der Fehlerbeseitigung aufgrund gesetzlich vorgegebener Gewährleistungszeiten oder in Form von vertraglich vereinbarten Garantiezusicherungen
2. ***Kosten aufgrund von Kulanz***, bei fehlerhaften Produkten außerhalb der Gewährleistungs- und Garantieansprüche des Kunden
3. ***Kosten für Ausschuss- und Nacharbeit***, wenn die Produkte bereits ausgeliefert sind, z. B. nachträgliche Reparaturen bei fehlerhaften und bereits verbauten Ersatzteilen oder sogar Rückrufaktionen
4. ***Kosten der Produkthaftung***, wenn durch ausgelieferte fehlerhafte Produkte spätere Sach-, Personen- und Vermögensschäden entstehen, die unter das Produkthaftungsgesetz fallen. Ebenfalls zählen hierzu Kosten der Produkthaftpflichtversicherung und etwaige Gerichtskosten.
5. ***Sonstige externe Fehlerkosten,*** z. B. in Form von Reisekosten zu Kunden oder Gerichtsterminen aufgrund fehlerbehafteter Produkte.

Qualitätskostenoptimierung im traditionellen Modell

Unternehmen sind bestrebt Kosten zu minimieren. Dementsprechend stellt sich auch die Frage ob es ein Kostenoptimum der qualitätsbezogenen Kosten gibt und wodurch es determiniert ist. Modelle zur Qualitätskostenoptimierung beschreiben eine Beziehung zwischen dem Qualitätsgrad und den qualitätsbezogenen Kosten eines Unternehmens. Zu prüfen ist, ob ein Qualitätsgrad existiert bei dem die qualitätsbezogenen Kosten ihr Optimum erreichen, also minimal sind.

Grundidee der Kostenoptimierung ist, dass mit erhöhten Maßnahmen im Bereich der Fehlerverhütung und Prüfung die Anzahl und die Tragweite der intern und extern anfallenden Fehler reduziert werden kann. Der Anteil der Fehler und somit die Fehlerkosten sinken mit zunehmenden Einsatz von Ressourcen im Bereich der qualitätssichernden bzw. qualitätskontrollierenden Maßnahmen. Das bedeutet je mehr Ressourcen für Maßnahmen der Fehlerverhütung und Prüfungen ausgegeben werden, desto geringer sind die Fehlerkosten. Demzufolge besteht zwischen den Kosten für Fehlerverhütung und Prüfung einerseits und den Fehlerkosten andererseits ein umgekehrt proportionaler Zusammenhang (**Bild 9-3**).

Eine völlige Fehlerfreiheit (100% Vollkommenheit) ist nach diesem Modell jedoch nur bei einer exponentiellen Steigerung der qualitätssichernden Maßnahmen und damit verbundenem Anstieg der Kosten möglich. Andererseits ist bei einem völligen Zurückfahren der Prüfungen und fehlerverhütenden Maßnahmen mit einer exponentiellen Zunahme der Fehlerkosten zu rechnen.

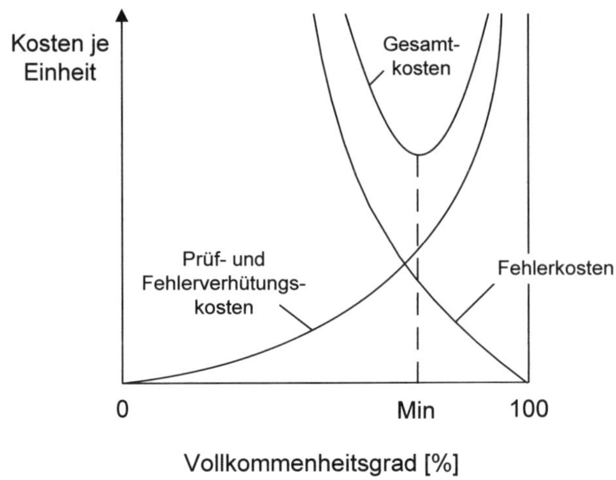

Bild 9-3 Kostenoptimierung im traditionellen Qualitätskostenmodell

Die Qualitätsgesamtkosten setzen sich aus den Fehlerverhütungs- und Prüfkosten sowie den Fehlerkosten zusammen. Ausgehend von diesen Überlegungen existiert damit ein kostenoptimaler Punkt, an dem die Summe der qualitätsbezogenen Kosten minimal ist. Dieses Optimum der qualitätsbezogenen Kosten wird bei einer bestimmten Fehlerquote (Vollkommenheitsgrad) erreicht. Ziel eines Unternehmens müsste es somit sein, diesen kostenoptimalen Qualitätsgrad zu produzieren, da eine Verringerung der Fehlerquote (höherer Qualitätsgrad) zu höheren qualitätsbezogenen Kosten führen würde.

Eine Kostenoptimierung mittels des traditionellen Qualitätskostenmodells bedeutet somit im Umkehrschluss, dass eine absolut fehlerfreie Produktion nicht erstrebenswert ist, da sie quasi unendlich hohe Kosten verursachen würde. Eine Auffassung die angesichts des heutigen Qualitätsverständnisses mit dem Ziel einer „Null-Fehler-Strategie" nicht vereinbar ist.

Kritik am traditionellen Qualitätskostenmodell

Das traditionelle Qualitätskostenmodell mit der Dreiteilung der qualitätsbezogenen Kosten in Fehlerverhütungskosten, Prüfkosten und Fehlerkosten hat sich in der Praxis als einfach und zugleich wirksam erwiesen. Durch die tätigkeitsbezogene Gliederung der Qualitätskosten lässt es sich in Unternehmen relativ einfach umsetzten. Zudem basiert das traditionelle Modell auf dem Ansatz der Kostenstellenrechung, wie sie in vielen Unternehmen angewendet wird.

Auch im Hinblick auf Maßnahmen der Qualitätslenkung erweist sich das traditionelle Modell als grundsätzlich zweckmäßig und kann Aussagen zu qualitätsrelevanten Maßnahmen treffen und zu deren Interpretation beitragen [Herb02]. Die klassische Dreiteilung der qualitätsbezogenen Kosten bietet einem Unternehmen die Möglichkeit, Abhängigkeiten zwischen den Ausgaben für Fehlerverhütung bzw. Prüfung sowie den Kosten für interne und externe Fehler aufzudecken.

Dennoch gibt es einige Schwachstellen des traditionellen Qualitätskostenmodells, die in der Literatur kritisiert werden [Herb02, Regi02]:

- Im traditionellen Modell wird der erzielbare Wettbewerbsvorteil am Markt durch hohe Qualität nicht berücksichtigt. Der positive Effekt hoher Qualität auf die Kundenzufriedenheit, Absatzzahlen und erzielbare Marktpreise wird durch die definierten Qualitätskostenelemente nicht widergespiegelt. Entstehende Wettbewerbsnachteile durch Käuferverluste aufgrund schlechter Produkte werden ebenfalls nicht erfasst.
- Das traditionelle Modell suggeriert fälschlicherweise einen unmittelbaren und konträren Zusammenhang zwischen Qualität und Kosten (vgl. Qualitätskostenoptimierung). Demzufolge kann ein Unternehmen nur dann „Qualität produzieren", wenn hierfür Kosten in Kauf genommen werden. Jedoch verursacht nicht Qualität die Kosten, sondern fehlerhafte Produkte und Prozesse. Im Ergebnis besteht die Gefahr, dass Aufwendungen, die für eine fehlerfreie Produktion notwendig sind, nicht als positive Investitionen betrachtet werden.
- Wirksame Fehlerverhütungsmaßnahmen, wie Qualitätsaudits, Lieferantenbewertungen und Qualitätsplanung laufen Gefahr kosteneinsparenden Maßnahmen zum Opfer zu fallen, insbesondere weil sie nicht immer direkt zu finanziell nachweisbaren Ergebnissen führen.
- Das traditionelle Qualitätskostenmodell bezieht sich im Wesentlichen auf technische Gesichtspunkte der Fertigung, indirekte Kosten, z. B. durch Fehler in der Administration, werden nicht erfasst. Es erfolgt damit keine umfassende Qualitätskostenbetrachtung.
- Die Abgrenzung der Fehlerverhütungs-, Prüf- und Fehlerkosten ist nicht immer eindeutig bzw. die Zuordnung zu einer Kostenart ist erschwert. So kann ein Designreview eine Überprüfung (Prüfkosten) sein, aber auch im Rahmen der F&E der Fehlervermeidung dienen (Fehlerverhütungskosten) oder aber erst nach Auftreten von Fehlern angestoßen werden (Fehlerkosten zur Ursachenfindung).
- In der Gruppe der Prüfkosten werden von ihrer Art und dem Zweck sehr verschiedene Kosten zusammengefasst. Kosten für Prüfungen (Eingangsprüfungen, Fertigungsprüfungen) werden als Qualitätskostenelemente angeführt, ebenso wie Kosten für Prüfmittel. Dies führt in der Praxis zu Problemen bei der Prüfkostenerfassung und Prüfkostenzuordnung.
- Die Ursachen für die entstehenden qualitätsbezogenen Kosten werden mittels des traditionellen Qualitätskostenmodells nicht aufgezeigt, sondern nur global betrachtet. Damit werden der Qualitätslenkung zwar Hinweise für Verbesserungen gegeben, jedoch ist der Detaillierungsgrad für weiterführende Analysen zu gering.

Insgesamt stößt das traditionelle dreigeteilte Qualitätskostenmodell unter dem Aspekt der heutigen ganzheitlichen Qualitätsbetrachtungen der Unternehmensprozesse an seine Grenzen. Deshalb gibt es weiterführende Ansätze zur Einteilung von Qualitätskosten, die mit einer veränderten Definition des Qualitätskostenbegriffs einhergehen.

9.2.2 Modernes zweigeteiltes Qualitätskostenmodell

Moderne Qualitätsmanagementsysteme zielen auf eine Umsetzung einer „Null-Fehler-Strategie“ ab. Fehlerfreie Produkte sind nach heutigem Qualitätsverständnis das Ergebnis fehlerfreier und zuverlässiger Prozesse. Einhergehend folgt das Verständnis, dass gute Qualität im Unternehmen durch konsequente Umsetzung von Maßnahmen zur Fehlervermeidung (z. B. Prozessverbesserungen, KVP, Qualitätsplanungen) erreicht wird, nicht durch mehr Prüfungen.

Qualität wird heute kundenorientiert definiert als „Übereinstimmung mit den Anforderungen“. Neuere Qualitätskostenmodelle tragen diesem Qualitätsverständnis Rechnung und unterteilen die Qualitätskosten, wie in **Bild 9-4** dargestellt.

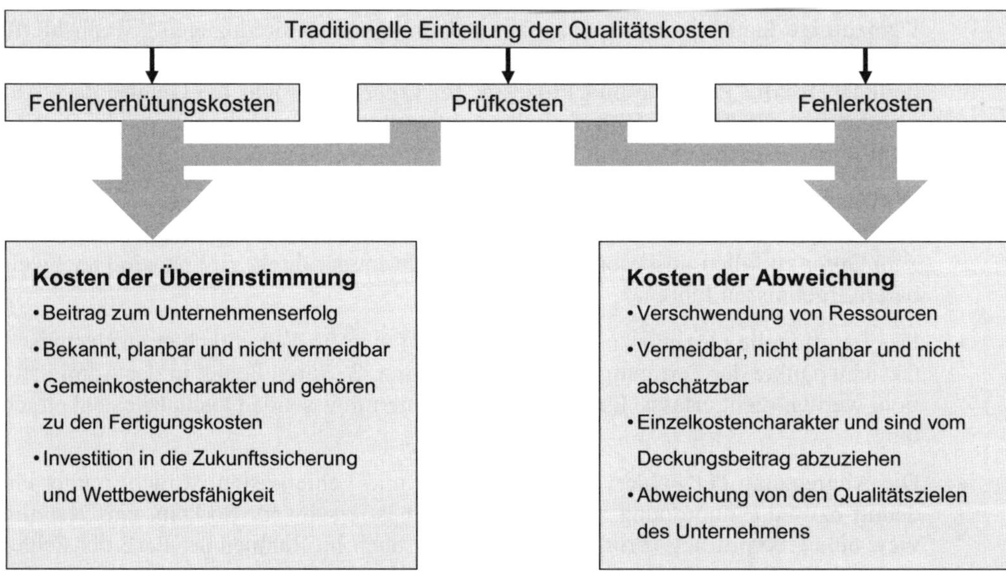

Bild 9-4 Modernes zweigeteiltes Qualitätskostenmodell

Die Fehlervermeidungskosten und die geplanten Prüfkosten werden den Kosten der Übereinstimmung (Costs of Conformance) zugerechnet. Die Fehlerkosten und die ungeplanten Prüfkosten den Kosten der Nichtübereinstimmung (Costs of Nonconformance).

Kosten der Übereinstimmung

Die Kosten der Übereinstimmung beinhalten alle Kosten die dafür aufgewendet werden, damit das Produkt den Kundenanforderungen entspricht, d. h. die Qualität erfüllt. Es sind damit die Kosten, um „die Dinge richtig zu machen“ [Regi02]. Zu den Kosten der Übereinstimmung zählen alle Aufwendungen im Rahmen der Fehlerverhütung und geplanter Prüfungen, u.a.:

- Kosten für Anwendungen der Techniken des Qualitätsmanagements, wie Audits und Qualitätsplanung,
- Kosten für qualitätsbezogene Schulungen und Ausbildung,

- Kosten für prüfende und überwachende Tätigkeiten, wie Wareneingangsprüfungen oder Prüfmittelkosten.

Die Kosten der Übereinstimmung sind im Allgemeinen bekannt, planbar und nicht vermeidbar. Sie dienen der Sicherstellung der Übereinstimmung des Produktes mit den Kundenforderungen. Da der Kunde diese Übereinstimmung mit seinen Anforderungen (Qualität) durch Kauf des Produktes oder sogar dem Zahlen eines höheren Produktpreises honoriert, werden Aktivitäten zur Erhöhung der Übereinstimmung als wertschöpfende Maßnahmen betrachtet.

Kosten der Nichtübereinstimmung

Unter den Kosten der Nichtübereinstimmung beziehungsweise Kosten der Abweichung werden alle Kosten zusammengefasst, die durch Fehler und deren Korrekturmaßnahmen ausgelöst werden. Es sind Kosten, die dadurch entstehen, „die Dinge falsch" zu machen [Regi02], weil das Produkt nicht mit den Qualitätsanforderungen übereinstimmt.

Zu den Kosten der Nichtübereinstimmung zählen Fehlerkosten und ungeplante Prüfkosten, die anfallen in Form von:

- Ausschuss oder Nacharbeit,
- Mengenabweichungen,
- Problem- und Ursachenforschung bei Qualitätsproblemen,
- Zusätzliche ungeplante Prüfkosten (z. B. Nachprüfungen bei fehlerhaften Losen),
- Gewährleistung, Rückrufaktionen oder Produzentenhaftung,
- Wertminderungen und Erlösschmälerungen.

Unter die Kosten der Nichtübereinstimmung sind somit Kosten zu verstehen, die im Zusammenhang mit fehlerhafter Qualität der Produkte sowie ineffizienten Produktions- oder Unternehmensprozessen entstehen. Zudem stellen sie eine Verschwendung von Unternehmensressourcen und damit eine Verminderung der Wertschöpfung dar (z. B. Ausschussproduktion). Die Kosten der Übereinstimmung sind vermeidbar, nicht planbar und damit nur schätzbar.

Qualitätskostenoptimierung im modernen zweigeteilten Modell

Aufgrund der Zweiteilung des modernen Qualitätskostenmodells ergeben sich die Qualitätsgesamtkosten aus der Summe der Kosten der Übereinstimmung und den Kosten der Abweichung. Dabei sind die Kosten der Übereinstimmung und die Kosten der Nichtübereinstimmung nicht direkt miteinander verknüpft.

Zum Erreichen der geforderten Produktqualität, z. B. im Rahmen der Fehlerverhütung, sind im Allgemeinen betriebliche Aufwendungen notwendig (Kosten der Übereinstimmung). Durch erhöhte Qualitätsaktivitäten zur Fehlervermeidung werden die Fehler und die damit verbunden Kosten reduziert. Es besteht damit ein mittelbarer Zusammenhang zwischen den Kosten der Übereinstimmung und den Kosten der Abweichung. Praktische Erfahrungen zeigen, dass ein

Unternehmen, welches mit hoher Qualität produziert, nicht zwangsläufig hohe qualitätsbezogene Kosten haben muss. Dieses berücksichtigt die Qualitätskostenoptimierung im zweigeteilten Qualitätsmodell und folgt damit dem Ansatz: „Qualität kostet nichts. Sie wird einem nicht geschenkt, aber sie kostet nichts. Was dagegen Geld kostet, ist der Mangel an Qualität ....“ [Cros86].

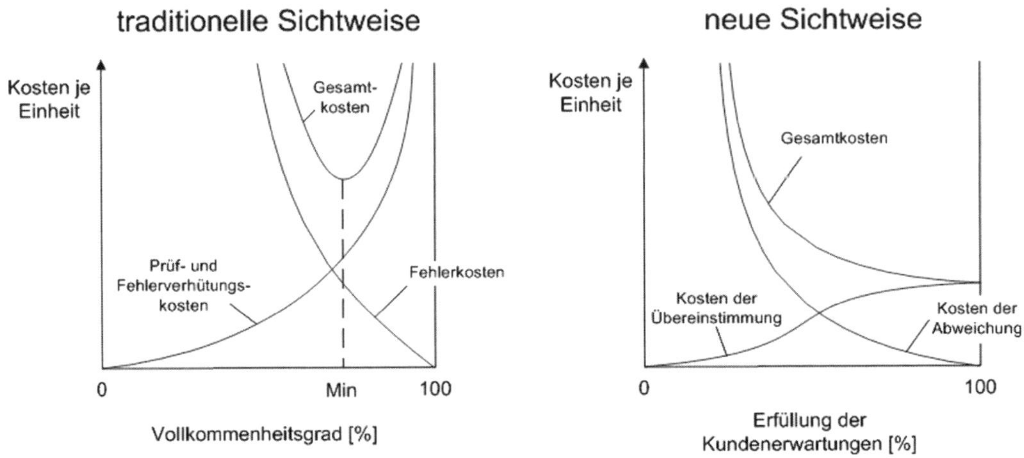

Bild 9-5 Vergleich von traditionellem (links) und modernem Qualitätskostenmodell (rechts)

Bild 9-5 stellt vergleichend die Qualitätskostenoptimierung des traditionellen Qualitätskostenmodells dem modernen Ansatz gegenüber. Nach dem modernen Qualitätskostenansatz wird das Kostenoptimum bei einer 100 %-tigen Erfüllung der Qualitätsforderungen erreicht (Bild 9-5, rechts) und entspricht damit dem heutigen Qualitätsverständnis mit dem Ziel der vollständigen Zufriedenstellung der Kundenforderung. Demnach können die Kosten der Abweichung bei einer Null-Fehler-Produktion auf ein Minimum gesenkt werden. Dieses wird durch den fallenden Charakter der Kurve für die Abweichungskosten beschrieben, die bei 100% Erfüllung der Kundenerwartungen, also im Idealfall, den Wert 0 erreicht.

Der Kundenerfüllungsgrad von 100 % kann dabei mit einem endlichem Umfang an Maßnahmen zur Fehlerverhütung und geplanter Prüfungen (Kosten der Übereinstimmung) erreicht werden. Damit unterscheidet sich das moderne Qualitätskostenmodell vom traditionellen Qualitätskostenmodell, bei dem die Prüfungs- und Fehlerverhütungskosten beim Qualitätserfüllungsgrad von 100 % ins Unendliche steigen würden und damit das Kostenoptimum bei einem Vollkommenheitsgrad von kleiner als 100 % liegt.

Einbeziehung von Opportunitätskosten

Die Qualitätskostenmodelle können um die Betrachtung entstehender Opportunitätskosten infolge fehlender Qualität erweitert werden. Unter Opportunitätskosten werden in diesem Zusammenhang jene Kosten verstanden, die als zukünftig entgangene Erlöse aufgrund mangelnder Qualität entstehen [Graf98]. Damit wird der Umstand beschrieben, dass ein Käufer eines fehlerbehafteten Produktes, aufgrund der gemachten schlechten Qualitätserfahrung, dieses zukünftig nicht mehr kauft bzw. sogar anderen potentiellen Kunden vom Kauf abrät. Infolge schlechter Qualität kommt es somit zu Kundenabwanderung, Verlust von Image und Marktanteilen.

9.2.3 Taguchi-Verlustfunktion

Im Zusammenhang mit Qualitätskostenmodellen und Qualitätskostenoptimierung ist ergänzend der Ansatz von *Taguchi* zu betrachten.

Bild 9-6 zeigt die traditionelle Qualitätsdarstellung, welche das klassische Qualitätsverständnis in der Fertigung widerspiegelt. Diese Qualitätsdarstellung ist toleranzbasiert, d. h. jedes Produkt innerhalb der Toleranzgrenzen wird als fehlerfrei bewertet und kann damit benutzt werden. Damit ist ein Erreichen des Optimums (Sollwert) aus Qualitäts- und Kostengründen bei der toleranzbasierten Qualitätsdarstellung nicht zwangsläufig notwendig. Erst ab Überschreiten der oberen Toleranzgrenzen bzw. Unterschreiten der unteren Toleranzgrenzen ist das Produkt nicht qualitätsgerecht und verursacht Kosten, z. B. durch Wertminderungen oder Ausschuss.

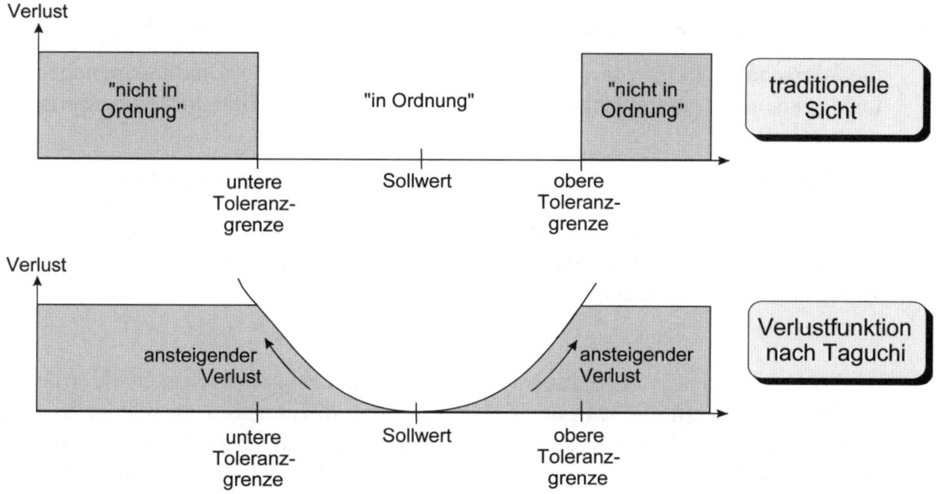

Bild 9-6 Taguchi-Verlustfunktion

Taguchi weicht von dieser traditionellen Vorstellung ab und definiert die Taguchi-Verlust-Funktion [Tagu04] (Bild 9-6, unten). Die Taguchi-Verlustfunktion basiert auf dem Ansatz: „Nominal ist das Beste“ [Regi02]. Dieses bedeutet, dass selbst kleine Abweichungen vom Optimum (Nominalwert) auch innerhalb der Toleranzgrenzen eine Qualitätsverschlechterung hervorrufen. Diese Qualitätsabweichung verursacht damit Kosten, die über die Verlustfunktion dargestellt werden. Die Taguchi-Verlustfunktion steht mit dem Ansatz einer „Null-Fehler-Strategie“ im Einklang. Zentral ist dabei die vollständige Erfüllung der Kundenforderungen als Qualitätsziel.

9.3 Qualitätskostenrechnung

Die qualitätsbezogenen Kosten sind ein wichtiger Indikator zur Identifizierung von qualitätsbezogenen und wirtschaftlichen Schwachstellen im Unternehmen. Daher müssen diese Kosten erfasst und analysiert werden. Dies erfolgt nicht in einem separaten Kostenrechnungssystem, sondern ist integraler Bestandteil des betrieblichen Rechnungswesens. Die Qualitätskostenrechnung dient dabei der möglichst verantwortungsgerechten Verrechnung der qualitätsbezogenen Kosten über spezifische Kostenstellen.

Die Qualitätskostenrechung soll [Regi02, Graf98]

- die Wirtschaftlichkeit der durchgeführten Qualitätssicherungsaktivitäten transparent machen,
- die Kalkulation der qualitätsbezogenen Kosten ermöglichen,
- die kostenoptimale Steuerung der qualitätsbezogenen Maßnahmen und Prozesse ermöglichen,
- Informationen zur Unterstützung taktisch/ operativer Entscheidungen im Qualitätswesen bereitstellen,
- Rationalisierungspotenziale im Qualitätsmanagementsystem aufdecken,
- die Wirtschaftlichkeit von Erweiterungsinvestitionen in das Qualitätsmanagementsystem (personell/ gerätetechnisch) sowie geplanten Qualitätsförderungsprogrammen nachweisen,
- Argumentationshilfen zur Durchsetzung von Qualitätsmaßnahmen liefern,
- systematisch die Kosten von Maßnahmen zur Sicherung der Qualität (Übereinstimmungskosten) von den Kosten für das Fehlen der vorgegebenen Qualität (Abweichungskosten) offen legen.

Ziel ist es die verschiedenen Komponenten der qualitätsbezogenen Kosten (Vermeidungs-, Prüf- und Fehlerkosten) mittels geeigneter Bezugsgrößen differenziert zu planen, zu erfassen und zu kontrollieren, die Leistungen des Qualitätssicherungssystems zu messen sowie Auswertungsrechnungen zur Vorbereitung von Entscheidungen im Rahmen des Qualitätsmanagement vorzunehmen. Zusammengefasst stellt damit die Qualitätskostenrechnung eine spezielle Anwendung der Kostenrechnung dar.

9.3.1 Erfassung der Qualitätskosten

In vorherigen Betrachtungen wurde bereits gezeigt, dass eine separate Qualitätskostensrechnung nicht zielführend ist. Stattdessen sollte die Qualitätskostenrechnung Bestandteil des existierenden betrieblichen Rechnungswesens sein. Die anfallenden qualitätsbezogenen Kosten sind zunächst zu identifizieren, anschließend kostenmäßig zu erfassen sowie eindeutig zuzuordnen und abschließend entsprechend auszuwerten.

Hierbei wird zur Qualitätskostenerfassung wie folgt vorgegangen:

- Durchführung der Qualitätskostenanalyse und Aufteilung der Qualitätselemente: Vermeiden, Prüfen und Fehler auf die einzelnen Fertigungsschritte.

- Erfassung der anfallenden Unternehmenskosten über die betriebliche Kostenrechung und Umrechnung auf den Arbeitsplatz (Kostenstelle) und die Fertigungs- /Produkteinheit (Kostenträger),
- Zuordnung der erfassten Kostenbestandteile zu den Qualitätselementen: Vermeiden, Prüfen, Fehler
- Ergebnisverwendung hinsichtlich der Qualitätskosten bzw. der Wertschöpfungskette und ggf. Maßnahmeneinleitung zur Reduzierung der Qualitätskosten.

Erfassung der Fehlervermeidungskosten

Qualitätslenkung und Qualitätsplanung gehören im Allgemeinen zu den Führungsaufgaben der jeweiligen Unternehmensbereiche. Die gesonderte Erfassung der Fehlerverhütungskosten ist im Allgemeinen nur dort sinnvoll, wo für qualitätslenkende und planende Aktivitäten eigene Kostenstellen gebildet worden sind bzw. gebildet werden können, da sonst der Aufwand zur Qualitätskostenerfassung unverhältnismäßig ist [Herb02]. Daher beschränken sich viele Unternehmen darauf, die Fehlerverhütungskosten nur innerhalb der Qualitätssicherungsabteilung zu erfassen [Herb02].

Erfassung der Prüfkosten

Prüfkosten fallen in vielen Unternehmensbereichen und bei verschiedenen Prüfungen an, u.a. in der:

- Beschaffung in Form von Wareneingangsprüfungen, Erstmusterprüfungen und Abnahmeprüfungen,
- Fertigung und Montage im Rahmen von Prototypenprüfungen, Nullserienprüfungen und Fertigungsendprüfungen,
- Prüflaboren im Zuge von Werkstoffprüfungen, chemischen Untersuchungen, Zuverlässigkeits- und Lebensdauertests.

Dabei entstehende Kosten für Personal, Material, gebundenes Kapital und bezogene innerbetriebliche Leistungen werden den Prüfkosten zugerechnet. Die entstehenden Kosten sind dabei maßgeblich vom Umfang der Qualitätsprüfungen (100%-Prüfung gegenüber Stichprobe) beeinflusst. Die Erfassung erfolgt über Formulare oder betriebliche Informationssysteme.

Erfassung der Fehlerkosten

Fehlerkosten fallen, wie bereits gezeigt, in Form von Kosten für interne und externe Fehler an. Interne Fehlerkosten wie Schrott, Nacharbeiten, Problemuntersuchungen und qualitätsbedingte Produktionsausfälle können den einzelnen Kostenstellen im Unternehmen vollständig oder anteilig zugerechnet werden, wobei in der Praxis die Bereiche Fertigung und Montage im Fokus stehen.

9.3.2 Kennzahlen qualitätsbezogener Kosten

Eine effektive Wirtschaftlichkeitskontrolle im Bereich der Qualitätssicherung und des Qualitätsmanagements erfordert einen laufenden und gezielten Überblick über die wichtigsten Kostenstrukturen und -relationen. Dienlich dafür sind absolute Kosten- und Leistungszahlen, wie

z. B. Ausschusszahlen, Nacharbeitszeiten, Reklamationen. Dabei ist zu beachten, dass eine isolierte Betrachtung von Kostenzahlen für eine adäquate Beurteilung der Problemstellung nicht ausreicht, sondern der Aufbau eines Kennzahlensystems bezüglich Qualität zweckmäßig ist.

Unterschieden werden in diesem Zusammenhang [Herb02]:

- Qualitative Qualitätskennzahlen,
- Quantitative Qualitätskennzahlen.

Qualitative Qualitätskennzahlen sind nur bedingt messbar. Dennoch sind sie als Index für den Erfolg eines TQM-Systems maßgeblich. Dazu zählen u. a. [Herb02]:

- Mitarbeitermotivation (Austritte /durchschnittlicher Personalbestand)
- Termintreue (termingerechte Produkte/ alle Produkte)
- Reklamationsrate (Reklamationen/ gesamte Fertigungsmenge)
- Wiederkäuferanteil (Wiederkäuferzahl/ Summe der Kunden).

Quantitative Qualitätskennzahlen sind im eigentlichen Sinne Qualitätskostenkennzahlen. Sie stellen qualitätsbezogene Kosten in Relation zu einer Bezugsgröße:

$$\text{Qualitätskostenkennzahl} = \frac{\text{qualitätsbezogene Kosten}}{\text{Bezugsgröße}}$$

Bezugsgrößen können sein

- stückzahlorientierte Bezugsgrößen, z. B. produzierte Einheiten,
- kostenorientierte Bezugsgrößen, z. B. Herstellkosten, Lohnkosten der direkten Mitarbeiter,
- erlösorientierte Bezugsgrößen, z. B. Umsatz oder Rendite.

Eine quantitative Spitzenkennzahl ist die **Qualitätskosten-Umsatz-Relation** [Herb02]. Sie setzt die ermittelten qualitätsbezogenen Kosten dem Unternehmensumsatz ins Verhältnis (Qualitätskosten/ Umsatz). Der Umsatz ist dabei definiert als die Summe der in einer Periode verkauften und mit ihren Verkaufspreisen bewerteten Leistungen. Der Umsatz ist im Unternehmen relativ leicht zu ermitteln bzw. wird allgemein erfasst. Mit dieser Beziehung ist eine Verknüpfung der Aufwendungen für qualitätsbezogenen Maßnahmen zum Unternehmenserfolg am Markt, ausgedrückt im Umsatz, möglich und kann ggf. weiter detailliert betrachtet werden.

Für die Ausgestaltung eines Berichtssystems empfiehlt sich eine Kombination von Kosten- und Leistungsgrößen. Hierbei sind vor allem solche Kennzahlen ins Berichtswesen aufzunehmen, die eine möglichst prozessnahe wirtschaftliche Steuerung der qualitätssichernden Maßnahmen ermöglichen. Die Informationen werden für die Geschäftsleitung, für die Werkleitung und für die entsprechenden Kostenstellen ebenenegerecht aufbereitet, so dass gezielte Steuerungsmaßnahmen abgeleitet werden können.

9.4 Verständnisfragen und Aufgaben zu Kapitel 9

Aufgabe 9-1
Nennen Sie vier verschiedene externe Fehlerkosten.

Aufgabe 9-2
Stellen Sie die traditionelle Aufteilung der qualitätsbezogenen Kosten dar und nennen Sie pro Kostenart zwei Beispiele.

Aufgabe 9-3
Wie sieht ein neuer zweigeteilter Qualitätskostenansatz aus? Beschreiben Sie kurz die Kostenarten.

Aufgabe 9-4
Warum werden die Prüfkosten im zweigeteilten Qualitätskostenmodell aufgeteilt?

Aufgabe 9-5
Nennen Sie drei unterschiedliche Beispiele von Qualitätskostenkennzahlen.

Aufgabe 9-6
Warum muss das betriebswirtschaftliche Optimum der qualitätsbezogenen Kosten im klassischen dreigeteilten Qualitätskostenmodell langfristig nicht die unternehmerisch beste Variante darstellen?

10 Qualitätsinformations- und CAQ-Systeme

Bei einem Unfall löst der Fahrer-Airbag nicht aus. Der Pkw-Hersteller wird zur Aufklärung verpflichtet, schließlich muss unabhängig vom konkreten Schadensfall auch entschieden werden, ob ein Produktrückruf initiiert werden muss. Bei der Untersuchung wird festgestellt, dass der Fehler auf das elektronische Airbag-Steuergerät zurückgeführt werden kann. Der Zulieferer des Steuergerätes wird aufgefordert, alle verfügbaren Qualitätsinformationen über sein Produkt im Allgemeinen und das betroffene Steuergerät im Besonderen bereitzustellen.

Bei Dialysegeräten, welche bei Patienten mit Nierenversagen zur Blutwäsche eingesetzt werden, sind Ausfälle „im Feld“, d. h. während einer Blutwäsche, kritisch. Das Unternehmen will die Informationen, die bei Wartungs- und Instandhaltungsarbeiten erhoben werden, mit Informationen zur Qualitätslage in der Produktion und aus der Qualitätsprüfung von Zulieferteilen zusammenführen. Das Ziel ist es, Hinweise für die gezielte Qualitätsverbesserung der Produkte zu erhalten.

Diese beiden Beispiele deuten an, wie wichtig Qualitätsinformationen für Prävention und Reaktion im Qualitätsmanagement sind. In diesem Kapitel sollen Qualitätsdaten und -informationen sowie darauf aufbauend Qualitätsinformationssysteme und CAQ-Systeme behandelt werden.

Dazu ist zunächst eine Begriffsklärung hilfreich. Qualitätsdaten sind „*Daten über die Qualität von Einheiten, über die bei der Ermittlung der Qualität angewendeten Qualitätsprüfungen und über die dabei herrschenden Randbedingungen sowie ggf. über die jeweiligen Einzelforderungen an die Qualitätsmerkmale*“ [Geig07].

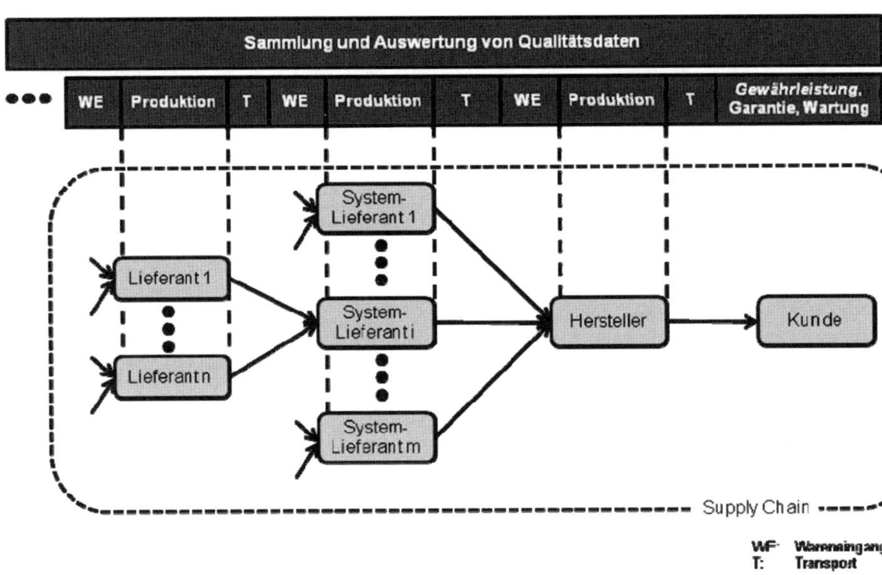

Bild 10-1 Entstehungsbereich von Qualitätsdaten

Qualitätsdaten fallen über den gesamten Lebenszyklus eines Produktes und entlang der Supply Chain an: Entwicklung und Konstruktion legen kritische Parameter von Bauteilen fest, Zulieferer protokollieren Prüfergebnisse für dokumentationspflichtige Komponenten und Baugruppen, im Wareneingang wird Material einer Qualitätsprüfung unterzogen und während der Produktion werden Daten aus dem Fertigungsprozess gesammelt – und dies bezogen auf die festgelegten kritischen Parameter. Zwischen- und Endprüfungen liefern weitere Qualitätsdaten. Bei bestimmten Gütern (z. B. bei kühlpflichtigen Medikamenten) werden Transport und Lagerung überwacht und die dabei erzeugten Überwachungsdaten ergänzen das „Datenpuzzle". Dieses Bild wird durch Qualitätsdaten vervollständigt, welche bei Wartungs- und Instandhaltungsarbeiten sowie bei Gewährleistungs- und Garantieanmeldungen durch Kunden („Daten aus dem Feld") entstehen, vgl. **Bild 10-1**.

Qualitätsdaten werden verarbeitet, um so einen Bedeutungsgehalt hinzuzufügen, der dann die Qualitätsinformation darstellt. Der Bedeutungsgehalt entsteht durch den Vergleich von Soll-Anforderungen mit den Ist-Ausprägungen eines Qualitätsmerkmals [Gück95, S. 1]. Qualitätsinformationen haben also stets einen Zweckbezug, vgl. [Schm03, S. 80]; sie werden in Hinsicht auf ein bestimmtes Ziel des Qualitätsmanagements benötigt, vgl. [Böhm02, S. 44].

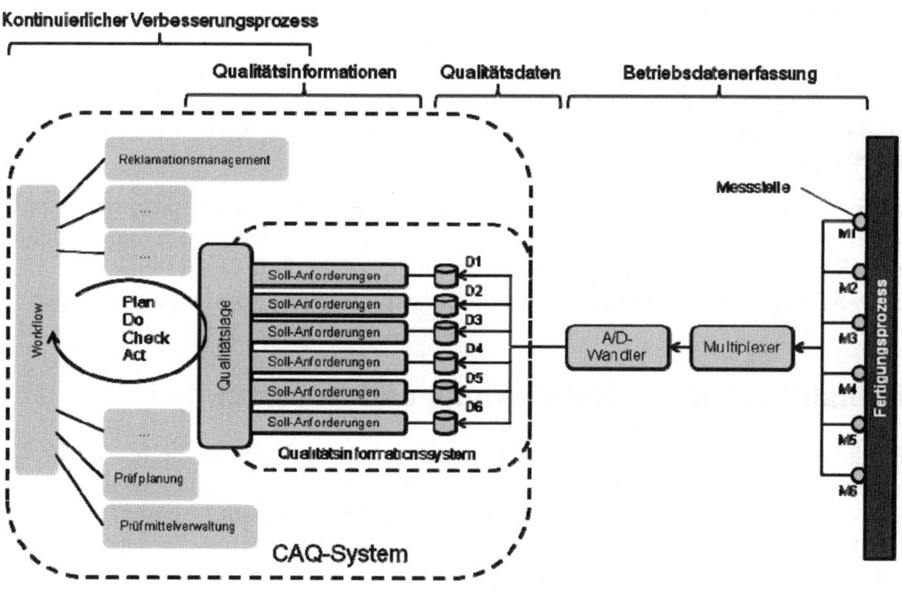

Bild 10-2 Betriebsdaten, Qualitätsdaten, Qualitätsinformationen

Qualitätsinformationen haben nicht nur innerbetriebliche Bedeutung, sondern sind ein entscheidendes Element zur Steuerung von Kunden-Lieferanten-Beziehungen. Darüber hinaus können Qualitätsinformationen bei einer gesetzlichen verordneten Rückverfolgbarkeit von Produkten oder beim Rückruf rechtliche Relevanz haben.

Entlang der Supply Chain und über den gesamten Lebenszyklus des Produktes fallen große Mengen qualitätsrelevanter Daten an. Wichtige Qualitätsinformationen dürfen nicht übersehen werden und die Qualitätsinformationen müssen für die notwendigen Entscheidungen gezielt aufbereitet werden. Dafür ist die Unterstützung datenbankbasierter Softwaresysteme erforderlich. *Qualitätsinformationssysteme* beinhalten die *„Informationslogistik (sammeln, speichern, verarbeiten, verdichten, archivieren) zum Erreichen und Bewerten der Produkt- und Prozesskonformität“* [Gerb08, S. 4]. Qualitätsinformationssysteme machen die Datenflut produktbezogen transparent und verfügbar, bereiten so die Entscheidungen für die Einleitung von Korrekturmaßnahmen vor und ermöglichen die Planung von präventiven Maßnahmen zur Fehlervermeidung, vgl. **Bild 10-2**.

CAQ-Systeme sind die softwaregestützte Umsetzung des Qualitätsmanagements und beinhalten ein Qualitätsinformationssystem: *CAQ-Systeme* bilden die in den Geschäftsprozessen erforderlichen Maßnahmen zum Qualitätsmanagement (z. B. Prüfplanung oder Erstmusterprüfberichte) elektronisch ab, ermöglichen die Erfassung der Qualitätsdaten in einer Datenbank, die Verdichtung der Daten zu Informationen und Kennzahlen sowie die Visualisierung, steuern Informationen durch ein Workflow-System[5] und begleiten darüber hinaus den kontinuierlichen Verbesserungsprozess, der auf diesen Qualitätsinformationen aufsetzt. CAQ-Systeme haben ihren Ursprung in der Unterstützung von Planung, Durchführung und Dokumentation der Qualitätsprüfungen. Die Abbildung kontinuierlicher Verbesserungsprozesse in Workflows im CAQ-System ist eine neuere Entwicklung.

Geeignete CAQ-Systeme sind eine Möglichkeit, die Anforderungen der DIN EN ISO 9001 an Planung, Steuerung und Dokumentation von Prozessen und prozessbegleitendem Qualitätsmanagement zu erfüllen. Beim Einsatz eines CAQ-Systems muss stets bedacht werden, dass die Prozesse entlang der Supply Chain auf Wertschöpfung fokussiert sind. Daher müssen Qualitätsinformations- und CAQ-System mit geringem Aufwand eingerichtet und betrieben werden können [Kirs03].

In diesem Kapitel wird zunächst die Entstehung von Qualitätsdaten entlang der Supply Chain gegliedert nach ihrem Entstehungsort dargestellt. Daran schließt sich ein Abschnitt über CAQ[6]-Systeme an, in dem auf den Leistungsumfang dieser Softwaresysteme, ihre Integration mit ERP[7]-Systemen sowie auf den Auswahlprozess für ein CAQ-System eingegangen wird.

10.1 Qualitätsdaten in Entwicklung und Konstruktion

Die Produktentwicklung deckt den Zeitraum von der ersten Produktidee bis zur Freigabe des Produktes für die (Serien-)Fertigung ab. Die Qualitätsdaten, die hier erzeugt werden, sind sowohl Vorgaben für den Entwicklungsprozess (mehrere „Quality Gates“, die schrittweise sicherstellen sollen, dass die Qualität des Produktes den Entwicklungsvorgaben entspricht) als auch für die Fertigung (Prüfpläne für kritische Qualitätsparameter). Die Produktentwicklung legt in Abstimmung mit dem Einkauf die Lieferanten fest, also entstehen hier die Verknüpfungspunkte, um Berichte zu Lieferantenaudits und Qualitätssicherungsvereinbarungen abzu-

---

[5] Der Workflow kann z. B. durch ein Agentensystem gewährleistet werden, bei dem der Anstoß von Aktionen (z. B. das Versenden einer E-Mail) im System nur vom Eintreten eines bestimmten Zustandes (etwa: die Standardabweichung eines Messwertes übersteigt einen bestimmten Schwellenwert), aber nicht mehr vom Eingreifen eines Anwenders abhängt.

[6] CAQ: **C**omputer **A**ided **Q**uality

[7] ERP: **E**nterprise **R**esource **P**lanning

legen. Produktbezogene Informationen, die gesammelt werden, sind beispielsweise Erstmusterprüfberichte oder Produktionsfreigaben.

Aus Sicht der Entwicklung sollte das CAQ-System mit CAD- und PDM[8]-Softwarelösungen verknüpft sein, um Medienbrüche, Mehrfacheingaben und Fehler zu vermeiden. So ist z. B. die *„Ableitung aller prüftechnisch relevanten Daten [...] möglich“* und Erstmusterprüfberichte können direkt aus dem CAD-System heraus erzeugt werden [Kaud05]. Werden im CAD-System auf Produktmerkmale sogenannte „Prüfpunkte“ gesetzt, so können diese mit den Soll- und Toleranzvorgaben automatisch in Prüfpläne übernommen werden („graphische Prüfplanung“ [Trie03]).

Mit einem Erstmuster-Freigabeverfahren (z. B. *Production Part Approval Process PPAP* nach QS-9000 oder dem *Produktionsprozess- und Produktfreigabeverfahren PPF* nach VDA 2) weist ein Lieferant nach, dass das Produkt alle mit dem Kunden vereinbarten Produktanforderungen erfüllt. Die Dokumentationspflicht im Rahmen dieses Verfahrens ist in Anforderungsstufen gegliedert, denen unterschiedliche Dokumentationsanforderungen zugeordnet sind. Aus diesen Anforderungen bestimmen sich die Qualitätsdaten, die zu erheben und zu dokumentieren sind.

10.2 Qualitätsdaten im Wareneingang

Im Wareneingang ist die Qualität der eintreffenden Lieferungen nach den Vorgaben der Prüfplanung zu überprüfen und zu dokumentieren. Hier werden logistik- und qualitätsbezogene Rohdaten für die Lieferantenbewertung gesammelt und die Reklamationen gegenüber den Lieferanten abgewickelt. Die Wareneingangsbuchung ordnet Zertifikate und qualitätsrelevante Bescheinigungen, welche der Lieferung beiliegen (z. B. Prüfprotokolle), der gesamten Anlieferung bzw. einer Materialcharge der Anlieferung zu. Dazu muss die Lieferung auf die kleinste Einheit (Charge) herunter gebrochen und unterscheidbar gemacht werden, für die spezifische Qualitätsinformationen im weiteren Produktlebenszyklus relevant werden können.

Wichtig ist die vollständige Integration der CAQ-Funktionen zur Qualitätsprüfung mit den Materialbuchungen im ERP-System. Mit der Buchung des Wareneingangs gegen eine offene Bestellung im ERP-System werden etwaige Mengendifferenzen erfasst. Für die Protokollierung der Qualität der zugelieferten Teile wird dann ins CAQ-System verzweigt, sofern eine Prüfpflicht im ERP-System eingestellt ist. Das CAQ-System erlaubt eine differenziertere Steuerung der Prüfpläne als ein ERP-System und liefert an das ERP-System letztendlich Ergebnisse zurück, welche dort Verwendungsentscheide (Änderung des Materialstatus in „gesperrt“ oder „frei verfügbar“) sowie ggf. eine materialwirtschaftliche Reklamationsabwicklung zum Lieferanten ermöglichen.

10.3 Qualitätsdaten in der Produktion

In der Produktion werden Qualitätsprüfungen nach den Vorgaben der Prüfplanung durchgeführt und die Prüfergebnisse mit Bezug auf Materialnummer, evtl. auch Seriennummer, gespeichert. Reklamationen nachgelagerter Prozessschritte sind zu bearbeiten und die entspre-

[8] PDM: **P**rodukt**d**aten**m**anagement

chenden Abhilfemaßnahmen (z. B. Nacharbeit) und Verbesserungsschritte (z. B. Anpassung der Prüfplanung) sind zu dokumentieren.

Neben der Zuordnung der Prüfergebnisse zur Materialnummer ist je nach Art der Produktion und abhängig von den gewünschten Qualitätssteuerungsmöglichkeiten eine Referenz auf die Fertigungsanlage, das Werkzeug oder sogar den Bereich eines Werkzeugs (z. B. ein bestimmtes Nest in einem Kunststoffspritzguss-Werkzeug [Pfaf07]) erforderlich. Um ein genaues Tracing zu ermöglichen, ist die Zuordnung von Materialcharge zu Fertigungsanlage, Zeitraum und ggf. Mitarbeiter notwendig. Bei Montagevorgängen ist zu dokumentieren, welche Komponenten in welche Produkte verbaut werden. Die „Anker"-Referenzen sind hier die Seriennummer des Produktes sowie Seriennummern bzw. Chargennummern der verbauten Baugruppen und Komponenten. Damit wird eine Rückverfolgbarkeit gewährleistet, die normative Vorgaben (z. B. in der Medizintechnik) erfüllt und gleichzeitig dem Hersteller die Möglichkeit bietet, im Falle einer deliktischen Produzentenhaftung nach § 823 BGB ggf. einen Entlastungsbeweis zu führen oder im Fall eines Produktrückrufs den Umfang des Rückrufs genau einzugrenzen, vgl. [Greb03].

Um gezielte Rückrufaktionen durchführen zu können, muss untersucht werden können, welche Kunden mit welchen Produkten aus welchen Chargen beliefert wurden (*Downstream Tracing*). Bei der Analyse von Reklamationen werden Produkte in der entgegengesetzten Richtung (*Upstream Tracing*) über alle verwendeten Materialien und Chargen erfolgt, um fehlerhafte Komponenten bzw. kritische Prozessbedingungen zu identifizieren [Trie01].

10.4 Qualitätsdaten während Lagerung und Transport

Lagerung, Umschlag und Transport sollen die Qualität eines Produktes nicht nachteilig verändern. Bei kühlpflichtigen Produkten (z. B. bestimmte Lebensmittel oder Arzneimittel) muss dokumentiert werden, dass die Kühlkette vom Produktionsende bis zum Eintreffen beim Kunden nicht unterbrochen wurde. Dazu werden Datenlogger, das sind Speichereinheiten die in bestimmten Abständen Daten von Sensoren über eine Schnittstelle empfangen und speichern, aber auch RFID-Systeme mit Sensorik und Datenspeicher eingesetzt.

Transportschäden sind mehrheitlich auf sogenanntes „Rough Handling", Temperatur- und Feuchtigkeitseinflüsse zurückzuführen [Koch11]. Für die Transportüberwachung ist eine Vielzahl von Indikatoren verfügbar, welche dokumentieren, ob eine Versandeinheit während des Transportes stets sachgerecht behandelt wurde. Dazu gehören Anzeiger für Stöße, Kippindikatoren für aufrechten Transport, Lichtexposition, Min-Max-Speicherthermometer und Feuchtigkeitsmesser. Diese Indikatoren arbeiten offline; beim Wareneingang sind also Anzeigen der Indikatoren in der Wareneingangsbuchung manuell zu erfassen. Diese Funktionalität lässt sich aber auch mit sensorisch aktiven RFID-Systemen darstellen, welche dann im Wareneingang automatisch gelesen werden können [Wöll08].

10.5 Qualitätsdaten aus dem Feld

Qualitätsdaten aus dem Feld zeigen das Produkt oder die Dienstleistung unter Einsatzbedingungen. Dazu gehören Reklamationen von Kunden im Rahmen von Garantie- und Gewährleistungsansprüchen, Berichte von Serviceeinsätzen von Technikern aus dem eigenen Unternehmen oder von Fremdfirmen zu geplanten Wartungs- und (ungeplanten) Instandsetzungseinsätzen aber auch der Abruf von Ersatzteilen durch Handel und Werkstätten.

Die Schwierigkeit bei der Beurteilung von Qualitätsdaten aus dem Feld liegt an den ganz spezifischen Bedingungen, denen das Produkt ausgesetzt bzw. unter der die Dienstleistung erstellt worden ist. Deshalb ist bei der Erfassung von Qualitätsdaten im Feld auch die Erfassung der produktspezifisch relevanten Umfeldbedingungen (z. B. Einsatzdauer in Betriebsstunden, Luftfeuchtigkeit, Temperaturschwankungen) notwendig.

10.6 Integration von Qualitätsdaten und -informationen

Qualitätsdaten, die entlang der Supply Chain anfallen, müssen so weit standardisiert sein, dass eine Auswertung und Interpretation nicht behindert werden. Das bedeutet, dass Erhebung, Speicherung und Darstellung der Prüfergebnisse nach zentraler Vorgabe vereinheitlicht werden müssen – und zwar auch dann, wenn landesspezifische Maßsysteme oder Gewohnheiten dem entgegenstehen[9]. Dies ist insbesondere bei global agierenden Unternehmen erforderlich, um mit vergleichbaren Qualitätsdaten arbeiten zu können. Während Qualitätsdaten von Produkten meist durch Messgrößen relativ einfach erfasst werden können, ist dies bei Dienstleistungen schwieriger. Hier ist zunächst ein Kennzahlensystem zu entwickeln, nach dem Qualitätsdaten dann bestimmt werden können [Carl98].

Qualitätsdaten benötigen stets mindestens eine „Anker"-Referenz, um für das Qualitätsmanagement und gezielte Verbesserungsmaßnahmen genutzt werden zu können. Dieser Anker kann eine Materialnummer (z. B. Online-Messergebnisse aus der Betriebsdatenerfassung und Offline-Prüfergebnisse aus einer Laborprüfung), ein Prüfmittel (z. B. Prüfmittelfähigkeit), eine Fertigungsprozess (z. B. Prozessfähigkeit) oder eine Organisationseinheit (z. B. Ergebnisse eines Lieferantenaudits) sein. In einer mehrstufigen Fertigung kann die Verfolgung von Prozessparametern und Produkteigenschaften über mehrere Fertigungsstufen hinweg notwendig sein. In diesem Fall ist das Endprodukt der Anker, über den bei Reklamationen auf die Prozessparameter und Prüfergebnisse in den einzelnen Fertigungsstufen zurückgegriffen werden kann.

Qualitätsdaten müssen in der zeitlichen Zuordnung auf der niedrigsten Verdichtungsstufe geführt werden, die bei späteren Auswertungen interessant sein kann. Aus verdichteten Werten (Mittelwerten, Min-/Max-Werten, Schwankungswerten) für bestimmte Zeiträume lassen sich keine Ursprungswerte mehr bestimmen.

Die wichtigsten Qualitätsinformationen müssen stets im ERP-System des Unternehmens sichtbar sein, da dort die Entscheidungen für den physischen Materialfluss getroffen werden. Rücksendungen an Lieferanten, das Sperren von Material für die Produktion oder von Lieferanten für weitere Lieferungen finden im ERP-System statt.

Die stufenübergreifende Zusammenführung von Qualitätsdaten in der Supply Chain ist noch weniger entwickelt als etwa die Integration von logistikbezogenen Daten in Advanced-Planning-Systemen im Supply Chain Management. Allerdings ergibt sich in bestimmten Branchen durch gesetzliche und normative Anforderungen an die Rückverfolgbarkeit von Produkten, dass produktbezogen zusammengehörende Qualitätsdaten von verschiedenen Partnern in der Supply Chain ermittelbar sein müssen. Für die Lebensmittel- und Futtermittelindustrie sind

[9] vgl. [Jero07]

die Anforderungen an die Rückverfolgbarkeit in der Verordnung (EG) Nr. 178/2002 geregelt. Die Verordnung schreibt keine spezifische Form der Datenhaltung und -verknüpfung vor sondern nennt nur das Ziel, dass im Falle eines Rückrufes Produkte und betroffenen Chargen sicher identifiziert, abgegrenzt und zurückgerufen werden können. Das kann durch die zusammenhängende Speicherung der relevanten Informationen in zentralen Datenbanken gelöst werden aber auch durch eine Referenzierung, die jeweils nur die vor- und die nachgelagerte Stufe in der Supply Chain miteinander verbindet („*one step up – one step down*“, vgl. [BLL03]).

10.7 Austausch von Qualitätsdaten

Zwischen Lieferant und Kunde kann der Austausch von Qualitätsdaten vereinbart werden: Dies reicht vom Mitsenden von Zertifikaten mit der Lieferung bis hin zum elektronischen Bereitstellen von chargenbezogenen Qualitätsdaten in Datenbanken, auf die der Kunde zugreifen kann (vgl. etwa [NN07] für eine Anwendung in der Papierindustrie). Art und Weise des Austausches und insbesondere die Formate für den elektronischen Austausch können bilateral aber auch durch die Anwendung von Standards geregelt werden.

Ein effizienter Austausch von Qualitätsdaten und -informationen zwischen Unternehmen jenseits von bilateral definierten Schnittstellen setzt standardisierte Datenformate voraus. Im Bereich der Qualitätsdaten existiert dies nur in Form des Nachrichtentyps QALITY im EDIFACT/ EANCOM-Standard.

Für die Supply Chain in der Automobilindustrie wurde in einem VDA-Arbeitskreis der QDX[10]-Standard auf Basis der Beschreibungssprache XML[11] definiert.

Die bei der Entwicklung von QDX angewendete Vorgehensweise kann als „Blaupause“ für die Beschreibung von Austauschformaten für Qualitätsdaten verwendet werden. Qualitätsdokumente werden den Phasen Produktentstehung, Vorserie und Serie zugeordnet und in Bezug auf Relevanz bewertet. Die Relevanz bemisst sich nach der Häufigkeit des Austauschs und dem Grad der elektronischen Weiterverarbeitung, die über eine bloße Archivierung hinausgeht [Kelk04]. Inzwischen sind 14 Dokumententypen standardisiert[12], vgl. **Bild 10-3**.

---

[10] QDX: **Q**uality **D**ata E**x**change

[11] XML: E**x**tensible **M**arkup **L**anguage. XML wird u. a. für die Beschreibung von Datenaustauschformaten für den Austausch von Daten zwischen Computersystemen eingesetzt

[12] Siehe http://www.vda-qmc.de/software-prozesse/qdx/qdx-dokumentation/ (Stand 23.03.2011)

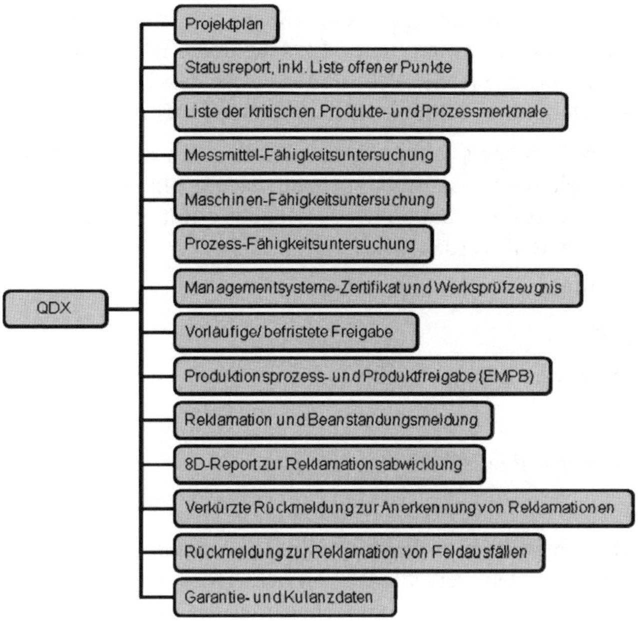

Bild 10-3 QDX-Standarddokumente

Qualitätsdaten können jedoch nicht nur elektronisch übermittelt sondern auch mit dem Produkt mitgeführt werden. RFID-Technologie macht es möglich, dass Qualitätsdaten auf einem Transponder-Chip (Tag) an der einzelnen Produkteinheit oder Ladeeinheit erfasst und gespeichert werden. RFID-Tags bieten Speicherkapazitäten von bis zu 72 KByte und erlauben so, die Speicherung von Qualitätsdaten aus der Produktion und aus Lagerung und Transport (z. B. Einhaltung der Kühlkette, wenn zusätzlich ein Temperatursensor angeschlossen ist).

10.8 Auswahl von CAQ-Systemen

Bei der Auswahl eines CAQ-Systems ist eine grundlegende Entscheidung zu treffen: Eine Option ist die Verwendung der CAQ-Funktionalität, die in modernen ERP-Systeme integriert ist, die andere Option die Anschaffung eines spezialisierten CAQ-Systems, welches mit der ERP-Software über Schnittstellen verbunden ist. Moderne ERP-Systeme beinhalten ein CAQ-Modul, das die Standardanwendungen eines CAQ-Systems direkt in die Daten- und Prozessstrukturen des ERP-Systems integriert anbietet. So müssen Prüfergebnisse nicht erst über Schnittstellen übertragen werden, sondern stehen unmittelbar zur Verfügung. Auch auf der Prozessebene wirkt die Integration vorteilhaft. Prüfschritte sind als Teil des Arbeitsplans in den Fertigungsablauf integriert und nicht in einem zweiten System räumlich und personell abgetrennt [NN09].

Der Vorteil der Integration ohne Schnittstellenanbindungen wird aber durch eine geringere Spezialisierung der qualitätsmanagementbezogenen Funktionalität erkauft. Auch die größere Distanz der ERP-Systeme zu den qualitätsrelevanten Datenmengen, die auf Ebene der Fertigungsprozesse entstehen, ist ein Nachteil. CAQ-Systeme sind durch eine unmittelbare Anbindung der Betriebsdatenerfassung „dichter dran“. Wie auch immer die Präferenz sein und die Entscheidung im Einzelfall ausfallen mag: Entscheidend ist, dass Stammdaten (Material, Arbeitsplan etc.) nur in einem System, dem ERP-System des Unternehmens, gepflegt werden. Ein separates CAQ-System nutzt dann diese Stammdaten [Monz06].

Die Auswahl eines CAQ-Systems ist ein komplexes Projekt, da die Bandbreite der am Markt verfügbaren Systeme sehr hoch ist. Entsprechend ist ein phasenorientiertes Auswahlsystem erforderlich, mit dem die Anforderungen der Anwender ermittelt und schrittweise die in Frage kommenden Systeme ermittelt werden.

Die Phasen im Auswahlprozess sind [Pfei04]:

- Prozessanalyse
- Schnittstellenanalyse
- Soll-Konzept
- Marktanalyse, Softwareauswahl
- Integration.

Die Grundlage für die Auswahl-Entscheidung ist eine *Prozessanalyse*, welche die beabsichtigten Nutzungsszenarien auf den verschiedenen Hierarchiestufen im betrieblichen Ablauf im Unternehmen ermittelt. Für jedes Nutzungsszenario ist der begleitende Informationsfluss aufzuzeigen, die zu erhebenden Qualitätsdaten mit Mengengerüst (Anzahl anzubindender Messpunkte im Fertigungsprozess, Frequenz der Datenerhebung, Datenvolumen), die zu liefernden Qualitätsinformationen und deren Einbindung in die Reporting-Strukturen auf den einzelnen Hierarchieebenen des Unternehmens zu definieren.

Die *Schnittstellenanalyse* widmet sich der Einbettung des CAQ-System in die informationstechnische Infrastruktur des Unternehmens. Dazu gehört die Anbindung von BDE-Systemen, die Verknüpfung von Abläufen im CAQ-System mit materialwirtschaftlichen Vorgängen im ERP-System, die Versorgung von Management-Informationssystemen mit Qualitätsinformationen sowie die Bereitstellung von Qualitätsinformationen für externe Nutzer (z. B. Kunden oder Behörden). Zur Schnittstellenanalyse gehört auch die Vorgabe, wie die einzelnen Qualitätsdaten und -informationen strukturiert sein müssen. So muss in einem global agierenden Unternehmen für alle regionalen Vertriebsgesellschaften dieselbe Datenstruktur für das Reporting aus Serviceeinsätzen vorgegeben werden, um eine Zusammenführung der Qualitätsinformationen zu ermöglichen. In diesem Zusammenhang haben sich standardisierte Erfassungsmasken mit vordefinierten Auswahllisten für die Codierung von Fehlerbildern bewährt[13]. In dieser Phase sind auch die Datenaustauschformate und technischen Anbindungskonzepte zu anderen Systemen zu definieren.

Das *Soll-Konzept* fasst die Ergebnisse der beiden vorhergehenden Analyseschritte zusammen und beschreibt die Vorgaben für das CAQ-System in Form eines Lastenheftes. Auch allgemeine Vorgaben hinsichtlich Ergonomie, Betrieb und Wartung des Systems gehören in das Lastenheft. Das Lastenheft dokumentiert auch spätere Nutzungsperspektiven, die über den momentan angestrebten Systemumfang hinausgehen. Das Soll-Konzept legt fest, in welchen Implementierungsschritten das CAQ-System eingeführt und integriert werden soll.

Anhand des Soll-Konzeptes werden Kriterien festgelegt, mit deren Hilfe das Softwareangebot in der *Marktanalyse* gefiltert und bewertet werden kann. Dabei sind Ko-Kriterien wichtig, um

[13] Vgl. auch [Wass08]

möglichst schnell die Vielzahl der Angebote zu einer überschaubaren „short list" für einen detaillierten Vergleich zu reduzieren. Soweit branchenspezifische normative Forderungen an das CAQ-System bestehen (beispielsweise der Validitätsnachweis für die FDA[14] in der Medizintechnik, vgl. [Sche10]), ist deren Erfüllbarkeit ein Ko-Kriterium.

Der detaillierte Vergleich der Systeme auf der „short list" kann in Form einer Nutzwertanalyse durchgeführt werden. Dazu sind den einzelnen Kriterien mit Gewichtsfaktoren zu versehen, so dass bei der Prüfung eines Systems aus dem jeweiligen Erfüllungsgrad und dem Kriteriengewicht ein Nutzwert berechnet werden kann. Am Ende ist die Summe der einzelnen Nutzwerte ein Maß für die Eignung des Systems. Da die Kriteriengewichte einen erheblichen Einfluss auf die Bewertung der CAQ-Systeme haben, ist eine Sensitivitätsbetrachtung (was passiert mit der Gesamtbewertung, wenn für einzelne Kriterien andere Gewichtsfaktoren festgelegt werden?) erforderlich. Das gilt insbesondere dann, wenn im Unternehmen unterschiedliche Einschätzungen bestehen, wie wichtig einzelne Kriterien sind.

Für die *Integration* des CAQ-Systems ist das Pflichtenheft der entscheidende Maßstab. Das Pflichtenheft beschreibt detailliert, wie der Softwareanbieter bzw. das Beratungsunternehmen als Leistungserbringer die Vorgaben des Lastenheftes umsetzen wird. Dazu gehören auch die Testszenarien, die Schulung der Anwender und die Abnahme des Systems. Soweit branchenspezifische Vorgaben die Validierung des CAQ-Systems erfordern, gehören die dafür erforderlichen Schritte „*Installation Qualification*" (Nachweis der erfolgreichen Installation) und „*Operational Qualification*" (Nachweis der Funktion) [Sche10] ebenfalls ins Pflichtenheft.

[14] FDA: **F**ood and **D**rug **A**dministration; Lebensmittel- und Gesundheitsbehörde in den USA

10.9 Verständnisfragen und Aufgaben zu Kapitel 10

Aufgabe 10-1
Grenzen Sie die Begriffe Qualitätsdaten und Qualitätsinformationen anhand eines selbst gewählten Beispiels voneinander ab.

Aufgabe 10-2
Skizzieren Sie, wie die stufenübergreifende Rückverfolgbarkeit gewährleistet werden kann. Welche Daten benötigen Sie und wie müssen diese verknüpft sein, um im Bedarfsfall die Rückverfolgbarkeit gewährleisten zu können.

Aufgabe 10-3
Welche Funktionalität erwarten Sie von einem CAQ-System, welches den kontinuierlichen Verbesserungsprozess im Unternehmen optimal unterstützt? Skizzieren Sie die Funktionsweise des Systems.

11 Qualitätsmanagement und Recht

Die Rückrufaktion, die Toyota 2009/2010 durchführen musste, kann zurückgeführt werden auf ein Gaspedal, welches in den Fahrzeugen klemmte. Insgesamt wird seit 1999 von 2262 Vorfällen von „*plötzlicher, ungewollter Beschleunigung*" berichtet. Der Fehler wurde mit 19 Todesfällen, 341 Verletzten und 815 Unfällen in Amerika in Verbindung gebracht. Die direkten Kosten werden auf mindestens 1 Mrd. EUR geschätzt (s. Kapitel 9). Hinzu kommt ein erheblicher Imageverlust, der weit über das Unternehmen Toyota hinausgeht. Die japanische Regierung befürchtet, dass japanische Unternehmen und der Mythos des „*Monozukuri*" – Machbarkeit und Qualität – generell in Misskredit geraten [Germ10, NN10, Sapor10, Schm10].

Ein Unternehmen stellt einen Kinder-Tee als Instant-Pulver mit einem hohen Zuckergehalt her. Später ergeben wissenschaftliche Studien, dass das „Dauer-Nuckeln" dieses Tees aus Plastikfläschchen, welche das Unternehmen ebenfalls anbietet, bei Kleinkindern zu Milchzahnkaries führen kann. Das Unternehmen reagiert zunächst mit einem Warnhinweis unter den Zubereitungsangaben auf der Verpackung. Später wird der Warnhinweis auf der Verpackung deutlicher hervorgehoben. Das Unternehmen wurde zu Schadensersatz an einen Konsumenten verpflichtet, der erhebliche Kariesschäden geltend machte, da der erste Warnhinweis nicht ausreichend war. Das Gericht hob hervor, dass das Unternehmen seiner Instruktions- und Produktbeobachtungspflicht nicht hinreichend nachgekommen sei[15].

Produktbezogene rechtliche Ansprüche können in Deutschland u. a. aus dem Kaufvertrag im Rahmen der Gewährleistung sowie – außervertraglich – aus den Haftungsvorschriften des Bürgerlichen Gesetzbuches (BGB) und des Produkthaftungsgesetzes (ProdHaftG) entstehen (**Bild 11-1**). Dabei stellt sich die Frage, wieweit jeweils die Ansprüche in der Lieferkette zurückwirken – nur auf den unmittelbaren Vertragspartner oder auch auf andere Beteiligte in der Lieferkette wie Großhändler, Importeure, Hersteller und Zulieferer.

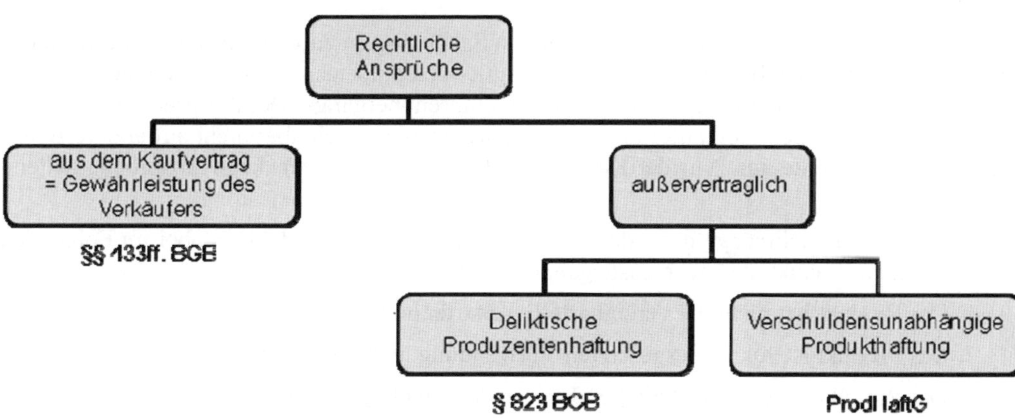

Bild 11-1 Übersicht über die Rechtsansprüche

[15] BGH-Urteil vom 12.11.1991, vgl. [NN92]

Die Produktverantwortlichen im Unternehmen müssen wissen, welche Ansprüche gegen das Unternehmen und gegen sie persönlich geltend gemacht werden können. Daraus ergibt sich die Frage nach den Sorgfaltspflichten, deren Grenzen und unter welchen Umständen eine Haftung vermieden werden kann. In der Lebensmittelindustrie etwa ist „*ein QM-Manager ohne profunde Kenntnisse des Zivil-, Handels- und Strafrechts [...] nach seinen Aufgaben und Funktionen im Unternehmen nicht denkbar*“ [Pich02].

In diesem Kapitel sollen keine tiefergehenden rechtswissenschaftliche Fragestellungen im Vordergrund stehen, sondern die unterschiedlichen Anspruchs- und Haftungsszenarien sowie die daraus entstehenden Anforderungen an das Unternehmen, die Mitarbeiter und das QM-System. Betrachtet wird allein die zivilrechtliche Dimension (mit Bürgerlichem Gesetzbuch BGB und Handelsgesetzbuch HGB als Maßstab), nicht eventuelle strafrechtliche Folgen nach dem Strafgesetzbuch (StGB).

Zunächst werden die Ansprüche, welche sich aus dem Kaufvertrag ergeben dargestellt. Der zentrale Begriff hier ist der Sachmangel, da der Käufer ein mangelfreies Produkt erwarten kann. In diesen Zusammenhang gehören auch Gewährleistung und Garantie. Anschließend wird die deliktische Produzentenhaftung untersucht, bei der ein Schadensfall mit einem Fehlverhalten des Produzenten verbunden ist. Die verschuldensunabhängige Produkthaftung dagegen ist eine reine Gefährdungshaftung, die sich an der Sicherheit orientiert, welche vom Produkt berechtigterweise erwartet werden kann. Abschließend wird diskutiert, wie mit dem Haftungsrisiko umgegangen werden kann.

11.1 Ansprüche aus dem Kaufvertrag

Der Käufer hat ein sogenanntes *Äquivalenzinteresse*: die Leistung, welche er für seine Gegenleistung (den Kaufpreis) erhält, soll mangelfrei sein. Mit dem steigenden Qualitätsbewusstsein geht ein höheres Selbstbewusstsein der Konsumenten einher. Produktfehler werden oft nicht mehr „*als Teil des allgemeinen, von jedermann hinzunehmenden Lebensrisikos*“ akzeptiert [Pich02].

Der Verkäufer hat dem Käufer die Sache frei von Sachmängeln zu verschaffen. So bestimmt es § 433 Abs. 1 Satz 2 BGB. Diese Verpflichtung gilt verschuldensunabhängig [Weid09, S. 625] nach § 434 Abs. 1 BGB für den Zeitpunkt des Gefahrenübergangs. Der Anspruch des Käufers bezieht sich nur auf den Verkäufer als Vertragspartner, wirkt sich aber nicht auf andere Beteiligte in der Lieferkette aus. Nur der Käufer, nicht jedoch ein Dritter, kann Ansprüche geltend machen.

Sieben Arten von Sachmängeln werden unterschieden [Weid09, S. 628], wobei im Folgenden stets von einem Produkt als Sache ausgegangen wird:

1. Das Produkt hat nicht die vereinbarte Beschaffenheit.
2. Das Produkt ist zur vorausgesetzten Verwendung nicht geeignet.
3. Das Produkt ist zur gewöhnlichen Verwendung nicht geeignet.
4. Das Produkt ist unsachgemäß montiert.
5. Die Montageanleitung ist mangelhaft, es sei denn, das Produkt ist fehlerfrei montiert.
6. Ein anderes Produkt wird geliefert.
7. Es wird nicht die vereinbarte Menge geliefert.

Der Maßstab dafür, ob ein Mangel vorliegt, richtet sich nach der vertraglich vereinbarten Sollbeschaffenheit. Ist diese im Kaufvertrag nicht spezifiziert, gilt als objektiver Maßstab die Eignung für die gewöhnliche Verwendung des Produktes [Schw04].

Bei Mängeln kann der Käufer nach § 437 BGB Nacherfüllung, den Rücktritt vom Kaufvertrag oder eine Minderung des Kaufpreises, Schadensersatz oder den Ersatz vergeblicher Aufwendungen verlangen. Dabei hat die Nacherfüllung innerhalb einer angemessenen Frist durch Nach- oder Ersatzlieferung, Umtausch oder Reparatur Vorrang [Weid09, S. 636f.].

Das Gewährleistungssystem, welches im BGB konstruiert ist, setzt in § 438 bei Produkten eine Verjährungsfrist von zwei Jahren an, es sei denn, das Produkt ist entsprechend *„seiner üblichen Verwendungsweise für ein Bauwerk verwendet worden [...] und [hat] dessen Mangelhaftigkeit verursacht“*. Dann beträgt die Verjährungsfrist fünf Jahre. Die Verjährungsfrist kann zwischen Unternehmen im Kaufvertrag auf ein Jahr reduziert werden [Schw04]. Sonderregelungen gelten für den Verbrauchsgüterkauf gemäß §§ 474ff. BGB. Hier beträgt die Verjährung beim Kauf neuer Sachen zwingend zwei Jahre; bei gebrauchten Sachen ist eine Verkürzung auf ein Jahr zulässig (§ 475 BGB).

Garantien sind in § 443 BGB behandelt. Mit einer Garantieerklärung wird zugesichert, dass ein Produkt für eine bestimmte Zeit eine bestimmte Beschaffenheit behält (z. B. *„Zehn Jahre Garantie gegen Durchrosten“*). Die Garantieerklärung kann durch den Verkäufer im Kaufvertrag, aber auch durch einen Dritten abgegeben werden (z. B. durch den Hersteller, in dem er dem Produkt eine entsprechende Erklärung beilegt). Auch Zusicherungen in der Werbung gelten als Garantie, sofern deutlich wird, dass für die zugesicherte Beschaffenheit garantiemäßig eingestanden wird [Weid09, S. 648f.].

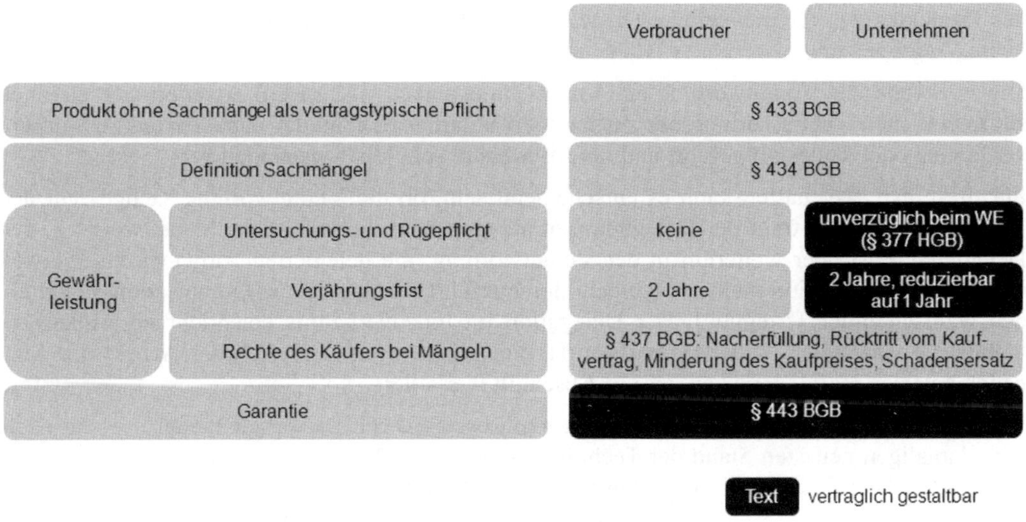

Bild 11-2 Ansprüche aus dem Kaufvertrag

Für ein Unternehmen als Käufer gelten andere Voraussetzungen. Unternehmen sind zur Qualitätsprüfung beim Wareneingang verpflichtet: § 377 HGB legt eine unverzügliche Untersuchungs- und Rügepflicht beim Wareneingang fest. Allerdings lässt sich diese Pflicht mit einer QS-Vereinbarung vertraglich gestalten, s. dazu Abschnitt 6.1. Damit soll eine „doppelte“ Qualitätsprüfung (beim Lieferanten im Prozess und/oder als Endprüfung sowie beim Abnehmer als Wareneingangsprüfung) vermieden werden. Das Ziel ist es dann, „*ship-to-stock*“ (Einlagerung ohne Wareneingangsprüfung) oder „*ship-to-line*“ (Direktlieferung an die Verbrauchsstelle in der Produktion ohne Wareneingangsprüfung) zu liefern.

Bild 11-2 stellt die gesetzlichen Regelungen für die Ansprüche aus dem Kaufvertrag noch einmal in der Übersicht dar.

11.2 Deliktische Produzentenhaftung

Die Herstellung gefährlicher Produkte ist nicht grundsätzlich untersagt. Der Hersteller muss allerdings weitgehende Verkehrssicherungspflichten erfüllen [Enst97, S. 21]. Die deliktische Produzentenhaftung ist aus § 823 BGB abgeleitet, der grundsätzlich Schutz gegen den Eingriff in den eigenen Rechtskreis bieten soll. § 823 Abs. 2 BGB verweist zudem auf andere schutzbietende Gesetze, welche dieselbe Verpflichtung auferlegen. Hier sind beispielweise die Lebensmittelhygiene-Verordnung, das Arzneimittelgesetz (AMG) oder das Geräte- und Produktsicherheitsgesetz (GPSG) zu nennen.

Sowohl bei der Haftung nach § 823 BGB als auch bei der verschuldensunabhängigen Haftung nach dem Produkthaftungsgesetz (ProdHaftG, siehe dazu Abschnitt 0) geht es um das *Integritätsinteresse* bei der Verwendung eines Produktes, nicht um die Gebrauchsfähigkeit des Produktes. Bestehende Rechtsgüter (Eigentum, körperliche Unversehrtheit) sollen vor Schaden geschützt sein. Der Schutzschirm der deliktischen Produzentenhaftung gilt für den Anwender des Produktes wie für unbeteiligte Dritte; eine kaufvertragliche Beziehung zum Hersteller ist keine Voraussetzung.

Die zivilrechtliche Verantwortung des Unternehmens nach § 823 BGB erweitert sich zu einer strafrechtlichen Verantwortung der zuständigen Mitarbeiter, falls der Schadensfall zu Körperverletzung oder Todesfall geführt und der Mitarbeiter schuldhaft gehandelt hat.

Für die Frage, wer haftet, kann es entscheidend sein, ob die Verantwortung sachgerecht delegiert wurde. Dann trägt der Delegationsempfänger zwar die inhaltliche Verantwortung, der Delegierende ist aber weiterhin in der Verantwortung, die delegierten Aufgaben zu überwachen. Ist die Delegation nicht sachgerecht durchgeführt worden, ist ein Organisationsverschulden wahrscheinlich [Adam09]. Der Delegation im Innenverhältnis entspricht im Außenverhältnis die vertragliche Übertragung von Haftungsrisiken auf Dritte. Dieser Aspekt des Managements von Haftungsrisiken wird in Abschnitt 0 erläutert.

Das Produkt muss zum Zeitpunkt des Inverkehrbringens die Sicherheit bieten, welche nach dem damaligen neuesten Stand der Technik möglich war. Der Hersteller haftet also nur, wenn das Produkt beim Inverkehrbringen fehlerhaft war [Müll04].

Ein Produkt muss eine bestimmte Mindestsicherheit aufweisen, die sich aus den „*anerkannten Regeln der Technik*“ ableitet und auf den zu erwartenden Gebrauch des Produktes zu beziehen ist. Eine darüber hinausgehende „*höhere Sicherheit*“ kann nicht von vornherein unterstellt werden. Vielmehr ist zu berücksichtigen, ob dem Hersteller zugemutet werden kann, die „Restgefahr“ trotz vorhandener Mindestsicherheit zu beseitigen. Vollständige Sicherheit kann es nicht geben und es gibt „*zwischen Preis und Sicherungspflicht [...] eine natürliche Beziehung. Der Verbraucher, der aus einem Produktangebot das billigste herausgreift, kann nicht erwarten, dass ihm die höchstmögliche Sicherheit gegen alle Beeinträchtigungen geboten wird"* [Enst97, S. 24f.]. Insofern kann ein Hersteller neue, teurere Sicherheitstechnik auch nur als Zusatzausstattung anbieten, wenn der Erwartungshorizont des *„durchschnittlichen Verbrauchers"* dies zulässt. Mit der technischen Weiterentwicklung werden Sicherheitsextras regelmäßig zur (implizit geforderten) Standardausstattung. Dann kann der Kunde diese auch erwarten [Burc09].

Der deliktischen Produzentenhaftung liegt ein Fehlverhalten zugrunde. Betrachtet wird der Schadensfall, welcher durch ein Produkt ausgelöst wird. Dieser Schadensfall muss schuldhaft verursacht worden sein. Schuldhaftes Handeln setzt Vorsatz oder Fahrlässigkeit voraus. Ein vorsätzliches Handeln wird selten vorliegen; bei den meisten Fällen ist Fahrlässigkeit gegeben. Diese liegt vor, wenn gegen die erforderlichen Sorgfaltspflichten verstoßen wurde. Die schädigende Handlung ist das Herstellen und Inverkehrbringen eines fehlerhaften Produktes. Im Mittelpunkt steht der Ursachenzusammenhang zwischen Schaden und Pflichtverletzung. Im Schadensfall wird geprüft, ob der Hersteller seine Sorgfaltspflichten erfüllt hat. Gesetzlich vorgeschrieben ist der Einsatz von besonderen Verfahren zur Gefahrenabwendung nicht explizit. Werden diese jedoch nicht eingesetzt, so ergibt sich im Schadensfall jedoch eine fahrlässige Verletzung der Sorgfaltspflicht [Pich02]. Wirtschaftliche Belange des Herstellers stehen hinter den Sorgfaltspflichten zurück.

Der Maßstab für die Fahrlässigkeit ist objektiv. Nicht-Wissen hat also keine entlastende Wirkung. Die Grenzen der erforderlichen und zumutbaren Sorgfalt bestimmen sich aus den Erwartungen des Verbrauchers, den anerkannten Regeln der Technik als unterer sowie dem Stand der Wissenschaft als oberer Grenze. Dabei muss der Hersteller auch einen nicht ganz fern liegenden bestimmungswidrigen Gebrauch und sogar einen klar bestimmungswidrigen Gebrauch berücksichtigen, sofern dieser bereits bekannt geworden ist [Pich02]. Der mögliche – bestimmungsgemäße oder bestimmungswidrige – Gebrauch ist gruppenspezifisch zu untersuchen, da sich Eigenverantwortung und vorhandenes Wissen unterscheiden: Wie gehen Kinder bzw. Erwachsene, wie Fachleute mit dem Produkt um? Nehmen wir als Beispiel ein Haarfärbemittel. Welche Warnhinweise müssen auf der Packung stehen (z. B. *„Nicht in die Hände von Kindern geben"*), wie müssen sich die Gebrauchshinweise für Nicht-Fachleute (den Konsumenten) und Experten (den Friseur) unterscheiden?

Die Sorgfaltspflicht des Herstellers bezieht sich auf [Enst97, S. 25]:

- Konstruktion
- Fabrikation
- Instruktion
- Organisation
- Produktbeobachtung

Ein *Konstruktionsfehler* liegt vor, wenn das Produkt schon von der Konzeption her die Sicherheitsstandards nach dem neuesten technischen Stand nicht erfüllt. Konstruktionsfehler beziehen sich auf alle Exemplare einer Produktserie. Ein *Fabrikationsfehler* entsteht durch Abweichungen von der durch die Konstruktion angestrebten Beschaffenheit des Produktes. Üblicherweise weicht die Beschaffenheit des fehlerhaften Produktes vom Produktionsstandard des Herstellers ab. Fabrikationsfehler treten also nur bei einzelnen Exemplaren einer Produktserie auf. Ein *Instruktionsfehler* liegt vor, wenn der Anwender des Produktes vor den – eigentlich beherrschbaren – Gefahren des Produktes nicht ausreichend gewarnt wird. Bei einem *Organisationsfehler* hat der Hersteller nicht alle möglichen organisatorischen Regelungen getroffen, welche den Schaden durch das Produkt verhindern hätten können. Nach dem Inverkehrbringen hat der Hersteller das Produkt weiter zu beobachten, insbesondere hinsichtlich auftretender Fehler, ihrer Folgen und einer anderen als der gewöhnlichen Verwendung, sowie die technische Entwicklung zu verfolgen [Müll04, Diet07]. Die Möglichkeiten, beim Management der Haftungsrisiken auf diese fünf Fehlertypen einzuwirken, werden in Abschnitt 0 diskutiert.

Bei zwei anderen Fehlertypen kommt eine Haftung nach § 823 BGB nicht in Betracht, da es am Verschulden des Herstellers fehlt: *Entwicklungsfehler* sind weder durch die deliktische Produzentenhaftung noch durch die verschuldensunabhängige Haftung nach ProdHaftG abgedeckt, wenn der Fehler nach dem Stand der Wissenschaft und Technik während der Entwicklung des Produktes noch nicht erkennbar gewesen war [Müll04]. Damit soll verhindert werden, dass die Innovation in den Unternehmen gebremst wird. Für *Ausreißer* im Produktionsprozess, das sind Fabrikationsfehler, welche trotz aller zumutbaren Vorkehrungen unvermeidbar waren, haftet der Hersteller nicht im Rahmen von § 823 BGB [Spra09, S. 1271].

Der Hersteller hat auch nach dem Inverkehrbringen des Produktes für die Sicherheit des Produktes Sorge zu tragen. Zu dieser Produktbeobachtung im Feld gehören auch die ggf. erforderlichen Produktwarnungen und Produktrückrufe. Produktwarnungen können auf der Verpackung angebracht sein oder öffentlich über die Massenmedien kommuniziert werden. Für die richtige Reaktion des Herstellers *„kommt es [entscheidend] darauf an, was erforderlich ist, um Gefahren insbesondere für Leben, Körper und Gesundheit der Benutzer und Dritter effektiv abzuwehren.*" Die richtige Reaktion ist also jeweils nur im konkreten Einzelfall bestimmbar [Güne09]. Eine Verpflichtung des Herstellers, ein bestehendes Sicherheitsrisiko bei bereits ausgelieferten Produkten auf seine Kosten zu beheben, ist ebenfalls im Einzelfall zu prüfen. Voraussetzung ist jedenfalls, dass die Maßnahmen geeignet sind, Schaden von den nach § 823 Abs. 1 geschützten Rechtsgütern abzuwenden [Klin09]. Eine generelle Pflicht zur kostenlosen Reparatur besteht nicht, da hier im Wesentlichen das Äquivalenzinteresse des Anwenders im Vordergrund steht und nicht die Gefahrenabwehr (Integritätsinteresse) [Diet07].

1 0816/10	Spain	Category: Toys Product: Mask - Carnaval Brand: Atosa Type/number of model: Bar code: 8422259730415 Article 73041 Description: A soft carnival mask of an old man, which is put on the head like a bag. It has hair, a white beard and a blue scarf with silver stars. Attached to the mask by means of a plastic thread is a cardboard label on which is written: CARNIVAL, Accessories, Atosa. Country of origin: China	Suffocation The product poses a risk of suffocation because it does not have the required ventilation. The product does not comply with the Toys Directive and the relevant European standard EN 71.	Withdrawal from the market ordered by the authorities.

Bild 11-3 Ausschnitt aus der RAPEX-Liste

Nach dem Geräte- und Produktsicherheitsgesetz (GPSG) vom 1. Mai 2004 sind Hersteller, Importeur und Händler verpflichtet, die Behörden zu informieren „*wenn sie wissen oder anhand der ihnen vorliegenden Informationen oder ihrer Erfahrungen eindeutige Anhaltspunkte dafür haben, dass von einem von ihnen in Verkehr gebrachten Verbraucherprodukt eine Gefahr für die Gesundheit und Sicherheit von Personen ausgeht*“. Das GPSG gilt für alle Verbraucherprodukte, sofern in anderen Rechtsvorschriften – wie etwa im Lebensmittel- und Bedarfsgegenständegesetz (LMBG) – nicht mindestens gleichwertige Bestimmungen enthalten sind. Auch sonstige Produkte, für die es kein Spezialrecht gibt (wie z. B. Kinderwagen) werden vom GPSG abgedeckt [NN03, Lien04]. Das GPSG wirkt also als *Auffangvorschrift* [Litt05]. Der TÜV schätzt, dass 90 % aller Produkte unter das GPSG fallen [Müll04]. Mit dem GPSG hat die zuständige Behörde auch die Möglichkeit, die erforderlichen Maßnahmen bis hin zum Produktrückruf vorzuschreiben und einzuleiten. Die Informationen, die daraus über die Produkte entstehen, werden im Internet veröffentlicht [Hage05]. Die sogenannte RAPEX-Liste[16] der Europäischen Kommission, s. **Bild 11-3**, umfasst alle Produkte mit Ausnahme von Lebensmitteln, pharmazeutischen Produkten und Medikamenten.

Grundsätzlich stellt sich die Frage, ob produkt- oder prozessbezogene Prüfungen den Hersteller aus der Haftung befreien können. Das kann generell verneint werden; als Beispiele mögen das GS-Zeichen, das CE-Zeichen und die Zertifizierung des QM-Systems nach DIN EN ISO 9001:2008 dienen. Das Prüfsiegel GS wird von einer zugelassenen Zertifizierungsstelle vergeben, beispielsweise dem TÜV, wenn die Sicherheit des Produktes in Bezug auf alle sicherheitsrelevanten Anforderungen in Deutschland geprüft und bestätigt werden kann. Auch die Produktion des Herstellers wird dabei überprüft [Schn05]. Trotzdem exkulpiert das erteilte GS-Zeichen den Hersteller im Schadensfall nicht. Entsprechendes gilt für die CE-Kennzeichnung. Diese macht lediglich deutlich, „*dass der Hersteller der Auffassung ist, die europäischen Produktregeln eingehalten zu haben.*“ Das CE-Zeichen ist kein Qualitäts- sondern lediglich ein Verwaltungszeichen. Es finden lediglich Stichproben statt [Klin04]. Auch ein zertifiziertes QM-System verhindert die Haftung nach § 823 BGB nicht und schränkt diese auch nicht ein. Allerdings verbessern Prüfsiegel und Zertifizierungen die Ausgangssituation des Herstellers beim Nachweis, dass ihm kein Verschulden zuzurechnen ist.

Eine strengere Auslegung der Sorgfaltspflichten nähert die deliktische Produzentenhaftung nach § 823 BGB immer mehr an die Gefährdungshaftung nach ProdHaftG an [Pich02], welche im folgenden Abschnitt erläutert wird.

11.3 Verschuldensunabhängige Produkthaftung

Wird ein Anspruch nach § 823 BGB geltend gemacht, muss der Hersteller bekannt sein: Eine Steckdosenleiste, als günstiges „no name“-Produkt im Baumarkt erworben, weist gravierende Sicherheitsmängel auf. Bei der ersten Verwendung erleidet der Anwender einen Stromschlag und wird erheblich verletzt. Auf der Verpackung steht kein Hersteller, nur ein Kennzeichen „*Made in China*“. An wen soll sich der geschädigte Verbraucher wenden? Wie werden grenzüberschreitende Haftungsfälle behandelt? Lieferketten sind heute vielgliedrig, global und häufig intransparent. Das Produkthaftungsgesetz (ProdHaftG) vom 15.12.1989 soll die daraus entstehenden Risiken für den Verbraucher reduzieren.

[16] siehe http://ec.europa.eu/consumers/dyna/rapex/rapex_archives_de.cfm

Die Produkthaftung ist eine Haftung für Folgeschäden, welche aus der Benutzung eines Produktes entstehen. Die Haftung nach dem ProdHaftG ist eine reine Gefährdungshaftung, die eintritt, wenn das Produkt nicht die Sicherheit bietet, die berechtigterweise erwartet werden kann. Im Gegensatz zur Produzentenhaftung nach § 823 BGB kommt es auf ein Verschulden nicht an. Die verschuldensunabhängige Haftung nach dem ProdHaftG ersetzt nicht die deliktische Produzentenhaftung, sondern ergänzt sie [Tied90]. Während der deliktischen Produzentenhaftung ein Fehlverhalten des Herstellers zugrundeliegt, so ist die Basis der verschuldensunabhängigen Produkthaftung ein Produktfehler.

Produkte im Sinne des ProdHaftG sind dabei alle beweglichen Sachen, auch wenn sie einen Teil einer anderen Sache bilden, sowie Elektrizität (§ 2 ProdHaftG). Damit bleibt die Haftung für zugelieferte Teile in einem Produkt selbständig bestehen. Die ausdrückliche Nennung der Elektrizität ermöglicht eine Haftung des Herstellers (Energieversorgers) für Spannungs- oder Frequenzschwankungen, nicht aber bei Unterbrechung der Elektrizitätsversorgung – dann ist kein Produkt vorhanden [Spra09, S. 2763].

Die Haftung ist verschuldensunabhängig. Damit ist es unerheblich, ob der Hersteller Sorgfaltspflichten verletzt hat. Im Mittelpunkt steht die Kausalität zwischen dem Fehler und einer Rechtsgutverletzung. Der Schutz des ProdHaftG ist auf den privaten Endverbraucher beschränkt. Investitionsgüter, welche als technische Arbeitsmittel gewerbsmäßig verwendet werden, werden durch das ProdHaftG nicht abgedeckt. Geschützte Güter sind die körperliche und gesundheitliche Unversehrtheit sowie Sachen – mit Ausnahme des Produktes selbst. Die Haftung ist nicht auf den kaufvertraglichen Partner begrenzt (vgl. § 4 ProdHaftG); der Anspruch richtet sich gegen den Hersteller. Gleichgestellt sind Quasi-Hersteller, die durch Anbringen von Markenzeichen oder ähnlichem beim Anwender einen herstellerähnlichen Eindruck erwecken, und Importeure in den Europäischen Wirtschaftsraum. Jeder Lieferant ist selbst in der Haftung, es sei denn er kann innerhalb eines Monats nach Aufforderung den Namen des Herstellers oder seines Lieferanten nennen. Arbeitnehmer des in Anspruch genommenen Unternehmens sind nach ProdHaftG nicht ersatzpflichtig. Nur bei einer strafrechtlichen Verantwortung im Rahmen der deliktischen Produzentenhaftung kann die Haftung auf Arbeitnehmer erweitert werden.

Besondere Bedeutung kommt dem Begriff des Produktfehlers gemäß § 3 ProdHaftG zu. Er unterscheidet sich wesentlich vom Begriff des Sachmangels gemäß § 434 BGB: „*Der Produktfehler im Sinne des ProdHaftG ist aber keineswegs mit dem tatsächlichen Produkt- bzw. Sicherheitsfehler gleichzusetzen. Der Fehler im Sinne des ProdHaftG ist ein normativer Sicherheitsfehler, der auf der Grundlage des § 3 ProdHaftG einer Auslegung bedarf.*" Bezugspunkt für den Produktfehler sind die berechtigten Sicherheitserwartungen des Anwenders als „*verständigem Nutzer*" aber auch unbeteiligter Dritter, sogenannter „*Bystander*" [Wiec95]. Das ist kein grundsätzlicher Unterscheid zur deliktischen Produzentenhaftung: „*Das Publikum wird das als Sicherheit erwarten können, was die sog. Verkehrssicherungspflichten von einem Hersteller verlangen*" [Enst97, S. 67]. Der Geschädigte muss nach § 1 Abs. 4 ProdHaftG „*den Fehler, den Schaden und den ursächlichen Zusammenhang zwischen Fehler und Schaden*" nachweisen.

Die Sicherheitserwartungen beziehen sich auf den Zeitpunkt des Inverkehrbringens. War das Produkt zu diesem Zeitpunkt fehlerfrei, besteht nach § 1 Abs. 2 ProdHaftG kein Anspruch. Auch „*das spätere Inverkehrbringen eines verbesserten Produkts [kann] nicht die Fehlerhaftigkeit des zuvor in den Verkehr gebrachten Produkts begründen*" [Wiec95]. Entsprach das Produkt zum Zeitpunkt des Inverkehrbringens „*zwingenden Rechtsvorschriften*" (§ 1 Abs. 2 ProdHaftG, z. B. VDE-Normen) ist die Haftung ausgeschlossen, weil sonst der Hersteller in der Zwangslage zwischen Nichterfüllung der Normen und Haftung stünde. Ein Haftungsausschluss besteht ebenfalls für Entwicklungsfehler, also wenn der Fehler „*nach dem Stand der Wissenschaft und Technik*“ zum Zeitpunkt des Inverkehrbringens nicht erkannt werden konnte (§ 1 Abs. 2 ProdHaftG). Für sogenannte „*Ausreißer*“, das sind Produktionsfehler, die trotz aller Sorgfalt nicht gänzlich vermeidbar sind, besteht keine Haftung nach § 823 BGB, wohl aber eine nach dem ProdHaftG.

Der Zulieferer haftet dabei – für sein Teil – in voller Höhe, es sei denn der Fehler wäre durch die Konstruktion des Produktes oder durch die Gebrauchsanleitung des Herstellers bedingt (§ 1 Abs. 3 ProdHaftG). Der Geschädigte kann entscheiden, ob er seine Ansprüche gegen Hersteller und Zulieferer oder gegen einen von beiden geltend macht. Ist eine zugelieferte Komponente für den Schaden verantwortlich, so kann der Hersteller im Produkthaftungsfall nach dem Verursacherprinzip den Zulieferer in Regress nehmen [Ulme04].

Das ProdHaftG deckt Sachschäden nur dann ab, wenn „*eine andere Sache als das fehlerhafte Produkt beschädigt wird*“. Schäden, die an der hergestellten und in den Verkehr gebrachten Sache selbst eintreten, werden nicht durch das ProdHaftG geregelt sondern durch den Gewährleistungsanspruch gegenüber dem Verkäufer (vgl. Abschnitt 0). Ist eine zugelieferte Komponente des Produktes die Ursache für den Schaden, so wird nicht zwischen der Komponente und dem hergestellten Produkt getrennt: das Produkt als Ganzes ist fehlerhaft. Die Haftung für den Schaden am Produkt selbst ist nach ProdHaftG ausgeschlossen [Tied90].

Bei Personenschäden liegt der Haftungshöchstbetrag bei 85 Mio. EUR. Bei Sachschäden ist die Haftung nicht begrenzt, wobei in diesem Falle eine Selbstbeteiligung in Höhe von 500 EUR in Ansatz gebracht wird (§§ 10f. ProdHaftG). Die Haftung verjährt nach drei Jahren, der Anspruch erlischt zehn Jahre nach Inverkehrbringen des Produktes (§§ 12f. ProdHaftG). **Tabelle 11-1** stellt die deliktische Produzentenhaftung nach § 823 BGB und die verschuldensunabhängige Produkthaftung nach ProdHaftG nebeneinander.

Das anwendbare Recht in internationalen Produkthaftungsfällen bestimmt sich nach den Vorschriften über das Internationale Privatrecht (Kollisionsrecht). Während in der EU[17] durch die Verordnung EG Nr. 864/2007 („Rom II“-Verordnung) eine besondere Kollisionsregel die gesamte außervertragliche Produkthaftung umfasst, gilt sonst die Grundregel, dass ein Gericht nach seinen innerstaatlichen Kollisionsregeln zunächst bestimmt, welches nationale Recht anzuwenden ist, was für den Geschädigten häufig zu einem großen Prozessrisiko führt.

[17] Mit Ausnahme von Dänemark, Finnland, Frankreich, Luxemburg, den Niederlanden, Slowenien und Spanien

Tabelle 11-1: Vergleich der Haftung nach § 823 BGB und ProdHaftG

	Deliktische Produzentenhaftung § 823 BGB	**Verschuldensunabhängige Produkthaftung nach ProdHaftG**
Anspruchsteller	Geschädigter und unbeteiligte Dritte	
Gegen wen?	Hersteller	Hersteller, Zulieferer sowie Quasi-Hersteller und Importeur soweit sie den Hersteller nicht offenlegen
Schutz	Integritätsinteresse (Eigentum, körperliche Unversehrtheit) bei der Verwendung des Produktes	
Beweisführung	Ursachenzusammenhang zwischen Pflichtverletzung und Schaden	Ursachenzusammenhang zwischen Produktfehler und Schaden
Beurteilungsmaßstab	Verkehrssicherungspflicht (Sorgfaltspflichten des Herstellers) nach dem Stand von Technik und Wissenschaft	Berechtigte Sicherheitserwartungen zum Zeitpunkt des Inverkehrbringens
Entwicklungsfehler	Nicht abgedeckt	
„Ausreißer“	Nicht abgedeckt	Abgedeckt
Ausweitung in den strafrechtlichen Bereich?	möglich	Nein
Haftungshöchstbetrag	nicht explizit bestimmt	85 Mio. EUR für Personenschäden, Sachschäden unbegrenzt mit 500 EUR Selbstbehalt
Vertragliche Übertragung von Haftungsrisiken	Im Außenverhältnis möglich	Im Außenverhältnis nicht möglich. Übertragung ist nur für den Regress im Innenverhältnis relevant

11.4 Management des Haftungsrisikos

Für den Umgang mit Risiken kann man auf fünf Strategien zurückgreifen, s. **Bild 11-4**, Vermeiden. Vermindern, Überwälzen, Versichern und – als letzte Möglichkeit – das Risiko selbst tragen.

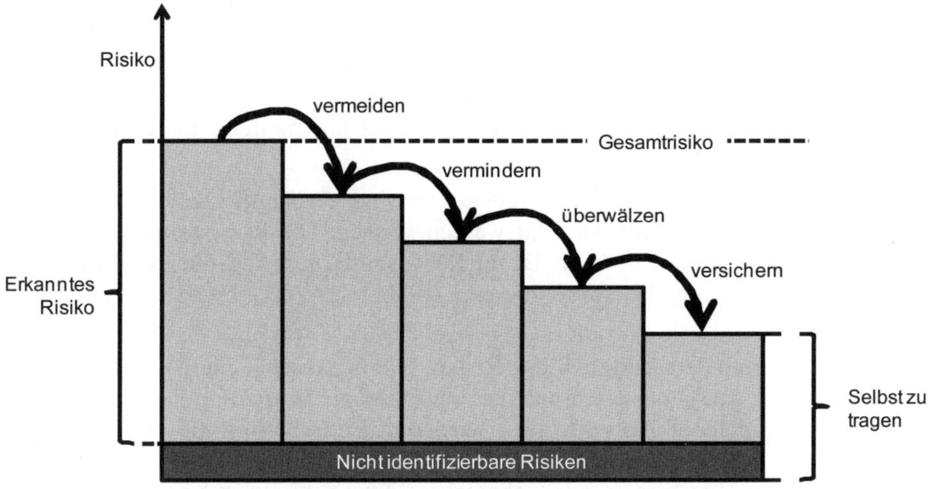

Bild 11-4 Grundstruktur des Risikomanagements nach [Rome05]

Die Maßnahmen, welche getroffen werden, sind am Umfang des Haftungsrisikos auszurichten. Dabei sind auch nationale Unterschiede zu berücksichtigen: In den USA erreichen Produkthaftungsfälle andere Kostendimensionen, da zum eigentlichen Schadensersatz auch noch eine Strafzahlung („*punitive damage*") hinzukommen kann, die eine abschreckende Wirkung entfalten soll [Rösl03]. Das Unternehmen muss eine geeignete Vorgehensweise implementieren, um die angemessenen Maßnahmen produktbezogen festlegen zu können. Diese Vorgehensweise ist Bestandteil des QM-Systems: „*Das Qualitätsmanagementsystem bildet die Klammer und zugleich die Methode für die ressortübergreifende Integration und Anwendung von Maßnahmen zur Produkthaftungsprävention*" [Pres03].

Der erste Schritt im Haftungsmanagement ist es, sich einen möglichst vollständigen Überblick über das Risiko zu verschaffen. Der Hersteller muss mit seinem technischen Wissen auf der „Höhe der Zeit" sein; nur so kann er die vom Produkt ausgehenden Risiken einschätzen und die notwendigen Maßnahmen treffen [Enst97, S. 43].

Entwicklungsfehler führen weder zu einer deliktischen Produzentenhaftung noch zu einer Haftung nach ProdHaftG. Das Unternehmen muss dazu aber sicherstellen, dass der „Stand von Wissenschaft und Technik" in der Entwicklung berücksichtigt wird.

Das Vermeiden von Risiken ist eine Aufgabe der Konstruktion. Konstruktionsfehler sind kritisch, weil sie nicht ein einzelnes Produktexemplar, sondern stets die ganze Serie betreffen. Wird ein Konstruktionsfehler behoben, so beseitigt dies eine Gefahrenquelle. Diese Sorgfaltspflicht hat also eine besonders hohe Wertigkeit. Der Hersteller muss im Konstruktionsprozess prüfen, ob das Produkt die Sicherheit gewährleistet mit der billigerweise gerechnet werden kann. Es empfiehlt sich, im Konstruktionsprozess „*quality gates*" anzulegen, an denen diese Sicherheit konkret geprüft wird.

Vermindern lässt sich das Haftungsrisiko durch eine Qualitätsprüfung, die sicherstellt, dass die durch die Konstruktion geplante Beschaffenheit des Produktes auch zuverlässig erreicht wird. Da Qualitätsfehler nicht grundsätzlich auszuschließen sind, ist dies keine Maßnahme zur Vermeidung sondern nur zur Verminderung des Haftungsrisikos. Von der Ausgestaltung der Qualitätsprüfung hängt ab, welche Chance besteht, den Fehler zu entdecken. Es ist zu beachten, dass sich der Hersteller in der deliktischen Produzentenhaftung nicht einfach auf einen „Ausreißer" berufen kann, nur weil sein statistisches Prüfverfahren zu grobmaschig angelegt ist. Insoweit trägt er die Nachweispflicht, dass ihm kein Fehler unterlaufen ist (Umkehr der Beweislast).

Für die Eingrenzung von Fehlern in einer Produktserie sind Tracing-Systeme hilfreich, über die einzelne Produktionschargen rückverfolgt werden können. Die Rückverfolgbarkeit ist in einzelnen Bereichen gesetzliche Pflicht (z. B. für Lebensmittel), in anderen Bereichen durch Industrierichtlinien eine standardisierte Forderung (z. B. VDA 6.1, ISO/TS 16949 in der Automobilindustrie).

Auch Warnhinweise vermindern lediglich das Risiko. Die Gefahrenquelle ist vorhanden und die gewünschte Wirkung tritt ja nur ein, wenn der Anwender die Instruktion liest und beachtet. Instruktionsfehler sind in ihren Auswirkungen wiederum kritisch, weil sie die ganze Serie betreffen und ein konstruktiv eigentlich sicheres Produkt durch ungenaue, falsche, missverständliche oder fehlende Hinweise in der Gebrauchsanleitung zu einem unsicheren Produkt werden kann.

Der Hersteller trägt die Verantwortung für sein Produkt, unabhängig davon zu welchem Anteil er es selbst hergestellt oder Komponenten, Baugruppen und Module fremdbezogen hat. Er hat die fremdbezogenen Materialien und Komponenten hinsichtlich ihres Risikobeitrags zu überprüfen und kann mit den Zulieferern klare Vereinbarungen zu Qualitätssicherungsmaßnahmen und zum Rückgriff im Haftungsfall treffen [Seit04].

Die Verkehrssicherungspflichten nach § 823 BGB können grundsätzlich auf Zulieferer übertragen werden. Die Haftung nach ProdHaftG kann dagegen nicht überwälzt werden. In diesem Bereich ist nur der Regress im Haftungsfall regelbar. Die Voraussetzungen für das Übertragen von Verkehrssicherungspflichten auf den Zulieferer sind [Enst97, S. 61f.]

- die festgestellte und laufend überwachte Eignung des Zulieferers (Lieferantenauswahl, -beurteilung und -entwicklung),
- die konkrete Bezeichnung der übertragenen Sicherungspflichten in QS-Vereinbarungen, die Vertragsbestandteil sind.

Mit den Zulieferern können dazu sogenannte Qualitätssicherungsvereinbarungen (QSV) abgeschlossen werden. Eine QSV kann ein unselbstständiger Bestandteil von Einkaufs- und Lieferverträgen sein, aber auch ein selbständiger Vertrag, welcher sich dann auf eine Gruppe oder auch auf alle Einkaufsverträge bezieht. Zum Regelungsumfang gehören beispielsweise [NN96]:

- Vorgeschriebene Qualitätsprüfungen nach Art und Umfang
- Dokumentation und Archivierung der Prüfergebnisse, Aufbewahrungsfristen
- Qualifizierungsprozess für Produkte und Produktionsverfahren, insbesondere Durchführung bestimmter QS-Verfahren wie Konstruktions-FMEA, Erstmusterprüfungen
- Erforderliche Schulungen für das Prüfpersonal

- Erforderliche Zertifizierungen, regelmäßige Audits
- Kennzeichnungspflichten und Rückverfolgbarkeit
- Informationspflichten und -standards (z. B. EDI).

Außerdem kann eine QSV Regelungen enthalten, welche den Abnehmer von bestimmten Pflichten freizeichnen, z. B. von der unverzüglichen Untersuchungs- und Rügepflicht für zugelieferte Komponenten (§ 377 HGB). Die Zulässigkeit einer QSV hängt auch davon ab, ob es sich um einen Einzelvertrag oder eine Klausel in den Allgemeinen Geschäftsbedingungen handelt, an die viel strengere Maßstäbe angelegt werden. Bei AGB-Klauseln ist zu prüfen, ob diese den Vertragspartner unangemessen benachteiligen. Die Freizeichnung von der unverzüglichen Untersuchungs- und Rügepflicht im Wareneingang beispielsweise ist in einer Einzelvereinbarung unbedenklich, als Allgemeine Geschäftsbedingung jedoch unzulässig [NN96]. § 377 HGB kann als sogenanntes „*dispositives Recht*" von den Vertragsparteien eingeschränkt werden. Zumindest aber sollte auf Transportschäden sowie auf Art und Menge geprüft werden; diese grundsätzliche Organisationspflicht ist nicht übertragbar [Grot09].

In einer QSV liest sich das dann z. B. wie folgt: „*Vor dem Hintergrund der beim Lieferanten unterhaltenen prozessgesteuerten Qualitätssicherung verzichtet der Lieferant insoweit auf weitergehende gesetzliche Anforderungen an die Wareneingangskontrolle. Die Rüge festgestellter Mängel ist rechtzeitig, wenn sie innerhalb einer Frist von 7 Tagen, gerechnet ab Warenübernahme oder bei versteckten Mängeln ab Entdeckung beim Lieferanten eingeht. Insoweit verzichtet der Lieferant auf den Einwand der verspäteten Mängelrüge.*"[18]

In vielen Industrien werden Komponenten für die Zulieferung in einem kontrollierten Prozess freigegeben. Diese Freigabe schränkt die Haftung des Zulieferers für die gelieferte Komponente nicht ein. Unternehmen weisen darauf üblicherweise in ihren Qualitätssicherungsvereinbarungen hin.

Die Überwälzung von Kosten, z. B. für Rückruf- und Austauschaktionen, vom Hersteller ist eine kritische Frage – insbesondere dann, wenn Rückruf und Austausch mehr dem Image des Herstellers geschuldet waren als einer haftungsrechtlichen Notwendigkeit aus § 823 BGB. Entsprechend ist es empfehlenswert, diese Frage in Qualitätssicherungsvereinbarungen klar zu regeln [Güne09]. Auch der Rückgriff des Herstellers auf den Zulieferer nach dem Verursacherprinzip im Produkthaftungsfall ist entsprechend zu regeln [Ulme04].

Mit der Produktbeobachtungspflicht erweitert sich der Fokus der Qualitätsmanagementmaßnamen zur Haftungsvermeidung über den Herstellungsprozess hinaus auf dem gesamten Lebenszyklus des Produktes im Feld. Im QM-System muss verankert sein, wie die Produktbeobachtung organisiert ist und wie die so gewonnen Erkenntnisse in die Entwicklung und Konstruktion zurückfließen.

Aus der Organisationspflicht lässt sich eine Verpflichtung hin, ein geeignetes Qualitätsmanagementsystem zu installieren. Ein QM-System nach DIN EN ISO 9001:2001 entlastet von vornherein weder in Bezug auf Ansprüche aus der deliktischen Produzentenhaftung nach §823 BGB noch aus der verschuldensunabhängigen Haftung nach ProdHaftG [Pich02]. Auch die Erfüllung branchenspezifischer Anforderungen und Standards, beispielweise von HACCP (**H**azard **A**nalysis and **C**ritical **C**ontrol **P**oints) im Lebensmittelbereich oder von GMP (**G**ood

[18] Aus der Qualitätssicherungsvereinbarung der Behr Thermot-Tronik GmbH, Kornwestheim

Manufacturing **P**ractice) für pharmazeutische Produkte beschränkt die Haftung nicht. Jedoch ist ein wirksames QM-System eine wesentliche Grundlage, um in der deliktischen Produzentenhaftung zum Entlastungsnachweis die Erfüllung der Verkehrssicherungspflichten nachweisen zu können.

Die verbleibenden Risiken können versichert werden. Nach einer Studie für die Europäische Kommission haben Produkthaftungsklagen in den Jahren 1993 bis 2002 merklich zugenommen [Melt03]. In der Liste der „Top 100"-Urteile des National Law Journals in den USA sind Produkthaftungsklagen weiterhin ein Schwerpunkt [Lach09]. Der Umfang der Produkthaftungsabsicherung hängt vom geographischen Schwerpunkt der unternehmerischen Tätigkeit ab, da national unterschiedliche Haftungsrisiken bestehen: *„Europäische Firmen, die sich in den USA engagieren, versichern [...] 136 % höhere Haftungsrisiken als Unternehmen, die sich auf den europäischen Markt konzentrieren"* [Hack05].

Die Betriebshaftpflichtversicherung sichert Personen- und Sachschäden ab, die durch das Produkt verursacht werden, Vermögensschäden nur als unmittelbare Folge des Schadens und grundsätzlich keinen Vorsorge- und Schadensverhütungsaufwand [Knoe04]. Das Fehlen zugesicherter Eigenschaften des Produktes, Vermögensschäden durch die Weiterverarbeitung einer fehlerhaften Komponente sowie Bandstillstand wegen fehlerhafter Produkte oder verspäteter Lieferung sind nicht abgedeckt und erfordern einen zusätzlichen Versicherungsbaustein. Das gleiche gilt für den Produktrückruf (Austauschaktionen, Komplettrückruf). Produktrückruf-Haftpflichtversicherungen decken die direkt mit dem Rückruf verbundenen Kosten (Benachrichtigung der Kunden über die Produktgefahr, Rückholung der Produkte, Reparatur etc.) ab. Mit weiteren Bausteinen für indirekte Folgen (z. B. Umsatzrückgang) entsteht *„haftungsrechtlich eine kalkulierbare Situation"* – allerdings nur wenn eine gesetzliche Rückrufverpflichtung erfüllt wird [Diet07].

11.5 Verständnisfragen und Aufgaben zu Kapitel 11

Aufgabe 11-1
Sie haben vor einigen Monaten neue Reifen gekauft. Einer dieser neuen Reifen ist auf der Autobahn geplatzt. Beim Abbremsen ist das Auto gegen die Leitplanke geschleudert und beschädigt worden. Können Sie für diese Schäden Ersatz geltend machen?

Aufgabe 11-2
Sie holen sich während der Halbzeitpause eines im Fernsehen übertragenen Fußballspiels eine Pfandflasche alkoholfreies Bier aus dem Keller. Sie setzen die Bierflasche beim Schließen der Kellertür auf dem Boden ab. Beim Aufnehmen der Flasche explodiert diese, zerstört ihre Brille und fügt ihnen erhebliche Verletzungen bei. Welche Ansprüche können Sie geltend machen?

Aufgabe 11-3
Ein Hersteller von Mountainbikes weist in der Bedienungsanleitung darauf hin, dass beim Überfahren von Bordsteinkanten die Gabel brechen könne. Ist dieser Warnhinweis ausreichend, um eine Haftung in einem entsprechenden Schadensfall zu vermeiden?

Aufgabe 11-4
Während des Endspiels zur Fußballweltmeisterschaft 2010 fällt Ihr Fernseher aus. Bei der Reparatur (Kosten 400 EUR) wird eine Spannungsspitze in der Energieversorgung zweifelsfrei als Ursache festgestellt. Haftet der Energieversorger nach dem ProdHaftG? Können Sie die Reparaturkosten als Schadensersatz einklagen?

Aufgabe 11-5
Sie bestellen im Buchhandel ein englischsprachiges Fachbuch, welches der Buchhändler selbst importiert. Sie stellen beim Lesen des Buches fest, dass die Bindung des Buches mangelhaft ist und Seiten herausfallen. Sie reklamieren diesen Mangel. Der Buchhändler weist Sie auf den Aufkleber „*Importware – Qualitätsmängel möglich*“ hin, den er auf der Rückseite des Buches angebracht hat und erkennt die Reklamation nicht an. Welche Ansprüche haben Sie?

12 Lösungen zu Verständnisfragen und Aufgaben

12.1 Lösungen zu Verständnisfragen und Aufgaben aus Kapitel 1

Aufgabe 1-1
Qualität ist die „realisierte Beschaffenheit einer Einheit bezüglich der Qualitätsforderung".

Aufgabe 1-2
Von der Definition für Qualität abgeleitet: Dienstleistungsqualität ist die „realisierte Beschaffenheit einer Dienstleistung bezüglich der Qualitätsforderung". Oder:
Übereinstimmung der Ergebnisse einer Dienstleistung mit Anforderungen

Aufgabe 1-3
Qualität beschreibt die Übereinstimmung mit Anforderungen. Diese können sehr unterschiedlich sein.

Aufgabe 1-4
Kosten sind entscheidend bei Kaufentscheid.
Termintreue ist entscheidend bis zur Anlieferung des Produktes.
Qualität hat noch langfristig Auswirkungen - auch während der Nutzung des Produktes.

Aufgabe 1-5
- Trennung zwischen produzierenden und kontrollierenden Tätigkeiten
- fehlende Rückkopplung von Fehlern zum Verursacher
- Qualität wird in Endkontrolle festgestellt: hohe Ausschuss- und Nacharbeitskosten
- starke Spezialisierung mit geringer Verantwortung
- geringe Identifikation mit Arbeit
- keine Motivation, mit eigenen Ideen zur Qualitätsverbesserung beizutragen

12.2 Lösungen zu Verständnisfragen und Aufgaben aus Kapitel 2

Aufgabe 2-1

- Zielfestlegung
- Problemanalyse
- Lösungsfindung
- Maßnahmenumsetzung
- Standardisierung

Aufgabe 2-2

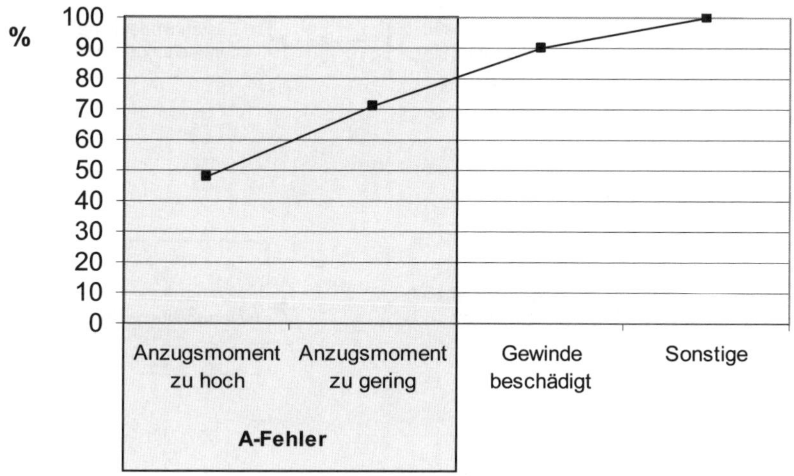

Aufgabe 2-3

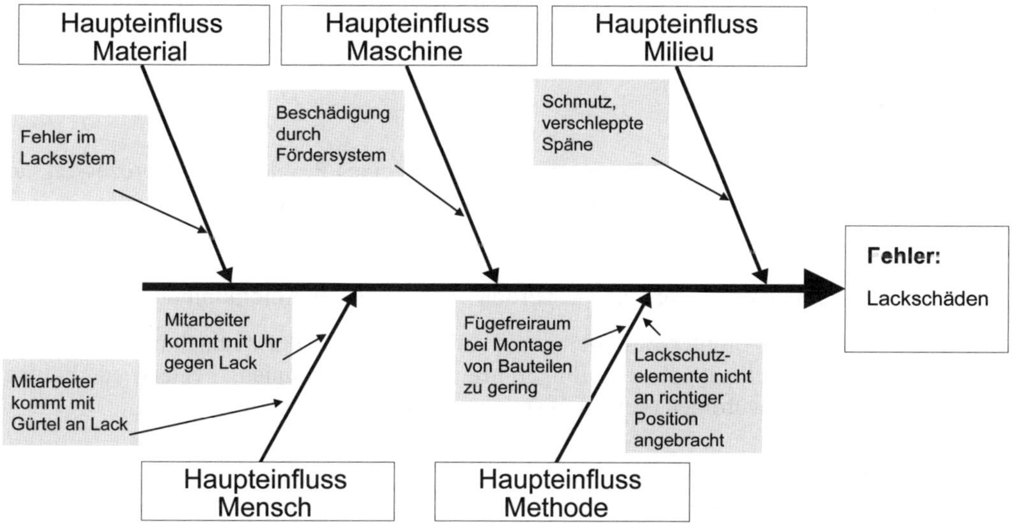

Aufgabe 2-4

Mit dem Pareto-Diagramm ist eine Priorisierung der Fehlerursachen im Ishikawa-Diagramm z. B. nach der Auftretenswahrscheinlichkeit oder einer subjektiver Bewertung möglich.

Aufgabe 2-5

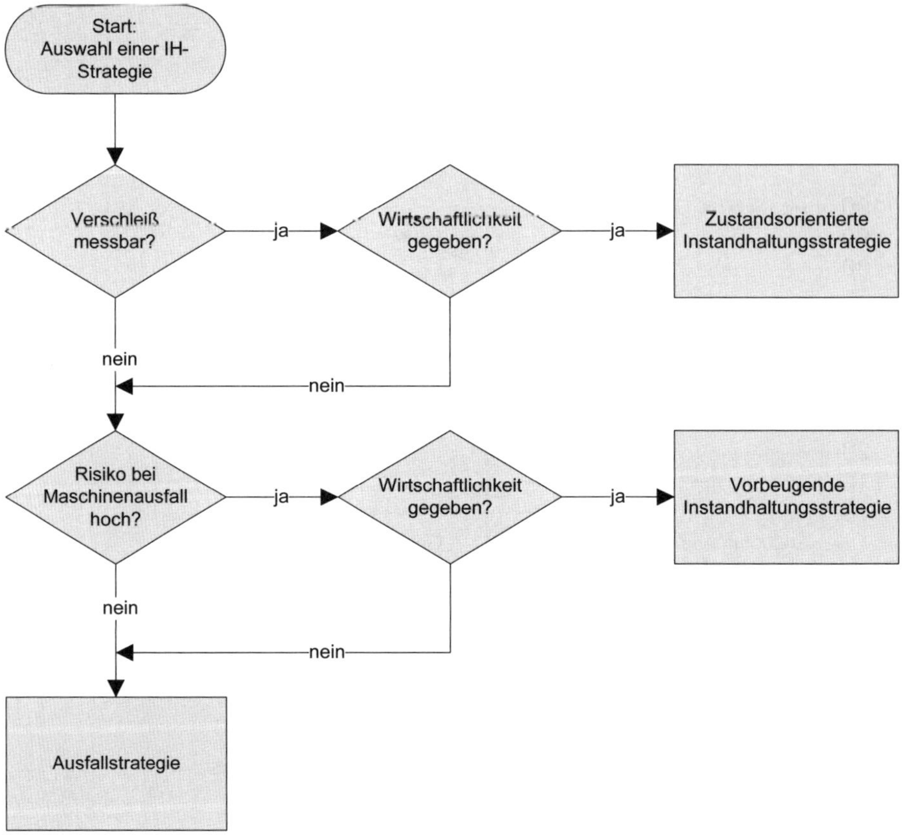

Aufgabe 2-6

Zur Darstellung von Abläufen und Prozessen im Rahmen eines Problemlösungsprozesses, zur Unterstützung strukturierter Interviews oder in Verfahrensanweisungen.

Aufgabe 2-7

Formalisiertes dokumentiertes Vorgehen zur Problemlösung in der Automobilindustrie

Vorgehen: Teambildung, Problembeschreibung, Festlegung von Sofortmaßnahmen, Ursachenanalyse, Geplante Abstellmaßnahmen, Eingeführte Abstellmaßnahmen, Fehlerwiederholung verhindern, Teamerfolg würdigen (s. Bild 2-3)

12.3 Lösungen zu Verständnisfragen und Aufgaben aus Kapitel 3

Aufgabe 3-1
QFD, FTA, FMEA, DOE, Poka Yoke

Aufgabe 3-2
Nach der Zehnerregel der Fehlerkosten steigen die Kosten mit jeder Phase, mit der ein Fehler später entdeckt und abgestellt wird, um das Zehnfache. Daher lohnt es sich in einer früheren Phase einen größeren Aufwand zu betreiben, um präventiv Fehler zu vermeiden. Dies kostet zwar Zeit und Geld, ist aber allemal günstiger, als wenn dieser Fehler erst später entdeckt wird.

Aufgabe 3-3
Der Ablauf einer FMEA besteht aus den folgenden Schritten:

- Vorlauf
- Systemanalyse
- Fehleranalyse: Funktionsanalyse, Fehlfunktionsanalyse, Auflisten der Fehlerarten, Beschreiben der Auswirkungen, Ermitteln möglicher Fehlerursachen
- Risikobewertung: Beschreibung von Maßnahmen zur Fehlerentdeckung bzw. –vermeidung, RPZ-Bestimmung
- Maßnahmenfestlegung
- Wiederholte Bewertung

Aufgabe 3-4
RPZ = Auftretenswahrscheinlichkeit der Fehlerursache * Entdeckungswahrscheinlichkeit des Fehlers * Bedeutung des Fehlers für den Kunden

Aufgabe 3-5
- Verringerung der Auftretenswahrscheinlichkeit
- Reduzierung der Auswirkung
- Verbesserung der Entdeckungswahrscheinlichkeit

Aufgabe 3-6
Systemanalyse:
- Detaillierte Untersuchung des Systems

Erstellung des Fehlerbaumes:
- Festlegung des unerwünschten Ereignisses und der Ausfallkriterien
- Festlegung der Zuverlässigkeitskenngröße und der zu betrachteten Zeitintervalle
- Bestimmung der Ausfallarten der Komponenten
- Aufstellung des Fehlerbaums

Auswertung des Fehlerbaums:
- Bestimmung der Eingangsgrößen des Fehlerbaums
- Auswertung des Fehlerbaums und Bewertung der Ergebnisse.

Aufgabe 3-7
Flugzeugindustrie, Kernkraftwerke

Aufgabe 3-8

- Verringerung der Ausfallwahrscheinlichkeit der Komponenten/ Fehler von Menschen
- Schaffung von Redundanzen
- Änderung des Gesamtsystems
- Änderung der Randbedingungen, z. B. Nutzungsdauer

Aufgabe 3-9

1. Vorgaben von Produkt-/ Bauteilmerkmalen
2. Gewichtung der Produkt-/ Bauteilmerkmale
3. Prozessmerkmale
4. Wechselwirkungen der Prozessmerkmale

Aufgabe 3-10

	QFD	FMEA
Ziel	Kundenorientierte Produkt- und Prozessentwicklung	Präventive Fehlervermeidung
Vorgehen	Team, Kundenforderungen, Ableitung korrellierender Merkmale, Festlegung von Zielgrößen, ggf. Benchmarking, Bewertung von Wechselwirkungen	Team, Systemanalyse, Fehleranalyse, Risikobewertung, Maßnahmen
Zeitpunkt	Übergeordnete Methodik, von Start der Produktentwicklung bis detaillierte Prozessplanung	Nach Abschluss der Konstruktion, nach Ende der Produktionsplanung, im Rahmen der Problemlösung in der Serienfertigung

Aufgabe 3-11
Eine Methode zur Vermeidung zufälliger Fehler

Aufgabe 3-12

- Unterschiedliche Querschnitte der Tankstutzen, z. B. rund und dreieckig
- Unterschiedliche Farben
- Codierung über Barcode

12.4 Lösungen zu Verständnisfragen und Aufgaben aus Kapitel 4

Aufgabe 4-1

- Bei gleicher Information weniger Versuche
- Berücksichtigung von Wechselwirkungen

Aufgabe 4-2

- Problemdefinition
- Problemanalyse
- Parameterreduzierung (Homing-In)
- Versuchsplanung und -durchführung
- Versuchsauswertung
- Statistischer Nachweis

Aufgabe 4-3

a)

Nr.	x_1	x_2	x_3	x_1	x_2	x_3	Ziel-größe
1	-	-	+	-	-	+	Y1
2	-	+	-	-	+	-	Y2
3	+	-	-	+	-	-	Y3
4	+	+	+	+	+	+	Y4

Effekt x_3: ((Y1+Y4)- (Y2+Y3)) / 2

b) $3^{3-1} = 9$, daher 5 mehr

Aufgabe 4-4

Vorteil: geringere Anzahl von Versuchen bzw. mehr Infos bei gleicher Anzahl von Versuchen

Nachteil: es werden Wechselwirkungen weggelassen, die entscheidend sein können

Aufgabe 4-5

Los wird trotz mangelnder Qualität angenommen.

Aufgabe 4-6

- Fehleranteil muss klein sein
- Losgröße/ Stichprobenumfang groß genug
- homogene Lose/ Stichprobenentnahme repräsentativ

- keine Gefährdung für Sicherheit

Aufgabe 4-7
Hypergeometrische Verteilung, Binomialverteilung, Poisson-Verteilung

Aufgabe 4-8
a)

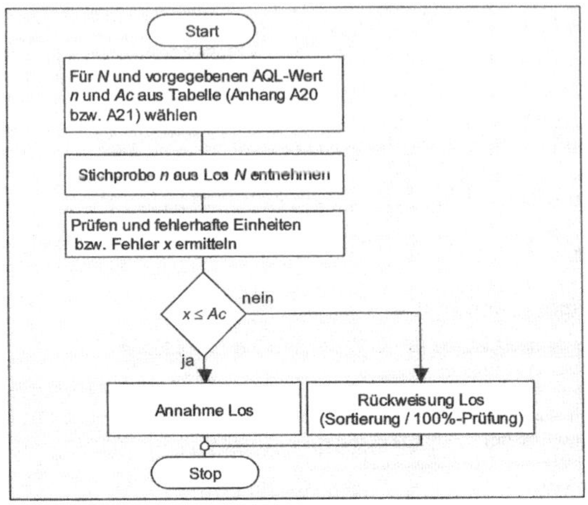

b) wenn x>Ac, dann nicht Rückweisung, sondern Prüfung, ob x <= Re.

Wenn „ja“, dann wiederholte Stichprobe; sonst Rückweisung

Aufgabe 4-9
- Mehrfachstichprobenprüfung
- Reduzierter Stichprobenplan
- Quantitativer Stichprobenplan

Aufgabe 4-10
Die Verteilungskurve ist um 1σ aus der Toleranzmitte verschoben. Wie dargestellt, zur Seite von Tu, oder zur Seite von To.

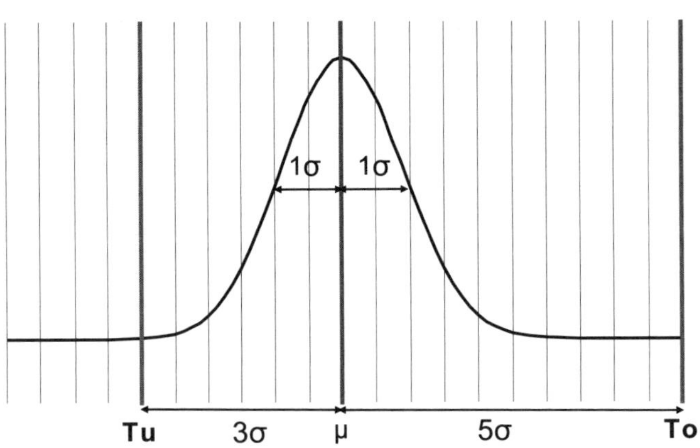

Aufgabe 4-11
Kleiner, da die Streuung zunimmt, da alle Einflüsse: Mensch, Methode,... im Serienanlauf berücksichtigt werden.

Aufgabe 4-12
a) C_p=(To-Tu)/6S = 0,6/(6*0,067)= 1,48 >1,3 -> fähig

C_{pk}= Min[(To-μ)/3S; (μ-Tu)/3S] = (1999,92-1999,7)/ (3*0,067)=1,09 >1 -> beherrscht

b)

- Prozessstreuung verkleinern
- Toleranzen aufweiten
- 100 % Prüfung

c) Der Mittelwert kann in der Mitte der Toleranz liegen, obwohl die Stichprobenwerte stark streuen oder sogar außerhalb der Toleranz liegen. Daher muss auch die Streuung mit aufgenommen werden.

Aufgabe 4-13

OEG = $\mu + A_{EG} * \sigma$ = 100,05 + 1,152 * 0,05 = 100,108

UEG = $\mu - A_{EG} * \sigma$ = 100,05 - 1,152 * 0,05 = 99,992

Aufgabe 4-14

- Überprüfung, ob ggfs. Messfehler vorliegt
- Wenn o.k., dann um optimale Werte zu übernehmen

12.5 Lösungen zu Verständnisfragen und Aufgaben aus Kapitel 5

Aufgabe 5-1

Siehe Bild 5-5.

Aufgabe 5-2

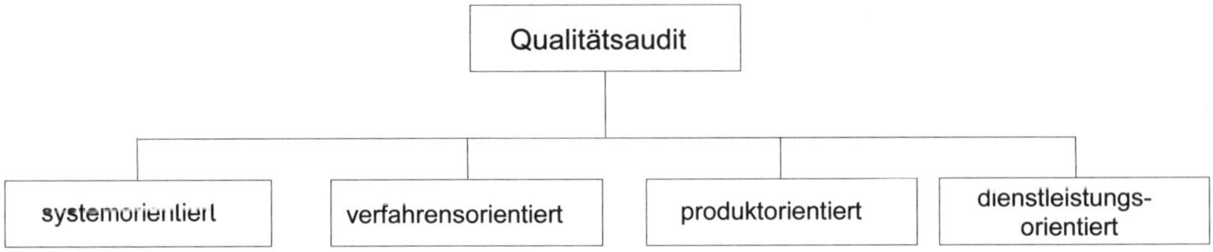

Aufgabe 5-3

Hauptschritte der Zertifizierung:

- Auditvorbereitung, Auswertung Selbstauditierung
- Auswertung QM-Dokumentation
- Auditierung im Unternehmen
- Wenn Konformität mit Normenforderungen: Ausstellung Zertifikat.
- Bei Mängeln: Einleitung von Verbesserungsmaßnahmen.

Aufgabe 5-4

Ein Zertifikat nach DIN EN ISO 9001 gilt für drei Jahre.

Aufgabe 5-5

Weil diese nicht akkreditiert ist.

Aufgabe 5-6

Zertifizierung: Überprüfung der Übereinstimmung eines Systems (Unternehmens) mit vorgegebenen Forderungen (z. B. DIN EN ISO 9000) durch einen autorisierten Dritten. Bei Übereinstimmung wird ein Zertifikat vergeben.

Akkreditierung: formale Feststellung der Kompetenz um Zertifizierungen durchführen zu dürfen durch eine staatliche Stelle (Deutsche Akkreditierungsstelle).

Aufgabe 5-7

VDA Band. 6, QS 9000, TS 16949, IRIS, DIN 9100

Aufgabe 5-8

Kreuzen Sie die richtigen Antworten an:

Jedes Unternehmen kann Akkreditierungen durchführen.	
Jedes Unternehmen kann Auditierungen durchführen.	X
Jedes Unternehmen kann Zertifizierungen durchführen.	
Um eine Auditierung durchzuführen, muss ein Unternehmen nach DIN EN ISO 9001 zertifiziert sein.	
Um eine Akkreditierung durchzuführen, muss ein Unternehmen nach DIN EN ISO 9001 zertifiziert sein.	
Um eine Zertifizierung nach DIN EIN ISO 9000 durchzuführen, muss ein Unternehmen akkreditiert sein.	X

Zum Prozessmanagement gehören die folgenden klassischen Prozessarten:

Unterstützungsprozesse	X
Informationsprozesse	
Dienstleistungsprozesse	
Managementprozesse	X

Aufgabe 5-9

QM-Handbuch: Allgemeine Beschreibung der Aufbau- und Ablauforganisation; ganzes Unternehmen, z. B. für Zertifizierung

QM-Verfahrensanweisung: Beschreibung von Teilgebieten/ Abläufen; auf Abteilungsebene

QM-Arbeitsanweisung: Beschreibung von Einzeltätigkeiten; Arbeitsplatz

Aufgabe 5-10

Umweltmanagementsystem, Energiemanagementsystem, Gesundheits- und Arbeitssicherheitsmanagementsystem

12.6 Lösungen zu Verständnisfragen und Aufgaben aus Kapitel 6

Aufgabe 6-1

Production Part Approval Process – PPAP (nach QS 9000) enthält grundlegende Forderungen für die Freigabe aller Produktions- und Ersatzteile einschließlich Schüttgütern im Produktenstehungsprozess.

Das zentrale Dokument im Produktionsprozess- und Produktfreigabeprozess nach VDA Band 2 ist der Erstmusterprüfbericht (EMPB).

Aufgabe 6-2

Beispielhaft ist ein etwas vereinfachter Produktionslenkungsplan mit den wichtigsten Angaben dargestellt:

Prozess-schritt	Merkmal	Spezifikation/ Toleranz	Prozess-parameter	Prüfmethode/ Stichproben-umfang	Reaktions-maßnahmen
Sägen	Länge	100+/- 0,5 mm	Vorschub	SPC jedes 20. Teil	Einstellung der Säge/ Schärfe Sägeblatt überprüfen
Drehen	D1	15 +/- 0,1 mm		SPC, jedes 10. Teil	Drehmeißel überprüfen
	D2	12 +/- 0,1 mm		SPC, jedes 10. Teil	Drehmeißel überprüfen
Härten	Oberflächenhärte	100 HB	Ofentemperatur, Härtezeit	SPC, jedes 10. Teil	Ofentemperatur überprüfen

Aufgabe 6-3

Festgelegt werden

- in Schritt 1 Prüfobjekt und Prüfmerkmal
- in Schritt 2 Prüfzeitpunkt, -häufigkeit und –umfang
- in Schritt 4 die Prüfmethode und die -mittelauswahl
- in Schritt 3 die Erfassung und Verwaltung von Prüfdaten, Auswertung und Maßnahmen.

Aufgabe 6-4

Kriterien für die Festlegung von Prüfmerkmalen sind:

- Kundenforderungen
- Gesetzliche Bestimmungen, Nachweispflicht
- Merkmale, die wichtig sind für
  - Gesamtfunktion, Sicherheit

- Weitere Produktionsschritte
- Kosten/ Reklamationen

Aufgabe 6-5

Ein Prüfplan könnte wie folgt aussehen:

Nr	Merkmal	Nenn wert [mm]	Tole-ranz [mm]	Prüfmittel	Stichprobe	Prüfer
1	Länge 1	30	+/- 0,2	Messschie-ber	SPC, jedes 10. Teil	Werker
2	Länge 2	10	+/- 0,2	Messschie-ber	SPC, jedes 10. Teil	Werker
3	Durchmesser 1	8	+/- 0,05	Mikrometer-schraube	SPC, jedes 10. Teil	Werker
4	Durchmesser 2	10	+/- 0,05	Mikrometer-schraube	SPC, jedes 10. Teil	Werker

Aufgabe 6-6

Es gibt Einzel-, Familien- und Integrierte Prüfpläne. Eine Beschreibung der Anwendung finden Sie im Abschnitt 6.4.3 Prüfplan.

12.7 Lösungen zu Verständnisfragen und Aufgaben aus Kapitel 7

Aufgabe 7-1

Die Dimensionen sind die Qualität des Projektgegenstandes, die Einhaltung der vorgegeben Budgets, Zeit- und Ressourcenlimits, sowie die – gerade bei internen Projekten – die Zufriedenheit des Projektteams. Die Dimensionen entsprechen den drei Betrachtungsweisen eines Projektes: objektorientiert, ablauforientiert und humanorientiert.

Aufgabe 7-2

1 = Projektauftrag mit Lastenheft; 2 = Pflichtenheft; 3 = Lösungskonzept; 4 = Detailentwurf der Lösung; 5 = Prototyp; 6 = Realisierter Projektgegenstand; 7 = Getesteter Projektgegenstand (interne Abnahme); 8 = Projektgegenstand ist abgenommen; 9 – Projekterfahrungen sind in den KVP-Prozess eingeflossen

Aufgabe 7-3

Die Änderung wird formal beantragt. Die betroffene Referenzkonfiguration wird ermittelt. Alle Projektbeteiligten, die auf dieser Referenzkonfiguration aufbauen, werden über den Änderungsantrag informiert und haben Gelegenheit zur Stellungnahme. Aus den Stellungnahmen werden die Folgen ermittelt und die Konsequenzen für das Gesamtprojekt aufgezeigt. Es wird über den Antrag entschieden und die Entscheidung allen Projektbeteiligten mitgeteilt. Bei einer positiven Entscheidung wird die betroffene Referenzkonfiguration geändert und allen Projektmitgliedern zur Verfügung gestellt. Diese haben die Pflicht, die bereits auf der Basis der ursprünglichen Fassung der Referenzkonfiguration durchgeführten Arbeitsschritte an die neue Situation anzupassen. Erfassung der Kosten für das Projektcontrolling und ggf. Claim-Management. Der Änderungsantrag wird abgeschlossen.

12.8 Lösungen zu Verständnisfragen und Aufgaben aus Kapitel 8

Aufgabe 8-1

Zu den Grundprinzipien zählen die folgenden Punkte:

- Kundenorientierung
- Prozessorientierung
- Führung mit Zielen
- Einbeziehung und Motivation aller Mitarbeiter
- Fehlervermeidung und kontinuierlicher Verbesserungsprozess

Aufgabe 8-2

Das externe Kunden-Lieferantenverhältnis wird auf die unternehmensinternen Beziehungen übertragen. Jeder im Unternehmen ist Kunde und Lieferant zugleich. Wie im externen Verhältnis werden auch intern die Anforderungen zwischen den Bereichen eindeutig festgelegt.

Aufgabe 8-3

Ziel muss es sein, die Kommunikation zwischen den Bereichen zu verbessern. Dies könnte z. B. in einem Workshop passieren, in dem beide Abteilungen ihre Anforderungen definieren und danach gemeinsam festlegen.

Aufgabe 8-4

Kaizen ist die Philosophie der ständigen Verbesserung unter Einbindung aller Mitarbeiter. Dies erfolgt in vielen kleinen Schritten. Der Westen setzt eher auf Innovationen.

Aufgabe 8-5

Kaizen hat als Ziel die Verbesserung unter Beteiligung aller Mitarbeiter. Das betriebliche Vorschlageswesen fördert das Einreichen von Einzelvorschlägen. Dies kann dazu führen, dass mögliche Problemlösungen nicht in der Gruppe vorgestellt, sondern zurückgehalten werden, und Einzelpersonen diese später als Verbesserungsvorschlag einreichen. Die anderen Gruppenmitglieder werden darüber nicht begeistert sein und die Umsetzung der Lösung nicht unterstützen und gegebenenfalls sogar blockieren.

Aufgabe 8-6

Die Grundbedürfnisse müssen zufriedengestellt und der Arbeitsplatz sicher sein, sonst lassen sich keine Mitarbeiter für Verbesserungsprojekte motivieren. Die Sicherheit des Arbeitsplatzes beinhaltet auch, dass durch Verbesserungsmaßnahmen keine Mitarbeiter entlassen werden dürfen. Bei der Einführung eines Kaizen-Projektes müssen auch soziale Aspekte berücksichtigt werden. Häufig existieren unterschwellige Konflikte, die die erfolgreiche Einführung verhindern können. Nach der Maslow´schen Bedürfnispyramide ist Anerkennung wichtig. Das heißt, die Mitarbeit in Kaizen-Projekten muss gelobt und honoriert werden. Idealerweise bietet man den Mitarbeiter die Möglichkeit der Selbstverwirklichung. Dazu können Aufgaben übertragen werden, die die Mitarbeiter eigenständig oder in Selbstverantwortung in einer Gruppe bearbeiten können, z. B. selbstständige Instandhaltung oder die Zielverfolgung.

Aufgabe 8-7

Möglichkeiten zur Verbesserung der internen Kundenzufriedenheit:

Mitarbeiterbefragungen, Workshops zu interne Kunden-Lieferanten-Beziehung

Möglichkeiten zur Verbesserung der externen Kundenzufriedenheit:

- Direkte Kundenbefragungen, Verkaufsgespräche
- Marktstudien, Benchmarking
- Reklamationen, Garantiekosten
- Lieferantenbewertungen
- Audits

Aufgabe 8-8

European Excellence Award, Malcolm-Baldridge Award (USA), Deming Prize (Japan), Ludwig-Erhard-Preis (Deutschland).

Aufgabe 8-9

a) Business Excellence Modell

b) Bewertung der Schlüsselleistungen

12.9 Lösungen zu Verständnisfragen und Aufgaben aus Kapitel 9

Aufgabe 9-1

Gewährleistung, Garantie, Kulanz, Ausschuss, Nacharbeit, Produkthaftung, Rückrufaktionen

Aufgabe 9-2

Siehe Bild 9-2.

Aufgabe 9-3

Kosten der Übereinstimmung: Kosten, die einen Beitrag zum Unternehmenserfolg liefern.

Kosten der Abweichung: ungeplante Kosten, die aufgrund von Abweichungen aufgetreten sind.

Aufgabe 9-4

Um besser zwischen geplanten und ungeplanten Prüfkosten, z. B. infolge von Nacharbeit, zu unterscheiden.

Aufgabe 9-5

Qualitätskosten bezogen auf: Umsatz, Rendite, Stück, Arbeitskosten, Herstellkosten.

Aufgabe 9-6

Das betriebswirtschaftliche Optimum kann bedeuten, dass Fehlerverhütungs- und Prüfkosten reduziert werden, wodurch externe Fehlerkosten steigen. Dies kann aber durch Unzufriedenheit der Kunden und gegebenenfalls einen Imageverlust zu einer Abwanderung von Kunden führen und damit langfristig zu einem Nachteil für das Unternehmen.

12.10 Lösungen zu Verständnisfragen und Aufgaben aus Kapitel 10

Aufgabe 10-1

Nehmen wir als Beispiel einen Bohrprozess in der Fertigung. Qualitätsdaten sind dann die Messwerte für den Bohrungsdurchmesser, soweit dieser Parameter als qualitätsrelevant angesehen wird. Eine Qualitätsinformation entsteht in diesem Beispiel, wenn man die Qualitätsdaten „Bohrungsdurchmesser" zum festgelegten Sollwert in Beziehung setzt. Auch die Verdichtung der Qualitätsinformationen etwa zu einem Mittelwert ist wieder eine Qualitätsinformation.

Aufgabe 10-2

Beim Wareneingang sollte die Lieferscheinnummer mit erfasst werden, um so die Lieferung eindeutig zu referenzieren. Auf der Seite des Herstellers hängt die weitere Rückverfolgbarkeit jetzt davon ab, wie über (unter Umständen mehrere) Fertigungsstufen hinweg Rückbezug auf diese Lieferung genommen werden kann. Enthält die Lieferung mehrere Gebinde eines Materials und übermittelt der Lieferant keine Zuordnung der Gebinde zu Chargen, so stellt sich die Frage, ob der Hersteller jetzt eine Untergliederung in Chargen (z. B. auf der Basis von Gebindeeinheiten) vornimmt. Sind keine Seriennummern vorhanden, so sind diese Chargen die kleinste Einheit, auf die – ein lückenloses Mitführen dieser Information über alle Fertigungs- und Montageschritte vorausgesetzt – in der Rückverfolgung Bezug genommen werden kann. Auf der Seite des Lieferanten muss die Rückverfolgbarkeit analog vorbereitet werden. Grundsätzlich gilt, dass die Einheitenbildung (Material mit Seriennummer oder Gebindeeinheiten, Lagereinheiten etc. mit Chargennummer) die Grenzen der Rückverfolgbarkeit ins Detail setzt. Je umfassender die Einheiten sind, desto schwieriger ist eine genaue Abgrenzung.

Aufgabe 10-3

Qualitätsinformationen sollten KVP-Aktionen zugeordnet werden können, für die ein Workflow implementiert ist. Damit kann die zügige Bearbeitung der Themen sichergestellt werden und es ist bezogen auf die einzelne Qualitätsinformation jeweils ermittelbar, welchen Abarbeitungsstand die eingeleiteten Korrektur- und Präventivmaßnahmen erreicht haben.

12.11 Lösungen zu Verständnisfragen und Aufgaben aus Kapitel 11

Aufgabe 11-1

Aus dem Kaufvertrag besteht der Anspruch, den defekten Reifen ersetzt zu bekommen, falls dieser beim Kauf (Gefahrenübergang) einen Sachmangel aufwies. Der Schaden am Auto ist durch die Gewährleistung nicht abgedeckt, da es sich um einen *Mangelfolgeschaden* handelt. Dieser weitergehende Anspruch ist nur im Rahmen der deliktischen Produzentenhaftung nach § 823 BGB durchsetzbar, wenn dem Hersteller ein Fehler nachgewiesen werden kann. Allerdings trägt er die Beweislast, dass das Produkt fehlerfrei war. Die verschuldensunabhängige Haftung nach dem ProdHaftG greift hier nicht, da Schäden am Produkt selbst ausgeschlossen sind. Auto und Reifen sind als Einheit im Sinne des ProdHaftG zu betrachten [Baro10].

Aufgabe 11-2

Aus dem Kaufvertrag ergibt sich, wenn ein Sachmagel gemäß § 434 BGB vorliegt, ein Anspruch gegen den Getränkehändler auf den Ersatz der Flasche nebst Inhalt, vorausgesetzt die Flasche wurde vom Käufer sorgfältig behandelt. Für einen Anspruch nach § 823 BGB wäre dem Hersteller ein Verstoß gegen die Verkehrssicherungspflichten nachzuweisen. Pfandflaschen werden nach Gebrauch gereinigt und müssen sorgfältig auf (Haar-)Risse geprüft werden, bevor sie wieder mit kohlesäurehaltigen Getränken (die Flasche steht unter Druck) gefüllt werden. Kann der Hersteller schlüssig nachweisen, dass die Überprüfungsmaßnahmen nach dem Stand der Technik und Wissenschaft geeignet sind, Fehler dieser Art zuverlässig zu entdecken und kann er auch die Anwendung dieses Prüfverfahrens im konkreten Fall nachweisen, entlastet ihn dies von der Haftung nach § 823 BGB, da dann die schadhafte Flasche allenfalls ein „Ausreißer“ gewesen sein kann. Der Hersteller haftet aber nach ProdHaftG (Gefährdungshaftung, unabhängig vom Verschulden). Für den Personenschaden gilt die Haftungsobergrenze von 85 Mio. EUR, für den Sachschaden an der Brille ist der Selbstbehalt von 500 EUR abzuziehen.

Aufgabe 11-3

Nein, dieser Warnhinweis ist nicht ausreichend. Mountainbikes sind allgemein gebräuchliche Produkte; das Überfahren von Bordsteinkanten stellt eine – für diesen Fahrradtyp – durchaus bestimmungsgemäße Verwendung dar. Der Hersteller muss sich also an den Sicherheitsstandards messen lassen, die für Mountainbikes grundsätzlich angenommen werden dürfen: „*Maßgeblich ist der Gebrauch, mit dem billigerweise gerechnet werden kann*“ [Müller 2004].

Aufgabe 11-4

Elektrizität ist ein Produkt im Sinne des ProdHaftG. Damit ist die Haftung nach § 1 ProdHaftG begründet, da der ursächliche Zusammenhang zwischen Fehler und Schaden zweifelsfrei nachgewiesen wurde. Der Haftungsanspruch besteht, allerdings liegt die Schadensersatzsumme unter dem Selbstbehalt bei Sachbeschädigung von 500 EUR. Der Energieversorger muss also nicht zahlen.

Aufgabe 11-5

Der Verkäufer hat den Vertragsgegenstand mangelfrei zu liefern. Wenn im Kaufvertrag keine besondere Beschaffenheit vereinbart ist, gilt eine „übliche Beschaffenheit" als vereinbart (§ 434 I S. 1 BGB). Bei einem Buch kann der Käufer erwarten, dass die Seiten nicht herausfallen. Der Aufkleber ist nachträglich aufgebracht und kein wirksamer Vertragsbestandteil, so dass eine Haftung nicht ausgeschlossen wurde. Der Käufer kann seine Gewährleistungsrechte nach § 437 BGB geltend machen.

13 Quellenverzeichnis

[Adam09] Adams, Heinz W.; Rechtlich klare Sache. In: QZ Qualität und Zuverlässigkeit 54(2009)10, S. 33–34

[Akao92] Akao, Y.; Liesegang, G. (Hrsg.); QFD - Quality Function Deployment - Wie die Japaner Kundenwünsche in Qualität umsetzen, Verlag Moderne Industrie, Landsberg, 1992

[Balc96] Balck, Henning; Projektorientierung und Routinewelt im neuen Wirtschaftsleitbild. In: „Networking und Projektorientierung: Gestaltung des Wandels in Unternehmen und Märkten“, hrsg. von Henning Balck, Springer, Berlin 1996

[Bark94] Barkley, Bruce T.; Saylor, James H.; Customer-driven Project Management: A New Paradigm in Total Quality Implementation, Mc Graw Hill, New York, 1994

[Baro10] Baronyai, Karin; Gewährleistung. In: Konsument (2010)1, S. 30

[Bene94] Benet, Juan; Der Turmbau zu Babel, Suhrkamp, Frankfurt am Main, 1994

[Blan03] Blank, H.-P.; Hering, E.; Qualitätsmanagement für Ingenieure, Springer Verlag, 2003

[BLL03] BLL Bund für Lebensmittelrecht und Lebensmittelkunde e. V. ; Stellungnahme zu den rechtlichen Vorgaben im Hinblick auf das Gebot der Rückverfolgbarkeit in Artikel 18 der Verordnung (EG) Nr. 178/2002 (sog. Basis-Verordnung – Basis-V), Bonn, 2003

[Böhm02] Böhm, Rolf; Fuchs, Emmerich; Systementwicklung in der Wirtschaftsinformatik: Systems Engineering, Vdf Hochschulverlag, 5. Auflage 2002

[Brem00] Bremer, Peik; Integriertes Führungskonzept für Projekte des Anlagenbaus, Shaker, Aachen, 2000 (zugleich Dissertation, Universität Hannover 1999)

[Bruh08] Bruhn, M.; Qualitätsmanagement für Dienstleistungen, Springer Verlag, 2008

[Burc09] Burckhardt, Markus; Mögliche Fehlanreize bei zu strenger Produkthaftung, In: Versicherungsrecht 60(2009)34, S. 1592–1595

[Carl98] Carl, Henning; Oster, Marcel; Schröder, Thomas G.; Effizientes Qualitätsinformationssystem für Logistik. Dienstleister Offergeld entwickelt ganzheitliches Qualitätsmanagement. In: Fracht + Materialfluss (1998)1/2, S. 64

[Coy00] Coy, Dieter; Management immer wiederkehrender Projektrisiken. In: Projektmanagement (2000)4, S. 22-29

[Cros79] Crosby, Ph. B.; Qualität kostet weniger. Handbuch der Fehlerverhütung für Führungskräfte, Deutsche Ausg. v. Alfred Holz, 3.Aufl. 1979

[Dale90] Dale, B. G.; Shaw, P.; Failure Mode and Effects Analysis in the U. K. Motor Industry: A State of the Art Study. In: Quality and Reliability Engineering International, Vol. 6, 179-188 (1990)

[Demi86] Deming, W. E.; Out of Crisis, 2. Auflage, Massachusetts Institute of Technology Press, Cambridge, M, USA, 1986

[Des89] Desatnik, R.; Long live the King. In: Quality Progress, 22 (1989) 4, S. 24-26

[DGQ11-04] Deutsche Gesellschaft für Qualität e.V.; DGQ-Band 11-04, Managementsysteme – Begriffe, Beuth Verlag, Berlin, 2009

[DGQ12-02] Deutsche Gesellschaft für Qualität e.V.; DGQ-Band 12-02, Integrierte Managementsysteme – Leitfaden für den Aufbau eines Integrierten Managementsystems, Beuth Verlag, Berlin, 2008

[DGQ12-62] Deutsche Gesellschaft für Qualität e.V.; DGQ-Band 12-62, Qualitätssicherungs-Handbuch und Verfahrensanweisungen, Beuth Verlag, Berlin, 1991

[DGQ13-61] Deutsche Gesellschaft für Qualität e.V.; DGQ-Band 13-61, Prüfmittelmanagement, Beuth Verlag, Berlin, 2003

[DGQ14-17] Deutsche Gesellschaft für Qualität e.V.; DGQ-Band 14-17, Qualitätskosten, Beuth Verlag, Berlin, 1985

[DGQ16-01] Deutsche Gesellschaft für Qualität e.V.; DGQ-Schrift 16-01, Annahmestichprobenprüfung anhand der Anzahl fehlerhafter Einheiten oder Fehler, Beuth-Verlag, Berlin, 2002

[DGQ16-26] Deutsche Gesellschaft für Qualität e.V.; DGQ-Schrift 16-26, Methoden zur Bestimmung geeigneter AQL-Werte Beuth-Verlag, Berlin, 1998

[DGQ-SAQ 16-43] Deutsche Gesellschaft für Qualität e.V. & Schweizerische Arbeitsgemeinschaft für Qualitätsförderung; DGQ-SAQ-Band 16-43- Stichprobenprüfung für quantitative Merkmale, Beuth Verlag, Berlin, 1988

[Diet03] Dietrich, Edgar; Schulze, Alfred; Statistische Verfahren zur Maschinen- und Prozessqualifikation, Hanser Verlag, 2003

[Diet07] Dietborn, Christof; Müller, Alexander; Beschränkung der deliktischen Herstellerpflichten: Kein Produktrückruf und kostenloser Austausch. In: Betriebs-Berater 62(2007)44, S. 2358–2362

[DIN 66001] DIN 66001, Informationsverarbeitung; Sinnbilder und ihre Anwendung, Beuth Verlag, Berlin, 1983

[DIN EN 60812] DIN EN 60812, Analysetechniken für die Funktionsfähigkeit von Systemen – Verfahren für die Fehlzustandsart- und -auswirkungsanalyse (FMEA), Beuth Verlag, Berlin, 2006

[DIN EN ISO 9000] DIN EN ISO 9000; Qualitätsmanagementsysteme – Grundlagen und Begriffe, Beuth Verlag, Berlin, 2005

[DIN EN ISO 9001] DIN EN ISO 9001; Qualitätsmanagementsysteme – Anforderungen, Beuth Verlag, Berlin, 2008

[DIN ISO 10012] DIN ISO 10012; Forderungen an die Qualitätssicherung für Messmittel, Beuth Verlag, Berlin, 1992

[DIN ISO 2859] DIN ISO 2859; Annahmestichprobenprüfung anhand der Anzahl fehlerhafter Einheiten oder Fehler (Attributprüfung), Beuth Verlag, Berlin, 1993

[DIN ISO 3951] DIN ISO 3951; Verfahren für die Stichprobenprüfung anhand quantitativer Merkmale (Variablenprüfung), Beuth Verlag, Berlin, 1992

[DIN25424-1] DIN 25424 Teil 1, Fehlerbaumanalyse, Methode und Bildzeichen, Beuth Verlag, Berlin, 1981

[DIN25424-2] DIN 25424 Teil 2, Fehlerbaumanalyse, Handrechenverfahren zur Auswertung eines Fehlerbaums, Beuth Verlag, Berlin, 1990

[DIN40041] DIN 40041, Zuverlässigkeit – Begriffe, Beuth Verlag, Berlin, 1990

[DIN55350-11] DIN 55350-11, Begriffe zum Qualitätsmanagement – Teil 11: Ergänzungen zu DIN EN ISO 9000:2005, Beuth Verlag, Berlin, 2008

[Enst97] Ensthaler, Jürgen et al.; Juristische Aspekte des Qualitätsmanagements, Springer, Berlin et al., 1997

[Feig91] Feigenbaum, A. V.; Total Quality Control, McGraw-Hill Book Company, Singapore, 1991

[Fran94] Franzkowski, R.; Versuchsmethodik. In: Masing, W. (Hrsg.): Handbuch Qualitätsmanagement, 3. Aufl., Hanser, München, 1994

[Freh94] Frehr, H.-U.; Total-Quality-Management. In: Masing, W. (Hrsg.): Handbuch Qualitätsmanagement. 3. Aufl., Hanser, München, 1994

[Gare90] Gareis, Roland; Management by Projects: The Management Strategy of the New Project-oriented Company. In: „Handbook of Management by Projects“ hrsg. von Roland Gareis. Manz, Wien 1990

[Geig07] Geiger, Walter; Terminus Technicus: Qualitätsdaten. In: QZ Qualität und Zuverlässigkeit 52(2007)11, S. 12

[Geig07] Geiger, W.; Handbuch Qualität, Vieweg Verlag, Wiesbaden, 2007

[Gerb08] Gerber, Anna; Konzeption eines unternehmensspezifischen Qualitätsinformationssystems, Dissertation, Technische Universität Chemnitz, 2008

[Germ10] Germis, Carsten; Toyotas Konkurrenten können frohlocken. In: Frankfurter Allgemeine Zeitung Nr. 25 vom 30. Januar 2010, S. 18

[Graf98] Graf, G.; Nutzenorientierte Qualitätskostenrechnung – Ansätze zur Erfassung und marktorientierten Schätzung von Qualitätskosten auf Basis der Prozesskostenrechnung, Dissertation, Europäischer Verlag der Wissenschaften, 1998

[Greb03] Grebe, Stefan; Was ist eigentlich … Tracking & Tracing? In: SPS-Magazin (2003) 3, S. 36-37

[Greif91] Greif, M.; The Visual Factory, Productivity Press, Portland, 1991

[Grot09] Grote, Dirk; Seidl, Michael; Wofür muss der Lieferant wirklich geradestehen? In: Versicherungswirtschaft 64(2009)10, S. 756

[Gück95] Gücker, Andreas; Hoffmann, Wolfgang; Möbus, Matthias; Troll, Christian; Moro, Jürgen, Objektorientierte Modellierung eines Qualitätsinformationssystems, Institut für Wirtschaftsinformatik im Institut für Empirische Wirtschaftsforschung an der Universität des Saarlandes, Heft 116, 1995

[Güne09] Günes, Menderes; Rückruf erforderlich? In: QZ Qualität und Zuverlässigkeit 54(2009)11, S. 34–35

[Hack05] Hacke, Constanze; Risiko durch Haftungsklagen steigt. In: VDI Nachrichten, Ausgabe 18 vom 6. Mai 2005, S. 7

[Hage05] Hagena, Gerd et al.; Die behördliche Meldung unsicherer Verbraucherprodukte nach dem neuen Geräte- und Produktsicherheitsgesetz und ihre europäische Dimension. In: Betriebs Berater 60(2005)48, S. 2591-2595

[Hais89] Haist, F.; Fromm, H.; Qualität im Unternehmen - Prinzipien, Methoden, Techniken, Hanser Verlag, München, 1989

[Herb02] Herberg, C.; Messung der Effizienz von Total Quality Management, Verlag Dr. Kovac, 2002

[Heri93] Hering, E. (Hrsg.); Qualitätssicherung für Ingenieure, VDI-Verlag, Düsseldorf, 1993

[Herz68] Herzberg; How do you motivate employees, Harward Business Review, 1968

[Hofs83] Hofstede, Geert; Cultural Dimensions for Project Management. In: International Journal of Project Management. Vol. 1 No. 1, Februar 1983, S. 41-48

[ISO 10006] Deutsches Institut für Normung e. V. (DIN); DIN-Fachbericht ISO 10006: Qualitätsmanagementsysteme – Leitfaden für Qualitätsmanagement in Projekten. Deutsche Fassung von ISO 10006, Ausgabe 2004

[Jura88] Juran, J. M.; Gryna F. M. (Hrsg.); Juran's Quality Control Handbook, 4. Aufl., McGraw-Hill, New York, 1988

[Jütt93] Jütting, K.; Möbus, M.; Aufbau eines unternehmensweiten Qualitätsmanagementsystems und Vorbereitung der Zertifizierung, Sonderteil in Hanser Fachzeitschriften, Hanser Verlag, München, April 1993

[Jüko93] Jütting, K.; Korn, G.; Qualitätsmanagementsysteme in kleinen und mittleren Unternehmen, VDI-Z 135 (1993) Nr. 7

[Kami93] Kamiske, G.; Brauer, J.-P.; Qualitätsmanagement von A – Z, Erläuterung moderner Begriffe des Qualitätsmanagements, Hanser, München, 1993

[Kara89] Karabatsos, N. A.; Dr. Kaoru Ishikawa: Quality Organizer, in: Quality Press, Juni 1989

[Kaud05] Kauder, Oliver; Prozesse durchgängig gestalten. Standardisierter Zugriff auf die Konstruktions- und Qualitätsdaten. In: Der Konstrukteur (2005)9, S. 86-88

[Kelk04] Kelkar, Oliver; Ide, Hartmut; Anschluss an die erste Reihe. QDX – Qualitätsdatenaustausch entlang der Automobil-Lieferkette. In: QZ Qualität und Zuverlässigkeit 49(2004)10, S. 42-44

[Kirs03] Kirsch, Simone; Wirtschaftliche Qualitätsdatenerfassung. Software-Abbildung von Regelkreisläufen nach ISO/TS 16949. In: QZ Qualität und Zuverlässigkeit 48(2003)11, S. 1094-1095

[Klep92] Kleppmann, W. G.; Statistische Versuchsplanung - Klassisch, Taguchi oder Shainin. In: Qualität und Zuverlässigkeit QZ 37(1992) 2, S.89ff

[Klin04] Klindt, Thomas; Das Recht der Produktsicherheit: ein Überblick. In: Versicherungsrecht 55(2004)7, S. 296ff

[Klin09] Klinkhammer, Georg; Grenzen der Haftung beim Produktrückruf – Anmerkungen zum BGH-Urteil vom 16.12.2008. In: Versicherungs-Praxis (2009)3, S. 49–52

[Knoe04] Knoerchen, André; Deliktische Rückrufpflicht und Versicherung von Rückrufkosten. In: German Working Papers in Law and Economics, Paper 6

[Koch11] Koch, Klaus; Jede dritte Lieferung wird beanstandet. In: Logistik & Fördertechnik Nr. 3 vom 9. März 2011, S. 30-31

[Köpp93] Köppe, D.; Erstellen des Qualitätssicherungs-Handbuchs, Sonderteil in Hanser Fachzeitschriften, Hanser Verlag, München, April 1993

[Korn09] Korn, Verena; Systemisch-lösungsorientiertes Risikomanagement. In: Projektmanagement (2009)3, S. 23-29

[Krot91] Krottmaier, J.; Versuchsplanung. TÜV Rheinland, 1991

[Krot91a] Krottmaier, J.; Versuchsplanung. Der Weg zur Qualität des Jahres 2000, 2. Aufl., Verlag TÜV Rheinland, 1991

[Krot91b] Krottmaier, J.; Taguchi, Shainin - Stein der Weisen? In: QZ 36 (1991), 2, S.90ff

[Kuhn90] Kuhn, H.; Klassische Versuchsplanung, Taguchi-Methode: Versuch einer Wertung. In: VDI-Z 132 (1990) 12, S. 91 ff

[Lach09] Lacher, Ira (Hrsg.); Limits of Liability 2008. Market Analysis: Issues and Trends. Marsh Inc., 2009

[Lien04] Liening, Bernd; Produktsicherheitsgesetz. Schärfere Vorschriften. In: Lebensmittel Praxis, Ausgabe 6 vom 26. März 2004

[Linß05] Linß, G.; Qualitätsmanagement für Ingenieure. Fachbuchverlag, Leipzig, 2005

[Linß06] Linß, G.; Statistiktraining im Qualitätsmanagement. Fachbuchverlag, Leipzig, 2006

[Litt05] Littbarski, Sigurd; Das neue Geräte- und Produktsicherheitsgesetz: Grundzüge und Auswirkungen auf die Haftungslandschaft. In: Versicherungsrecht 56(2005)10, S. 448ff

[Masi94] Masing, W. (Hrsg.); Handbuch Qualitätsmanagement, 3. Aufl., Hanser, München, 1994

[Melt03] Meltzer, John; Freeman, Rod; Thomson, Siobhan; Brock, Ina; Die Produkthaftung in der Europäischen Union. Ein Bericht für die Europäische Kommission, Lovells, 2003 (MARKT/2001/11/D)

[Mich53] Michligk, Paul; Neue Praxis des betrieblichen Vorschlagswesen und der Arbeitsvereinfachung, Stuttgart, 1953

[Monz06] Monz, Alexander; Welche Software für welche Funktion? Leitfaden zur Auswahl einer passenden CAQ-Software, Teil 1. In: QZ Qualität und Zuverlässigkeit 51(2006)1, S. 33-35

[Müll04] Müller, Gerda; Produkthaftung im Schatten der ZPO-Reform. In: Versicherungsrecht 55(2004)25, S. 1073ff

[NASA 2011] National Aeronautics and Space Administration (NASA); Lunar Exploration Timeline, http://nssdc.gsfc.nasa.gov/planetary/lunar/lunartimeline.html. Stand: 8. April 2011

[Nede92] Nedeß, Ch.; Holst, G.; Hilfen für die statistische Versuchsplanung? Taguchis orthogonale Felder und lineare Graphen, Teil 1: Qualität und Zuverlässigkeit 37(1992) 2, S. 91 ff., Teil 2: Qualität und Zuverlässigkeit 37(1992) 3, S. 157 ff., Teil 3: Qualität und Zuverlässigkeit 37(1992) 4, S. 202 ff.

[NN03] o. V.; Neuregelung der Produktsicherheit. In: Rundschau für den Lebensmittelhandel (2003)11, S. 81

[NN07] o. V.; Schweden: Södra – Vorreiter mit Online- Qualitätsdaten. In: Wochenblatt für Papierfabrikation Nr. 19 vom 16.10.2007, Seite 1080

[NN08] o. V.; Projekte ohne Management ... . In: QZ Qualität und Zuverlässigkeit 53(2008)8, S. 6

[NN09] o. V.; SAP QM erleichtert Integration des CAQ in Geschäftsprozesse: Projektrisiko bleibt stets überschaubar. In: Quality Engineering (2009)11, S. 14

[NN10] o. V. ; Toyota beginnt mit Reparatur von Gaspedalen. In: Frankfurter Allgemeine Zeitung Nr. 27 vom 2. Februar 2010, S. 13

[NN92] o. V. ; BGH, 12-11-1991 - VI ZR 7/91: Instruktionspflicht des Herstellers eines Kindertees. In: NJW Neue Juristische Wochenschrift 45(1992)9, S. 560

[NN96] o. V. ; Die Qualitätssicherungsvereinbarung. Eine neue Vertragsart – wer trägt die Verantwortung? In: Beschaffung aktuell (1996)9, S. 20

[Patz94] Patzak, Gerold; Systemtheorie und Systemtechnik im Projektmanagement. In: „Projekte erfolgreich managen", hrsg. von Heinz Schelle, Hasso Reschke, Reinhard Schnopp und Adolf Schuh., Köln, TÜV Rheinland, 1994

[Pete93] Peters, Tom; Jenseits der Hierarchien, Econ, Düsseldorf, 1993

[Pfaf07] Pfaffinger, Hans-G.; Wie angegossen: ERP/PPS- und CAQ-Systeme senken Unternehmenskosten. In: QZ Qualität und Zuverlässigkeit 52(2007)2, S. 34-36

[Pfei04] Pfeifer, Tilo; Sichere Wahl ohne Qual; Wie KMU ein geeignetes und preiswertes CAQ-System finden. In: QZ Qualität und Zuverlässigkeit 49(2004)7, S. 18-21

[Pfei90] Pfeifer, T. u.a.; Untersuchung zur Qualitätssicherung, Stand und Bewertung - Empfehlung für Maßnahmen. Forschungsbericht KfK-PFT 155, Kernforschungszentrum Karlsruhe, 1990

[Pfei93] Pfeifer, T.; Qualitätsmanagement: Strategien, Methoden, Techniken, Hanser, München, 1993

[Pich02] Pichhardt, Klaus; Inverkehrbringen und Inverkehrlassen von Produkten – Lebensmittelsicherheit, deliktische Produzentenhaftung, strafrechtliche Produktverantwortung. In: Deutsche Lebensmittel-Rundschau 98(2002)2, S. 50-57

[Prei06] Preißner, Andreas; Projekterfolg durch Qualitätsmanagement: Projekte planen und sicher steuern, Hanser, München/Wien 2006

[Pres03] Prescher, Volker; Produkthaftung vermeiden. Produkthaftungsprävention durch konsequentes Qualitätsmanagement. In: QZ Qualität und Zuverlässigkeit 48(2003)6, S. 604–607

[Quen92a] Quentin, H.; Grundzüge, Anwendungsmöglichkeiten und Grenzen der Shainin-Methoden, Teil 2:Versuchsmethoden. In: Qualität und Zuverlässigkeit 37 (1992) 7, S. 416 ff

[Quen92b] Quentin, H.; Grundzüge, Anwendungsmöglichkeiten und Grenzen der Shainin-Methoden, Teil 2: Shainins Philosophie und Techniken. In: Qualität und Zuverlässigkeit 37 (1992) 6, S. 345 ff

[Regi02] Regius, B.; Kostenreduktion in der Produktion – Praxisleitfaden für die Qualitätskostenanalyse, Springer Verlag, 2002

[Rinn91] Rinne, H.; Mittag,H.-J.; Statistische Methoden der Qualitätssicherung, 2. bearb. Aufl., Hanser, München, 1991

[Rome05] Romeike, F. (Hg.) ; Modernes Risikomanagement, Wiley-VCH, Weinheim, 2005

[Rose76] Rosenstiel, L. v.; Motivation im Betrieb, W. Goldmann, München, 1976

[Rösl03] Rösler, Matthias et al.; Vermeiden oder verteidigen? Mit Risikomanagement gegen Produkthaftungsfälle in den USA. In: QZ Qualität und Zuverlässigkeit 48(2003)11, S. 1087–1090

[Sapo10] Saporito, Bill; Toyota's Blown Engine. In: TIME vom 22. Februar 2010, S. 14-18

[Sayn06] Saynisch, Manfred; Projekt-, Konfigurations- und Collaboration Management. Die Welt der Prozesse und Arbeitsstrukturen im produktzentrierten Projektmanagement (PZPM). In: Projektmanagement (2006)4, S. 23-31

[Sayn96] Saynisch, Manfred; Konfigurationsmanagement: Konzepte, Methoden, Anwendungen und Trends. In: „Projekte erfolgreich managen" hg. von Heinz Schelle, Hasso Reschke, Reinhard Schnopp und Adolf Schuh, 5. Ergänzungslieferung, Köln, TÜV Rheinland, 1996

[Sche10] Scheffknecht, Boris; Ohne Risiken und Nebenwirkungen: Integriertes CAPA-Management schützt zuverlässiger vor Fehlern. In: QZ Qualität und Zuverlässigkeit 55(2010)4, S. 39-41

[Sche74] Scheffler, E.; Einführung in die Praxis der statistischen Versuchsplanung, 2.Aufl., VEB Deutscher Verlag für Grundstoffindustrie, 1974

[Schm03] Schmidt, Götz; Grundlagen der Organisation: Modelle – Verfahren – Techniken, 2. Aufl., Gabler-Verlag, 2003

[Schm10] Schmidt, Boris; Toyota-Rückruf: Die Lawine hat man selbst ausgelöst. In: Frankfurter Allgemeine Zeitung Nr. 33 vom 9. Februar 2010, S. T3

[Schn05] Schneider, Frank; Technische Produktsicherheit in Europa: es gibt Handlungsbedarf. Das Vertrauen nicht verspielen. In: Quality Engineering (2005)10, S. 24

[Scho91] Scholz, Christian; Projektkultur: Der Beitrag der Organisationskultur zum Projektmanagement. In: zfo Zeitschrift für Organisation (1991)3, S. 143-150

[Schw04] Schweickhardt, Jochen; Risiken minimieren. Haftungsrechtliche Aspekte in der Zulieferkette, Teil 1: Schuldrecht. In: Elektronik Praxis, Ausgabe 6 vom 29. März 2004, S. 32

[Seit04] Seitz, Friedrich W.; Die Anatomie einer US-Produkthaftpflichtklage, Präventivmaßnahmen, Risikomanagement und die „Schwarze Liste", Teil II.. In: VersicherungsPraxis (2004)5, S. 78–85

[Shim88] Shimbun, N.K.; Poke-Yoke Improving Product Quality by Preventing Defects, Productivity Press, Cambridge, 1989

[Shin86] Shingo, S.; Zero Quality Control - Source Inspection and the Poke Yoke System, Productivity Press, Cambridge, 1986

[Shin89] Shingo, S.; A study of Toyota production system from an industrial engineering viewpoint, Productivity Press, Cambridge, 1989

[Sond90] Sondermann, J. P.; Poke-Yoke - Fehlervermeidungsmechanismen in der Prozeßkette, Fachtagung: „Die hohe Schule der Qualitätstechnik“, Berlin 1990

[Sond91] Sondermann, J. P.; Poka-Yoke - Hokuspokus oder notwendiges Element einer Null-Fehler-Strategie? In: Qualität und Zuverlässigkeit 36 (1991) 7, Seite 407 ff.

[Spra09] Sprau, Hartwig; Kommentar zum BGB. In: Palandt, Bürgerliches Gesetzbuch, 68. Auflage. C.H. Beck, München 2009

[Stor07] Storm, R.; Wahrscheinlichkeitsrechnung, mathematische Statistik und statistische Qualitätskontrolle, Fachbuchverlag Leipzig, 2007

[Tag10] http://www.tagesschau.de/wirtschaft/toyota234.html; 01.07.2010

[Tagu04] Taguchi, G.; Chwodhury, S.; Wu, Y.; Taguchi`s Quality Engineering Handbook, John Wiley & Sons, 2004

[Tagu87] Taguchi, G.; Systems of Experimental Design, Vol. 1, American Supplier Institute Inc., Dearborn, Michigan 1987

[Tagu89] Taguchi, G.; Quality Engineering in Production Systems, McGraw-Hill, 1989

[Tied90] Tiedtke, Klaus; Produkthaftung des Herstellers und des Zulieferers für Schäden an dem Endprodukt seit dem 1. Januar 1990. In: NJW Neue Juristische Wochenschrift 1990, 2961

[Toll03] Toll Collect GmbH; Verspätet beginnender Probebetrieb macht Verzögerung des Mautstarts notwendig, Pressemitteilung vom 7. Oktober 2003

[Trie01] Trienekens, Jacques; Beulens, Adrie; The implications of EU food safety legislation and consumer demands on supply chain information systems, Wageningen University, Dept. of Management Studies. Working paper, IAMA Symposium 2001

[Trie03] Triebel, Katrin; Qualität ist Planungssache: Prozessoptimierung durch optimale Integration von CAD und CAQ. In: QZ Qualität und Zuverlässigkeit 48(2003)11, S. 1092-1093

[Ulme04] Ulmer, Heinrich: Rückruf und Produkthaftung. In: Automobil-Produktion (2004)September, S. 18–19

[VDA2] Verband der Automobilindustrie e.V. (VDA); Qualitätsmanagement in der Automobilindustrie, Band 2, Sicherung der Qualität von Lieferungen, Heinrich Druck + Medien GmbH, Franfurt am Main, 2004

[VDA4] Verband der Automobilindustrie e.V. (VDA); Qualitätsmanagement in der Automobilindustrie, Band 4, Sicherung der Qualität von Lieferungen, Heinrich Druck + Medien GmbH, Franfurt am Main, 2010

[VDI 2619] VDI/VDE/DGQ-Richtlinie 2619; Prüfplanung, Beuth Verlag, Berlin, 1985

[Wass08] Wassenberg, Michaela; Aus Äpfeln werden Birnen: Globaler Standortvergleich mit einheitlichen Qualitätsdaten. In: QZ Qualität und Zuverlässigkeit 53(2008)8, S. 29-31

[Weid09] Weidenkaff, Walter; Kommentar zum BGB. In: Palandt, Bürgerliches Gesetzbuch, 68. Auflage. C.H. Beck, München 2009

[Wiec95] Wieckhorst, Thomas; Vom Produzentenfehler zum Produktfehler des § 3 ProdHaftG. In: Versicherungsrecht 46(1995)25, S. 1005ff

[Wit95] Witter, A.; Entwicklung eines Modells zur optimierten Nutzung des Wissenspotenzials einer Prozess-FMEA, Diss., Berlin, 1995

[Wöll08] Wöllenstein, Jürgen; Fühlende RFIDs. Neue Ansätze zur RFID-basierten Sensorik. Vortrag auf der 7. Leibniz-Konferenz „Sensorsysteme“. Lichtenwalde, 16. Oktober 2008

[Zing09] Zingel, Harry; Grundzüge des Projektmanagements. Definitionen, Organisation und Steuerung von Projekten: Grundgedanken des betrieblichen Projektmanagements. Online: www.zingel.de

[Zink89] Zink, K. J.; Schildknecht, R.; Total Quality Konzepte - Entwicklungslinien und Überblick. In: Zink, K. J. (Hrsg.): Qualität als Managementaufgabe, Verlag Moderne Industrie, Landsberg, 1989

[Zink92] Zink, K.J.; Quality Assessment, aus QZ 37/ 1992

14 Sachwortverzeichnis